高等职业教育机电类专业系列教材

电气设备应用与维修

孟静静　于雪梅◎主　编

步晓明　刘大双　王立新◎副主编

徐　彬　安太玉◎主　审

中国铁道出版社有限公司

2024年·北　京

内容简介

本书针对高等职业院校机电类专业教学需要编写，分为两篇，分别为电动机控制部分和可编程序控制器部分。电动机控制部分介绍电动机工作原理、常见电气控制电路及故障诊断和保养等；可编程序控制器部分以西门子 PLC 为例，介绍硬件组态和指令编程等方面的内容，并根据企业现场设备，具体分析面临故障时如何判断故障点并进行维修。

本书配备视频线上课程资源，便于使用者结合视频更好地掌握知识内容，并将理论知识与现场实践相结合，根据现场真实设备学习设备维修方法及步骤，进一步贴近企业实际。扫描书中的二维码可观看相应视频。

本书适合作为高等职业院校电气自动化技术、机电一体化技术等专业的教材，也可用作开放大学、成人教育、中职院校、培训机构的教材，还可以作为工程人员的参考工具书。

图书在版编目(CIP)数据

电气设备应用与维修/孟静静，于雪梅主编．—北京：中国铁道出版社有限公司，2024.3
高等职业教育机电类专业系列教材
ISBN 978-7-113-30882-7

Ⅰ.①电…　Ⅱ.①孟…②于…　Ⅲ.①电气设备-维修-高等职业教育-教材　Ⅳ.①TM64

中国国家版本馆 CIP 数据核字(2024)第 009722 号

书　　名：电气设备应用与维修
作　　者：孟静静　于雪梅

策　　划：杨万里　　**编辑部电话：**(010)63551926
责任编辑：何红艳　杨万里
封面设计：高博越
责任校对：苗　丹
责任印制：樊启鹏

出版发行：中国铁道出版社有限公司(100054，北京市西城区右安门西街 8 号)
网　　址：http://www.tdpress.com/51eds/
印　　刷：三河市燕山印刷有限公司
版　　次：2024 年 3 月第 1 版　2024 年 3 月第 1 次印刷
开　　本：787 mm×1 092 mm　1/16　**印张：**14.25　**字数：**355 千
书　　号：ISBN 978-7-113-30882-7
定　　价：45.00 元

本书为“高等职业院校机电类专业系列教材”之一,根据企业现场电气设备应用与维修方面的需求,咨询企业专家并结合学校教师的教学经验,以生产实践中的典型任务为驱动进行编写。全书以电气设备应用及维修为主线,以满足企业岗位技能要求为目标,还原企业真实案例场景,突出应用和实践,强调操作能力的培养。

本书分为上下两篇,分别为电动机控制部分及可编程序控制器部分。

电动机控制部分,首先介绍了三相异步电动机的主要结构及工作原理与接线、电动机的常用参数,以及电动机的常见故障与日常保养,案例贴近企业实际,操作要求规范,注重提高学生的职业技能及专业素养。然后介绍了电动机的控制电路,包括电气控制典型线路,如点动、连续运行、双向连续控制电路、位置控制、顺序控制等典型控制电路,以及电动机启动制动电路,每个控制电路中介绍了主要组成元器件、电路原理以及常见故障等。

可编程序控制器部分,首先对PLC的基础知识、硬件结构、电路接线进行了介绍,对PLC控制系统常见故障进行了汇总,并通过动画形式呈现出此类故障可能发生的原因,为后续具体任务中的故障诊断打下基础。然后介绍了PLC应用常用的指令,如位指令、定时计数指令、数据处理指令、移位指令及编程中块的应用,并通过具体任务的形式加强对指令的深入理解。在项目中,对于企业实际现场设备遇到故障如何进行诊断排查以及具体维修都作了详细介绍,并可以通过扫描二维码看视频的方式对维修过程形成更直观的认识。

本书配套49个二维码,包含视频、图表等资源,以任务工单的形式派发操作任务,将理论与实践相结合,贴近企业实际,并结合课后习题来检验、深化和扩展学生的学习效果。

本书由长春汽车职业技术大学编写,孟静静、于雪梅任主编,步晓明、刘大双、王立新任副主编,贾艳梅、雷蕾、付胜参与编写。具体分工为:项目一由刘大双、付胜编写,项目二由于雪梅、雷蕾编写,项目三由步晓明编写,项目四由孟静静编写,项目五由王立新编写,项目六由贾艳梅编写。全书的视频资源由一汽集团企业专家付胜、柏淑君负责制作,并对书中的故障维修内容提供了大力支持。全书由孟静静、于雪梅统稿。徐彬、安太玉作为主审,对书稿进行了认真审阅,并提出了宝贵意见。

在本书的编写过程中也参考了其他教材及技术资料,在此向原作者表示衷心感谢!

由于编者水平有限,书中难免存在不妥之处,恳请使用本书的师生和读者批评指正。

编 者

2024年1月

上篇　电动机控制部分

电动机控制部分

项目一 认知三相异步电动机

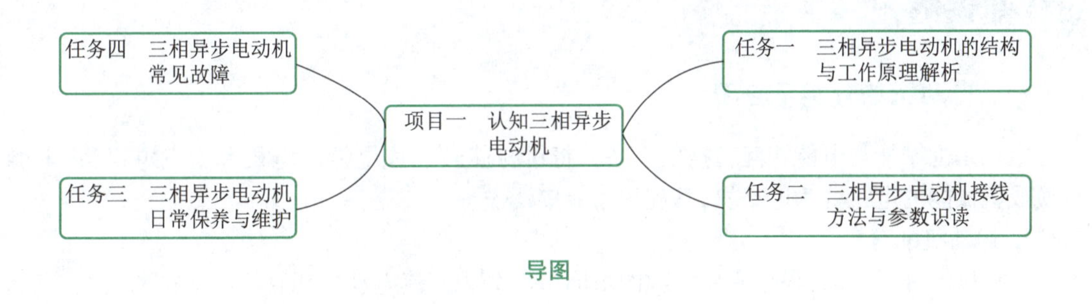

导图

任务一 三相异步电动机的结构与工作原理解析

任务提出

在家用电器中，有这样一种装置，它驱动风叶旋转，是电风扇（见图 1-1）的主要动力来源；它带动叶片高速旋转，是吸尘器（见图 1-2）的主要部件，它的名字叫作电动机。在本任务中我们将学习三相异步电动机的结构与工作原理。

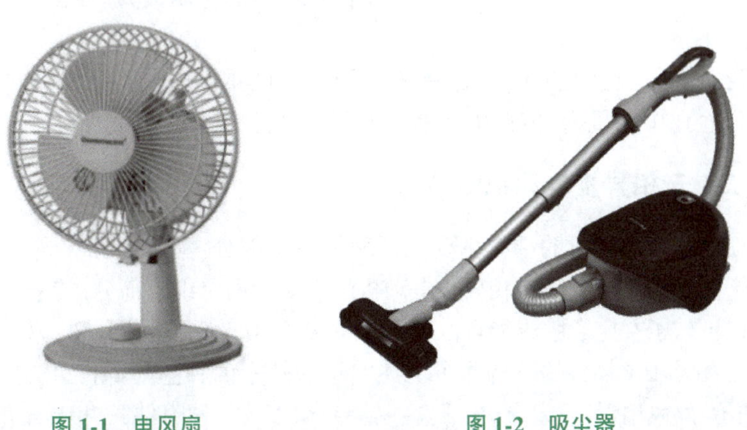

图 1-1 电风扇　　图 1-2 吸尘器

学习目标

知识目标

(1)掌握三相异步电动机的基本结构。

(2)熟悉三相异步电动机的工作原理。

能力目标

(1)能够识别三相异步电动机的内部结构。

(2)能够拆装三相异步电动机。

素质目标

通过了解三相异步电动机的结构与工作原理,培养学生理论联系实际的能力;通过拆卸三相异步电动机,培养学生的探索精神。

知识链接

一、电动机的分类及应用

电机是机械能与电能相互转换的设备。将机械能转换成电能的电机称为发电机,将电能转换成机械能的电机称为电动机,其应用十分广泛。

1. 电动机的分类

电动机的种类很多,根据所用电源的不同可以分为交流电动机和直流电动机两大类,交流电动机按其结构和工作原理的不同,又可分为同步电动机和异步电动机。异步电动机按其使用电源的不同,又可分为单相异步电动机和三相异步电动机两种。直流电动机根据励磁方式的不同分为他励、并励电动机和串励、复励电动机。电动机的分类如图 1-3 所示。因为三相异步电动机具有结构简单、价格低廉、坚固耐用、使用维修方便等一系列优点,所以在企业中的应用最为广泛。

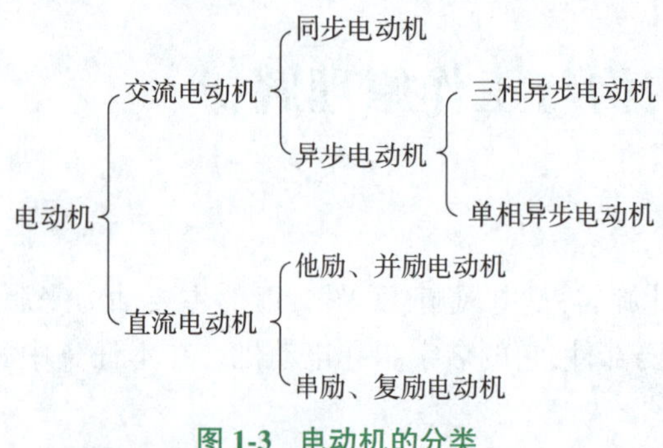

图 1-3 电动机的分类

2. 电动机的应用

电动机广泛存在于我们的生产生活中,是不可或缺的重要电器,例如生活中我们常用的吸油烟机、洗衣机、企业中的机床、传输机等都有电动机的身影,如图 1-4 所示。

二、三相异步电动机的结构

扫一扫

三相异步电动机的结构

三相异步电动机的结构主要包括两大基本部分:固定部分称为定子,旋转部分称为转子。定子和转子是三相异步电动机最重要的两个组成部分,转子装在定子的内部,为了保证转子在定子腔内能自由转动,定、转子之间必须留有间隙,称为空气隙。

三相异步电动机的结构除了上述定子和转子两种主要部件外,还有前端盖、后端盖、轴承、外风扇、外风扇罩、接线盒、吊环和铭牌等各种附件,三相异步电动机的结构与外形如图 1-5 所示。

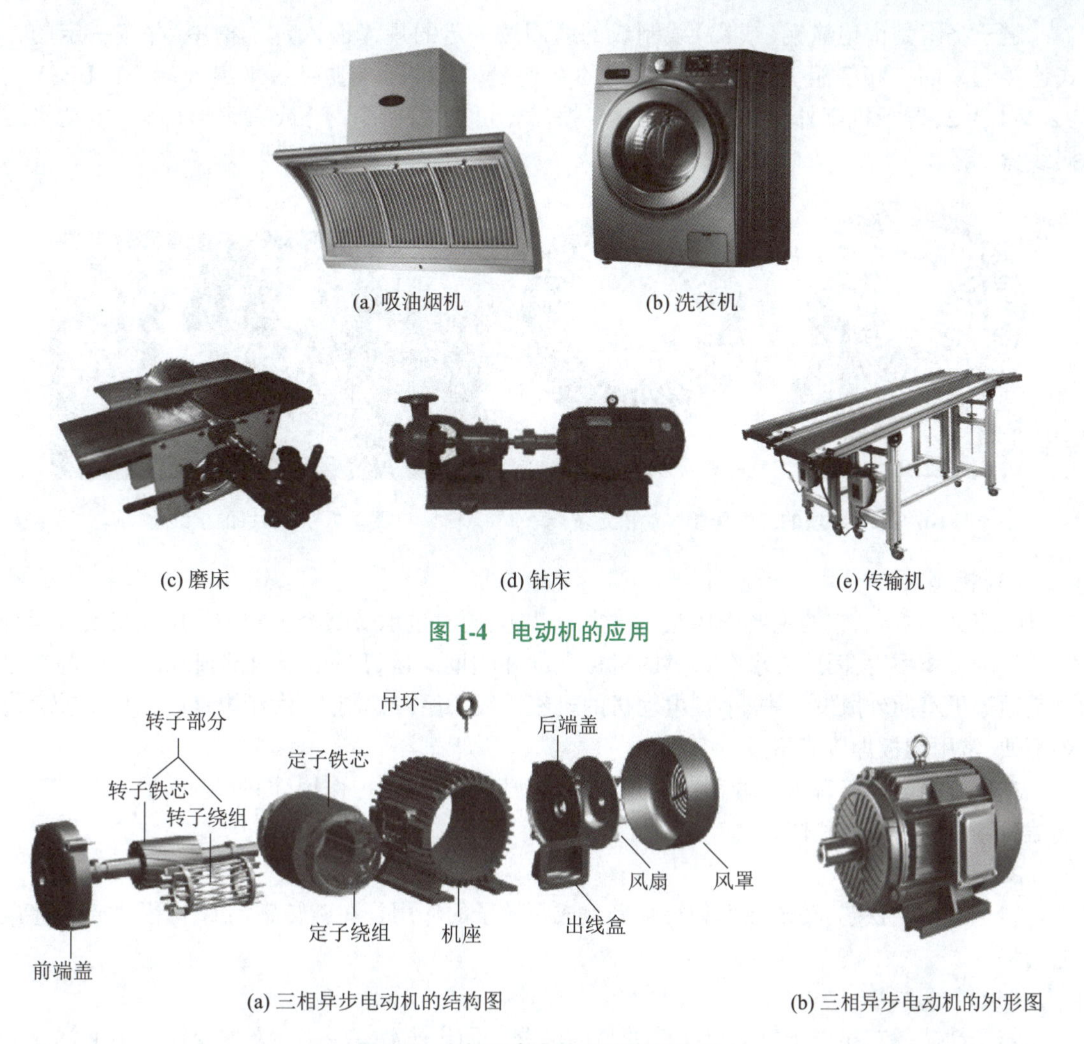

(a) 吸油烟机　(b) 洗衣机

(c) 磨床　(d) 钻床　(e) 传输机

图 1-4　电动机的应用

(a) 三相异步电动机的结构图　(b) 三相异步电动机的外形图

图 1-5　三相异步电动机结构与外形

1. 定子

定子由定子铁芯、定子绕组、机座等组成。定子的作用是在通电后产生旋转磁场。

(1)定子铁芯

定子铁芯是三相异步电动机磁路的一部分，由于主磁场以同步转速相对定子旋转，为减小在铁芯中引起的损耗，铁芯采用 0.35~0.5 mm 厚的硅钢片叠加而成，硅钢片两面涂有绝缘漆以减小铁芯的涡流损耗。定子铁芯是由互相绝缘的硅钢片叠成的，固定在机座内，机座由铸铁或铸钢制成，未装绕组的三相异步电动机定子如图 1-6 所示。在定子铁芯内圆周均匀地分布着许多形状相同的槽，用来放置定子绕组，槽的形状由电动机的容量、电压等级及绕组的型式所决定。

(2)定子绕组

定子绕组是三相异步电动机电路的一部分，通入三相电流后用来产生电动机所需要的旋转磁势，是把电能转换为机械能的关键部件，在三相异步电动机的运行中起着很重要的作用。

定子绕组是由绝缘铜(或铝)线制成的线圈按一定的规律嵌入定子槽中,并按一定的方式连接起来的三相绕组。定子三相绕组的结构是对称的,一般有六个出线端 U1、U2、V1、V2、W1、W2,置于机座外侧的接线盒内,根据需要可接成星形(Y)或三角形(△),电动机的接线盒如图 1-7 所示。

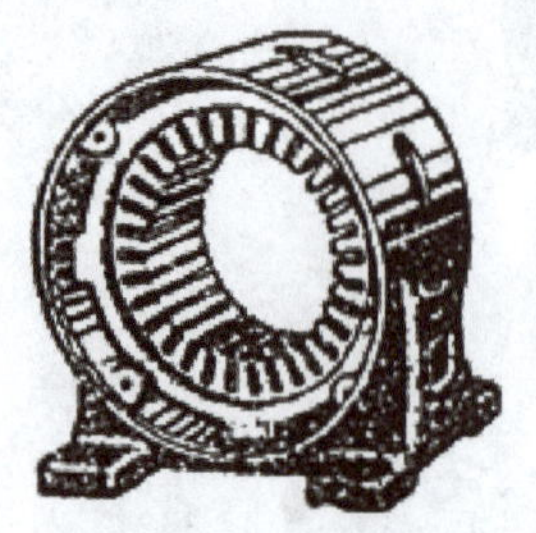

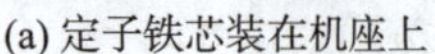

(a) 定子铁芯装在机座上

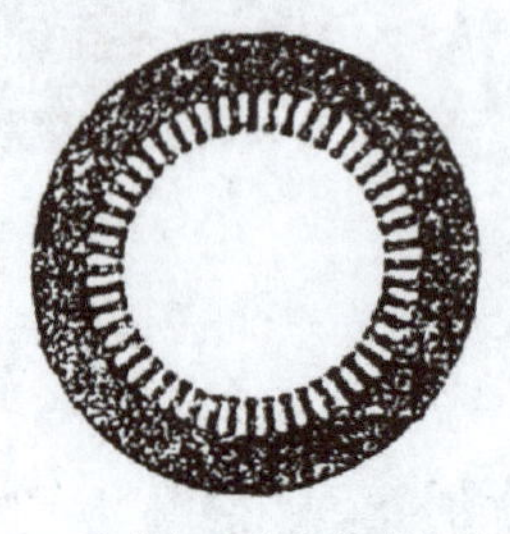

(b) 叠成定子铁芯的硅钢片

图 1-6 未装绕组的三相异步电动机定子

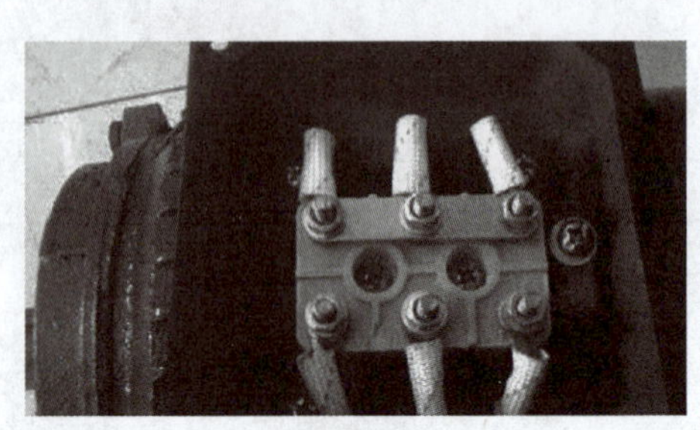

图 1-7 电动机的接线盒

(3)机座

机座又称机壳,它的主要作用是支撑定子铁芯,同时也承受整个三相异步电动机负载运行时产生的反作用力,因此要求有足够的机械强度和刚度。运行时由于内部损耗所产生的热量也是通过机座向外散发。中、小型电动机的机座一般采用铸铁制成,大型电动机因机身较大浇铸不便,常用钢板焊接成型。

在机座两端装有端盖。端盖对三相异步电动机内部起防护作用,同时装有轴承支承转子。端盖所用材料与机座相同。

2. 转子

转子由转子铁芯、转子绕组和转轴等组成。转子的作用是在旋转磁场的作用下,产生感应电动势。

(1)转子铁芯

转子铁芯是三相异步电动机磁路的另一部分。同定子铁芯一样,为减少铁芯中的涡流和磁滞损耗,也是由硅钢片叠加而成。硅钢片外圆上有均匀分布的槽,其作用是放入转子三相绕组。中、小型异步电动机的转子铁芯直接安装在转轴上,大型异步电动机的转子铁芯套在轴的转子支架上。

(2)转子绕组

转子绕组是三相异步电动机电路的另一部分。转子绕组的作用是感应电动势产生电流,由转子绕组中的感应电流与气隙中的旋转磁场间的互相作用产生电磁转矩,驱使电动机转动,向转轴上输出机械功率。

根据转子绕组构造上的不同,异步电动机分为鼠笼型和绕线型两种。

①鼠笼型转子。鼠笼型转子绕组自行闭合,不必由外界电源供电,其外形像一个鼠笼,故称之为鼠笼型转子,如图 1-8 所示。鼠笼型转子是在转子铁芯槽内放置没有绝缘的裸导体,在伸出转子铁芯两端的槽口处,用两个端环短接起来。一般中、小型鼠笼电动机转子的导体条和端环采用铸铝成笼型,同时在端环上铸出叶片作为冷却用的内风扇。为了改善电动机的启动性能并减少噪声,鼠笼型转子采用斜槽结构,即将转子槽扭斜一个定子齿距。

②绕线型转子。绕线型转子绕组与定子绕组相似,如图 1-9 所示,一般是由绝缘导线制成

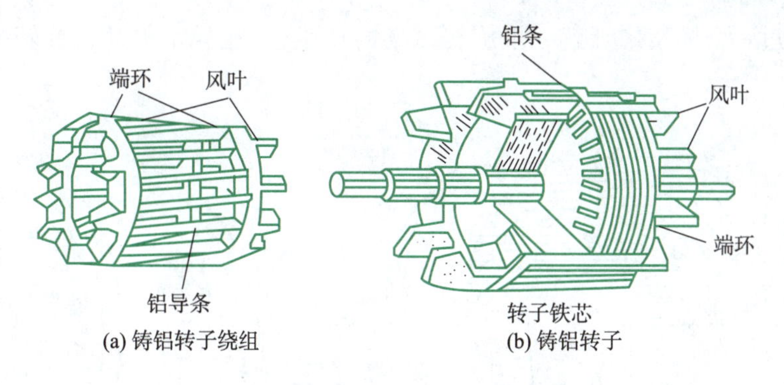

(a) 铸铝转子绕组　　(b) 铸铝转子

图 1-8　三相异步电动机的鼠笼型转子

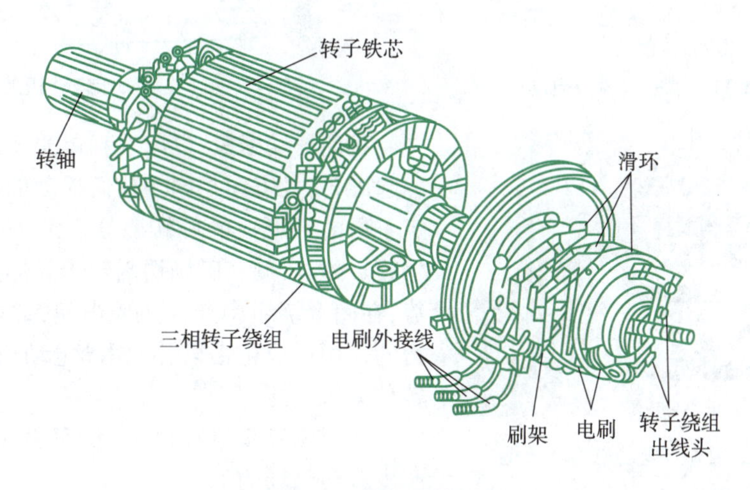

图 1-9　绕线型转子

绕组元件放在转子铁芯槽内，一般连接成星型，将三个出线端与导电滑环相连，再与电刷和附加电阻相连，可改善电动机的启动性能或对转速进行调节，绕线型转子接线示意图如图 1-10 所示。

图 1-11 和图 1-12 所示分别为鼠笼型和绕线型异步电动机的外形。

图 1-10　绕线型转子接线示意图

三、三相异步电动机的工作原理

电动机是利用电磁感应原理来工作的。当三相异步电动机的定子绕组通入三相正弦交流电时，在定子和转子的空气隙中就会产生一个旋转磁场。转子导体在这一旋转磁场的作用下产生感应电流，该电流在旋转磁场的作用下又会受到力的作用从而产生电磁转矩，使转子转动起来。分析三相异步电动机电磁转矩的产生过程，首先要对旋转磁场有所了解。

扫一扫

三相异步电动机工作原理

1. 旋转磁场的产生

我们先通过一个模型来了解一下旋转磁场的产生，三相异步电动机旋转模型如图 1-13 所示。

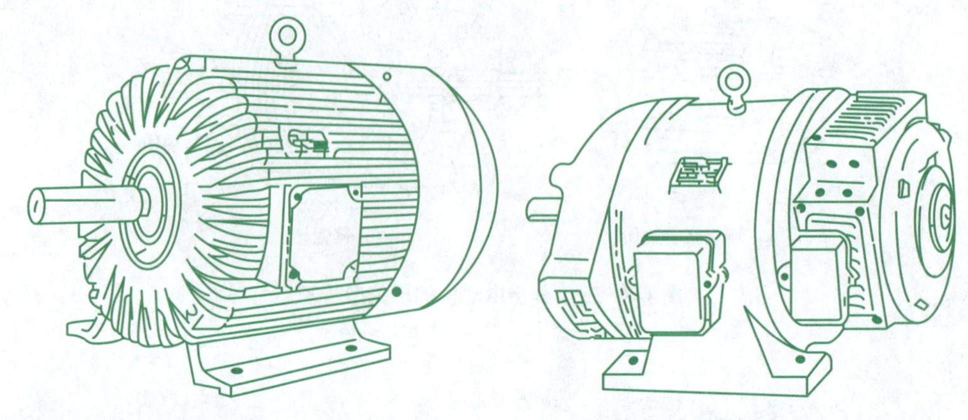

图 1-11　鼠笼型异步电动机的外形　　图 1-12　绕线型异步电动机的外形

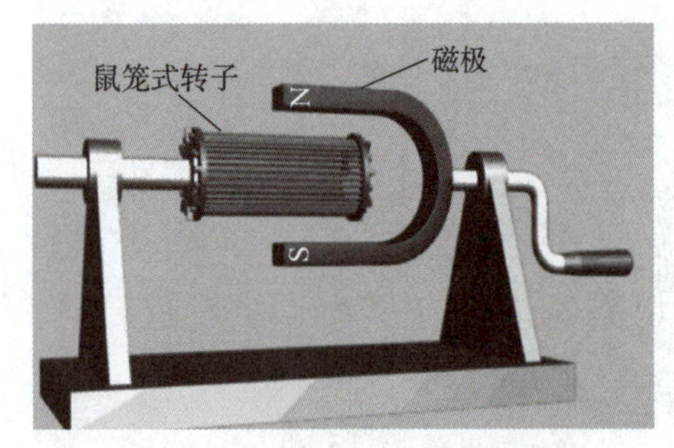

图 1-13　三相异步电动机旋转模型

我们摇动磁极，可以看到鼠笼式转子跟着磁场一起旋转，且方向相同。我们摇动的磁极就相当于定子通电后形成的旋转磁场。定子绕组通电后产生旋转磁场，旋转磁场切割转子导体产生感应电动势，在闭合绕组中产生感应电流，通电导体受电场力的作用形成电磁转矩，驱动电动机旋转，将电能转化为机械能。

在三相异步电动机中，没有手摇磁极，是怎么产生旋转磁场的呢？

为了便于分析，把分布在定子圆周上的三相绕组用三个在空间上彼此相隔 120°的单匝线圈来代替，如图 1-14 所示。

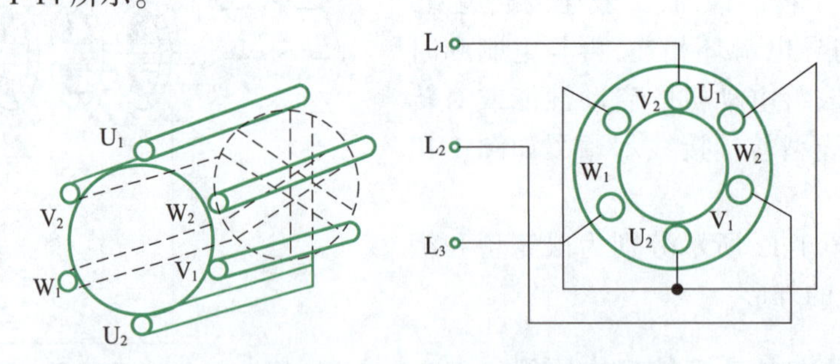

图 1-14　简化的三相定子绕组

其中，U_1、V_1、W_1 是三个线圈的首端，U_2、V_2、W_2 是三个线圈的末端。三个绕组连接成星形，接到三相电源上，绕组中便通入三相对称电流：

$$i_1=I_m\sin\omega t$$

$$i_2=I_m\sin(\omega t-120°)$$

$$i_3=I_m\sin(\omega t-240°)$$

其波形如图 1-15 所示。

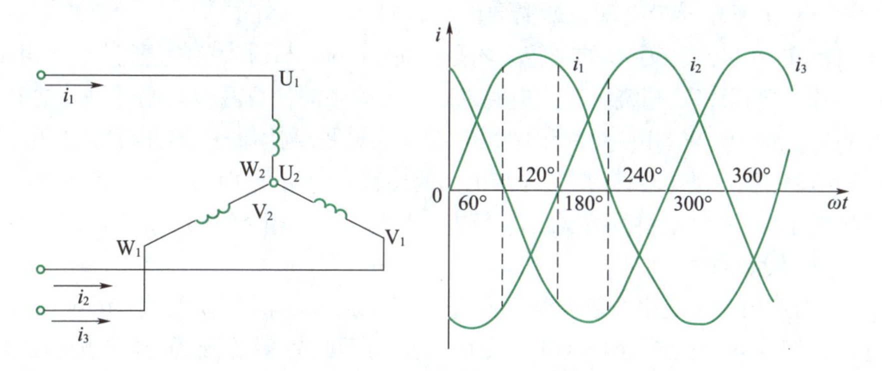

图 1-15　三相对称电流波形

假设电流正方向从绕组的首端流入，从末端流出；流入纸面用"⊗"符号表示，流出纸面用"⊙"符号表示；在电流的正半周时其值为正，其实际方向与正方向一致；在电流的负半周时，其值为负，其实际方向与正方向相反。根据这个假定，我们分析在不同瞬间由三相电流所产生的磁场情况，如图 1-16 所示。

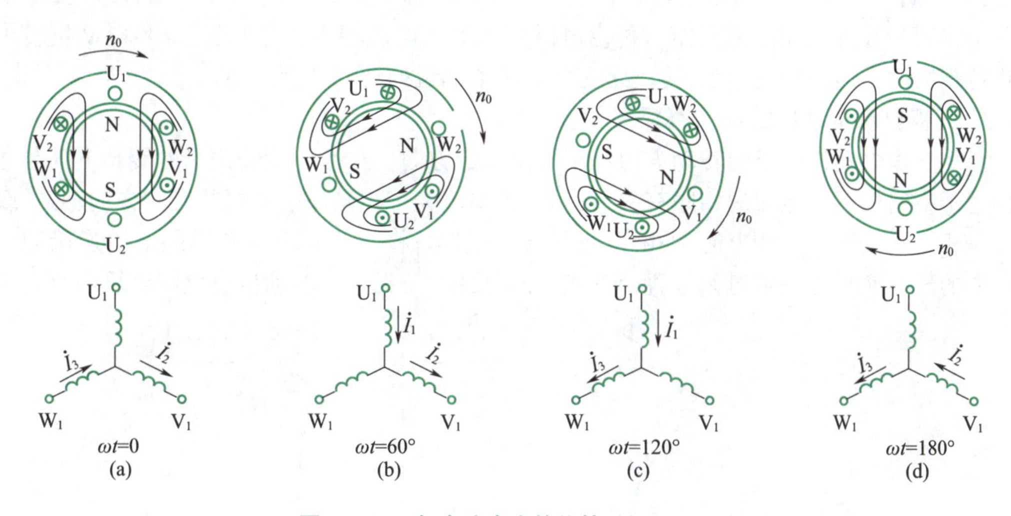

图 1-16　三相电流产生的旋转磁场（$p=1$）

在 $\omega t=0$ 时，定子绕组中的电流实际方向如图 1-16(a)所示，这时 $i_1=0$；i_2 为负值，其实际方向与正方向相反，即自 V_2 到 V_1；i_3 是正的，其实际方向与正方向相同，即自 W_1 到 W_2，根据右手螺旋定则，将每相电流所产生的磁场相加，便得出三相电流的合成磁场，合成磁场轴线的方向是自上而下。

图 1-16(b)所示为 $\omega t=60°$时定子绕组中电流的实际方向和三相电流所产生的合成磁场的方向，此时的合成磁场已在空间转过了 60°。

同理可得在 $\omega t=120°$时和 $\omega t=180°$时三相电流所产生的合成磁场的方向，如图 1-16(c)和图 1-16(d)所示。在 $\omega t=120°$时的合成磁场方向比 $\omega t=60°$时又顺时针方向旋转了 60°，在$\omega t=180°$又继续转了 60°。由此可见，当三相电流的相位从 0 变化到 180°时，合成磁场的方向在空间内就旋转了 180°。所以，当电流完成一个周期的变化时，它们所产生的合成磁场在空间也旋转了一周。可见，三相电流随着时间周期变化，由它所产生的合成磁场也在空间不停地旋转。这样，就得到了三相异步电动机所需要的旋转磁场。

由上面的分析可知，旋转磁场的旋转方向是顺时针方向，与通入三相绕组的三相电流的相序 $L_1 \to L_2 \to L_3$ 一致。如果将三相绕组接到电源的三根导线中的任意两根对调，例如，把 L_2 和 L_3 对调，则通入 V_1V_2 相和 W_1W_2 相两个绕组中的电流也就对调，利用同样的分析方法，可以看出，此时旋转磁场的旋转方向为逆时针方向，即与上面的旋转方向相反，而与三相电流的相序 $L_1 \to L_3 \to L_2$ 相同。因此，可以得出结论：旋转磁场的旋转方向是与通入三相绕组的三相电流的相序一致的。

扫一扫

三相异步电动机转动原理

2. 转动原理

当三相对称绕组（空间位置互差 120°）通入三相对称电流（相位上互差 120°）后，它们共同产生了随电流的交变而在空间不断旋转的磁场，这个旋转磁场切割转子导体（铜或铝），在其中感应出电动势和电流，转子电流同旋转磁场相互作用而产生的电磁转矩使电动机转动起来。由于转子电流是感应产生的，所以，异步电动机又称感应电动机。

图 1-17 是三相异步电动机的转动原理示意图，其中 U_1U_2、V_1V_2、W_1W_2 为三相异步电动机的定子三相绕组。当旋转磁场以转速 n_0 顺时针方向旋转时，转子线圈中产生了感应电动势和电流，其方向可以用右手定则确定。转子线圈中的电流和旋转磁场相互作用，便产生电磁力 F，其方向可以用左手定则来确定。再由电磁力 F 产生电磁转矩，驱动三相异步电动机转子沿着旋转磁场的方向而转动起来，这就是三相异步电动机的转动原理。

3. 三相异步电动机的反转原理

三相异步电动机转子的转动方向和旋转磁场的方向一致。而旋转磁场的旋转方向与通入三相定子绕组的三相电流的相序有关。因此，若要改变三相异步电动机的旋转方向，必须改变通入三相定子绕组中三相电流的相序，如图 1-18 所示，将三相异步电动机同电源连接的三根导线中的任意两根的一端对调位置，则旋转磁场反向，三相异步电动机也就跟着反向旋转了。

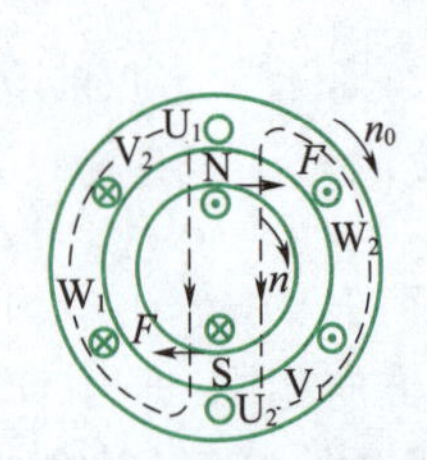

图 1-17 三相异步电动机的转动原理

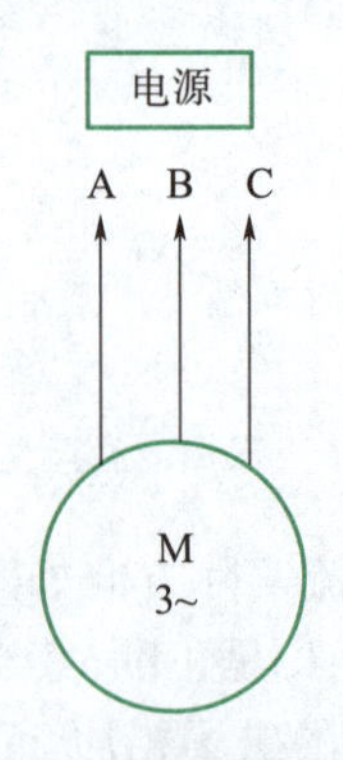

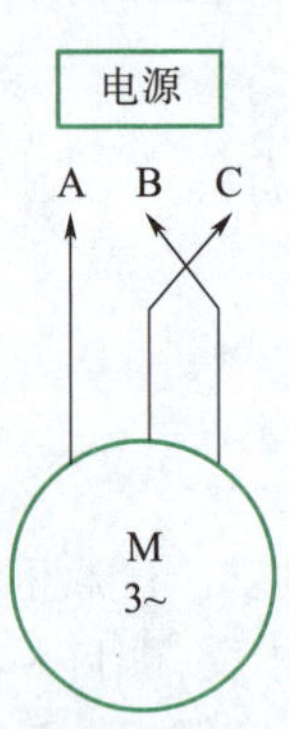

图 1-18 三相异步电动机的正向运转和反向运转

4. 三相异步电动机的极对数

三相异步电动机的极对数就是旋转磁场的极对数。旋转磁场的极对数与三相绕组的安排有关。在图 1-16 的情况下，每相绕组只有一个线圈，三相绕组的首尾端之间相差 120°空间角，则产生的旋转磁场具有一对极，即极对数 $p=1$。

若三相定子绕组的安排如图 1-19 所示，每相绕组由两个线圈串联，绕组的首尾端之间相差 60°空间角，则产生的旋转磁场具有两对磁极，即 $p=2$，如图 1-20 所示。

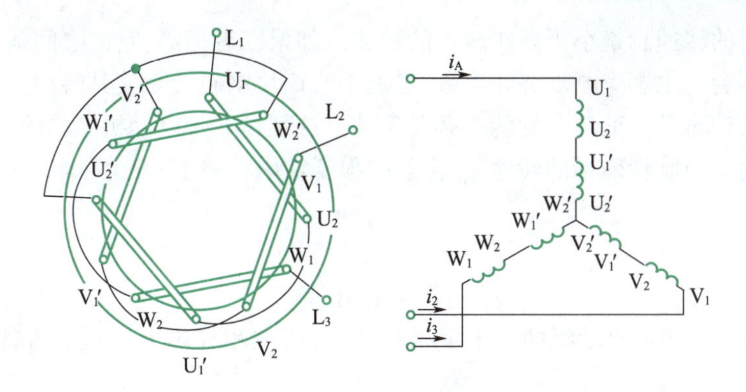

图 1-19　产生 $p=2$ 旋转磁场的定子绕组

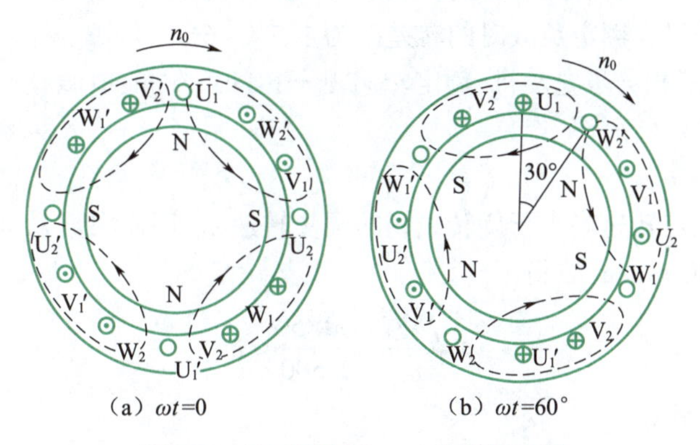

（a）$\omega t=0$　　（b）$\omega t=60°$

图 1-20　两对磁极（$p=2$）的旋转磁场

同理，如果要产生三对磁极，即 $p=3$ 的旋转磁场，则每相绕组必须有均匀安排在空间的串联的三个线圈，绕组的首尾端之间相差 40°空间角。

5. 转速

三相异步电动机的转速与旋转磁场的转速有关，而旋转磁场的转速取决于磁场的极对数和电源频率。在 $p=1$ 时，由图 1-16 可知，电流每交变一个周期，旋转磁场在空间就旋转一周。若电源的频率为 f_1，则电源每秒变化 f_1 周或每分变化 $60f_1$ 周，旋转磁场的转速为 $n_0=60f_1$（r/min）。在 $p=2$ 时，由图 1-20 可见，电源每交变一周，磁场在空间只旋转半周，旋转磁场的转速 $n_o=60f_1/2$（r/min）。这样，具有 p 对磁极的旋转磁场的转速 n_o 可表示为

$$n_0=\frac{60f_1}{p} \tag{1-1}$$

式中　n_0——旋转磁场的转速（同步转速），单位 r/min；

f_1——定子电流频率，单位 Hz；

p——旋转磁场的极对数。

在我国，工频 $f_1=50$ Hz，由式（1-1）可得出对应不同极对数 p 时的旋转磁场的转速，极对数与同步转速的关系见表 1-1。

表 1-1　极对数与同步转速的关系

p	1	2	3	4	5	6
n_0/（$r\cdot min^{-1}$）	3 000	1 500	1 000	750	600	500

电动机转子的转速总是小于旋转磁场的转速。如果二者相等，它们之间就没有相对运动，转子线圈中就不会产生感应电动势和电流，也就不会产生电磁转矩使其转动。因此，转子转速异于旋转磁场的转速是保证转子旋转的必要条件。这就是异步电动机名称的由来。

转子的转速 n 与旋转磁场的转速 n_0 相差的程度常用转差率 s 表示，即

$$s=\frac{n_0-n}{n_0} \tag{1-2}$$

或

$$n=n_0(1-s) \tag{1-3}$$

转差率 s 是三相异步电动机的一个重要参数，分析三相异步电动机运行特性时经常要用到这个参数。

当转子转速 $n=0$ 时（启动开始瞬间），$s=1$；当 $n=n_0$ 时，$s=0$，n_0 又称为三相异步电动机的同步转速。通常电动机在额定负载时的转差率为 1.5%~6%。

例 1-1 有一台三相异步电动机，额定转速 $n_N=1\ 440$ r/min，电源频率 $f_1=50$ Hz。求这台电动机的极对数和额定转差率。

解：（1）求极对数 p。

由于电动机的额定转速略小于旋转磁场的同步转速 n_0，因此根据 $n_N=1\ 440$ r/min，可判断其同步转速 $n_0=1\ 500$ r/min，故得

$$p=\frac{60f_1}{n_0}=\frac{60\times50}{1\ 500}=2$$

（2）求额定转差率 s_N。

$$s_N=\frac{n_0-n_N}{n_0}=\frac{1\ 500-1\ 440}{1\ 500}=0.04$$

任务工单一

课程名称		专业			
任务名称		班级		姓名	
任务要求	1. 正确使用电工工具和仪表 2. 拆卸三相异步电动机 3. 区分三相异步电动机内部结构 4. 重新装配三相异步电动机				

一、工具器材

①设备：

②工具：

③仪表：

二、任务实施

1. 三相异步电动机拆装前检查

(1)三相异步电动机外观存在的问题

(2)工具情况检查

2. 电动机的拆卸

请按以下步骤进行：

①拆除三相异步电动机的所有引线。

②拆卸皮带轮或联轴器。

③拆卸风扇或风罩。

④拆卸轴承盖和端盖。

⑤抽出转子。

注意：拆卸标准件的规范。

要求：观察对应部件的名称；定子绕组的连接形式；前后端部的形状；引线连接形式；绝缘材料的放置等内部结构。

3. 描述三相异步电动机的内部结构

4. 重新装配三相异步电动机并检查

(1)机械检查

检查机械部分的装配质量,所有紧固螺栓是否拧紧;转子转动是否灵活,无扫膛、无松动;轴承是否有杂音等。

(2)电气性能检查

直流电阻三相平衡。测量绕组的绝缘电阻。

5. 心得与收获

任务二　三相异步电动机接线方法与参数识读

任务提出

通过任务一的学习我们已经掌握了三相异步电动机的基本结构及工作原理，在实际生产中，我们会发现三相异步电动机上都有一个铭牌，如图 1-21 所示，这代表什么意思呢？这么多种三相异步电动机，我们如何选择呢？怎样将三相异步电动机接入到线路中加以控制呢？

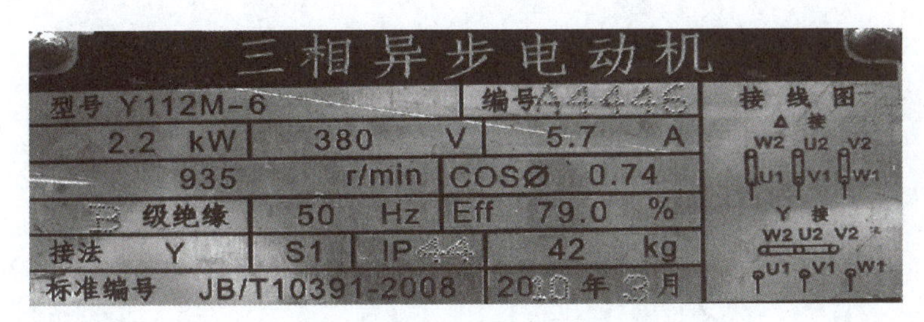

图 1-21　三相异步电动机的铭牌

在本任务中我们将学习三相异步电动机的接线与参数识读。

学习目标

知识目标

(1)掌握三相异步电动机的接线。

(2)掌握三相异步电动机的参数识读。

技能目标

(1)能够完成三相异步电动机的接线。

(2)能够识读三相异步电动机的铭牌参数。

素质目标

通过识读三相异步电动机的铭牌参数，提升学生职业素养。

知识链接

扫一扫

三相异步电动机的接线

一、三相异步电动机的接线

在三相异步电动机的定子接线盒上，定子三相绕组引出的六根引出线分别接到电动机的六个接线端子上，如图 1-22 所示，它们是 U 相、V 相、W 相，每相绕组以右下角标加 1 和 2 表示绕组的始末端，如 U_1、U_2，V_1、V_2，W_1、W_2。

其中，U_1、U_2 是第一相绕组的两端；V_1、V_2 是第二相绕组的两端；W_1、W_2 是第三相绕组的两端。如果 U_1、V_1、W_1、分别为三相绕组的始端(首)，则 U_2、V_2、W_2 是相应的末端(尾)。

三相异步电动机的六个引出线端在接电源之前，相互间必须正确连接，电动机接线有两种方法，如图 1-23 所示。

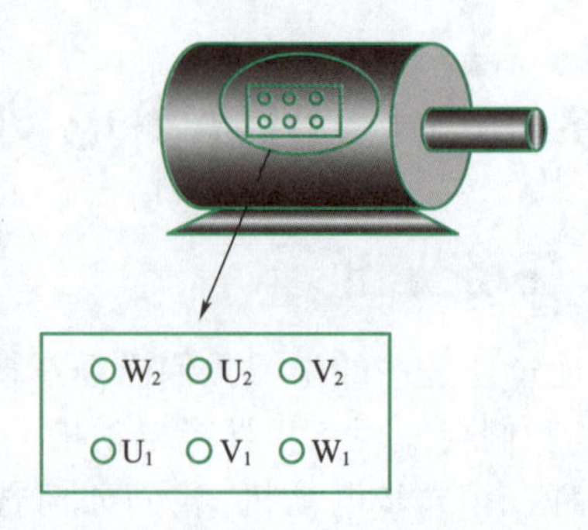

图 1-22　三相异步电动机定子接线盒

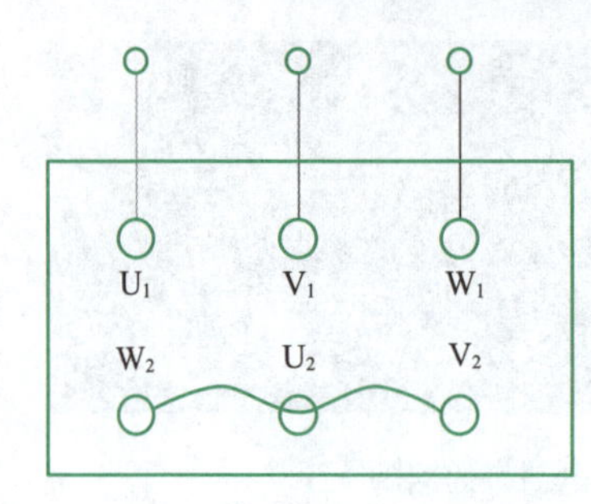

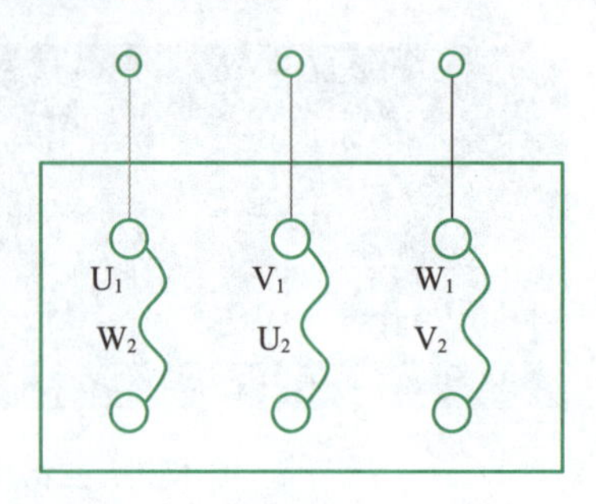

图 1-23　定子绕组的星形连接和三角形连接

第一种：星形连接，每一相绕组取一端接入三相电源，另一端短接。

第二种：三角形连接，每一相绕组取一端接入三相电源，另一端与其他绕组端首末相连。

二、三相异步电动机的铭牌参数

每台三相异步电动机的机座上都有一块铭牌，铭牌上记载着这台电动机的各种额定值（铭牌参数）。制造厂就是根据这些参数进行三相异步电动机的设计和制造的。使用者只有在理解这些额定参数意义的情况下，才能正确使用三相异步电动机。以 Y132M-4 型三相异步电动机的铭牌为例说明如下（见图 1-24）：

三相异步电动机

型号 Y132M-4	功率7.5 kW	频率50 Hz
电压380 V	电流15.4 A	接法△
转速1 440 r/min	绝缘等级B	工作方式：连续
功率因数0.85	效率(%)87	
年　月	编号	××电机厂

图 1-24　Y132M-4 三相异步电动机铭牌

1. 型号

为了适应不同用途和不同工作环境的需要，三相异步电动机制成不同的系列，每种系列用一种型号表示。

型号说明如下：

Y	132	M	4
三相异步电动机	机座中心高 mm	机座长度代号 S:短铁芯 M:中铁芯 L:长铁芯	磁极数

三相异步电动机产品名称、用途、型号见表 1-2。

表 1-2　三相异步电动机产品名称、用途、型号

序号	产品名称	用　途	型号
1	异步电动机	一般用途	Y
2	绕线转子异步电动机	用于电源容量小，不能用同容量鼠笼机启动的生产机械上	YR
3	高转差率异步电动机	用于惯性大，有冲击性负荷机械传动，如剪床、锻压机等	YH
4	高启动转矩异步电动机	用于静止负荷或惯性矩较大的机械，如压缩机、粉碎机等	YQ
5	电磁调速异步电动机	适用于恒转矩和风机类型设备的无级调速	YCT
6	变级多速异步电动机	适用机床、印染机、印刷机等机械	YD
7	起重冶金用异步电动机	适用于冶金和一般起重设备	YZ
8	防爆型异步电动机	适用于石油、化工、煤矿井下等场合	YB
9	井用潜水异步电动机	与潜水泵配套，潜入井下提水用	YQS
10	精密机床异步电动机	适用于精密机床	YJ
11	电梯异步电动机	用于电梯，作为升降动力	YTD
12	振捣器异步电动机	混凝土振捣用	YUD

2. 功率

铭牌上所标的功率值是指三相异步电动机在规定的环境温度下额定运行时主轴上输出的机械功率值。输出功率与输入功率不等，其差值等于三相异步电动机本身的损耗功率，包括铜损、铁损及机械损耗等。

3. 频率

三相异步电动机需要接入的电源工频值。

4. 电压

三相异步电动机的额定电压。是定子绕组在指定接法下应施加的线电压。三相异步电动机的额定电压有 380 V、3 000 V 及 6 000 V 等多种。三相异步电动机允许电压波动范围不超过额定值的±5% 。

必须注意，在低于额定电压下运行时，最大转矩 T_m 和启动转矩 T_{st} 会显著地降低，这对三相异步电动机的运行是不利的。

5. 电流

三相异步电动机的额定电流。是三相异步电动机在指定接法下定子绕组的线电流。

当三相异步电动机空载时，转子转速接近于旋转磁场的转速，两者之间相对转速很小，所以转子电流近似为零，这时定子电流几乎全部为建立旋转磁场的励磁电流。当输出功率增大时，转子电流和定子电流都随着相应增大。

6. 接法

接法是指三相异步电动机三相定子绕组的连接方式。

三相异步电动机的连接方法有两种:星形(Y)连接和三角形(△)连接。通常功率 4 kW 以下的三相异步电动机接成星形,4 kW 以上的接成三角形。

7. 转速

三相异步电动机主轴上的旋转速度。

8. 绝缘等级

绝缘等级是按三相异步电动机绕组所用的绝缘材料在使用时容许的极限温度来分级的。

所谓极限温度是指三相异步电动机绝缘结构中最热点的最高容许温度,绝缘等级见表 1-3。

表 1-3　绝缘等级

绝缘等级	环境温度 40 ℃时允许温升/℃	极限允许温度/℃
A	65	105
E	80	120
B	90	130

9. 功率因数

因为三相异步电动机是电感性负载,定子相电流比相电压滞后 φ 角,$\cos\varphi$ 就是三相异步电动机的功率因数。三相异步电动机的功率因数较低,在额定负载时为 0.7~0.9,而在轻载和空载时更低,空载时只有 0.2~0.3。所以在选择三相异步电动机时,应选择合适的容量,防止“大马拉小车”,并力求缩短空载时间。

10. 效率

三相异步电动机输出功率与输入功率的比值。

任务工单二

课程名称		专业			
任务名称		班级		姓名	
任务要求	1. 识读三相异步电动机铭牌参数 2. 按三相异步电动机铭牌参数进行端子接线 3. 接电试运行				

一、工具器材

①设备：

②工具：

③仪表：

二、任务实施

1. 三相异步电动机的接线端子

在三相异步电动机的定子接线盒上，定子三相绕组引出六根引出线分别接到三相异步电动机的六个接线端子上，它们是 U 相、V 相、W 相，每相绕组以右下角标加 1 和 2 表示绕组的始末端，如 U_1、U_2，V_1、V_2，W_1、W_2。

2. 三相异步电动机的接线方式

第一种：星形连接，每一相绕组取一端接入三相电源，另一端短接。

第二种：三角形连接，每一相绕组取一端接入三相电源，另一端与其他绕组端首末相连。

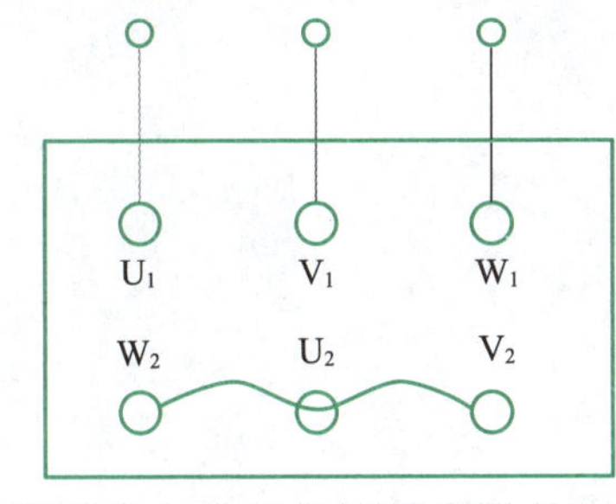

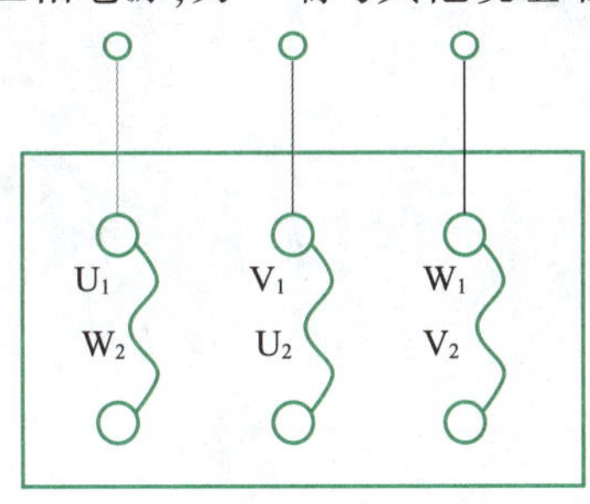

3. 识读三相异步电动机的铭牌参数并写在下方

4. 按三相异步电动机铭牌所标识的接线方式对定子接线端进行接线

5. 通电试运行

6. 通过实训结果说明三相异步电动机采用星形连接和三角形连接运行时的不同之处

7. 心得与收获

任务三　三相异步电动机的日常保养与维护

任务提出

三相异步电动机作为大部分生产设备的执行元件，在企业生产过程中的作用是举足轻重的，那么怎样能确保其可靠、经济、长久地运行呢？除了按操作规程正常使用、运行过程中注意监视和维护外，我们还应该做哪些工作可以及时消除隐患，防止故障发生，保证三相异步电动机安全可靠地运行呢？

在本任务中我们将学习三相异步电动机的日常保养与维护。

学习目标

知识目标

（1）掌握三相异步电动机日常保养方法。

（2）掌握三相异步电动机日常维护方法。

技能目标

（1）能够完成三相异步电动机日常保养。

（2）能够完成三相异步电动机日常维护。

素质目标

通过三相异步电动机的日常保养与维护的学习，培养学生动手实践能力。

知识链接

一、三相异步电动机的日常保养

1. 轴承的功能

轴承的主要功能是支撑机械旋转体，降低其运动过程中的摩擦系数，并保证其回转精度。轴承的好坏将直接影响三相异步电动机的正常运行。轴承外形图如图 1-25 所示。

图 1-25　轴承外形图

2. 三相异步电动机轴承的更换方法

①准备材料：首先需要准备材料，包括与原轴承相同型号的轴承、按钮、熔断器、接触器、热继电器等电器材料，以及清洗剂、润滑脂、棉纱、油盘等，如图 1-26 所示。

扫一扫

三相异步电动机更换轴承

②准备工具：电工钳、一字螺丝刀、十字螺丝刀、深度尺、锤子、橡胶锤、扁铲、扳手、卡簧钳、万用表、卡钳表、三爪拉拔器、绝缘电阻表、尺寸合适的钢管、记号笔、禁止合闸警示牌、安全锁等，如图 1-27 所示。

③设备停电挂警示牌。

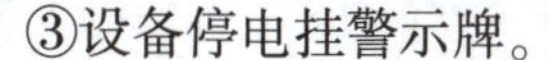

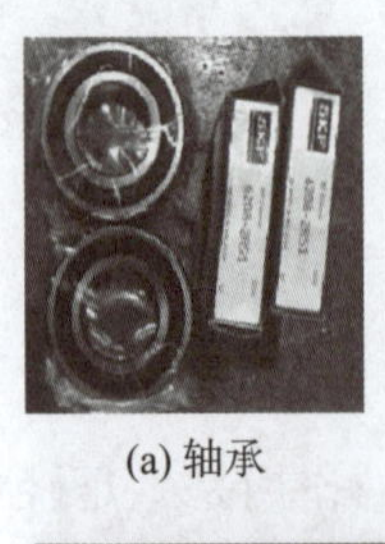
(a) 轴承

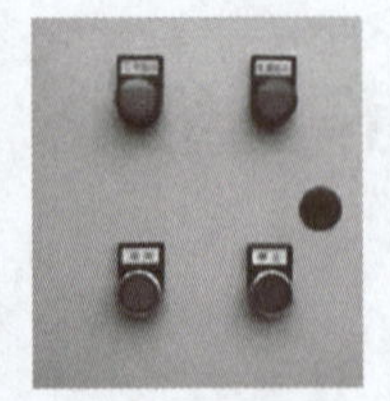
(b) 按钮

(c) 清洗剂

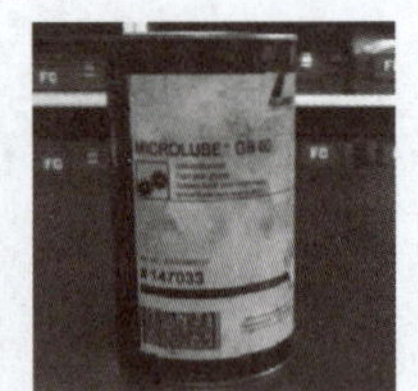
(d) 润滑脂

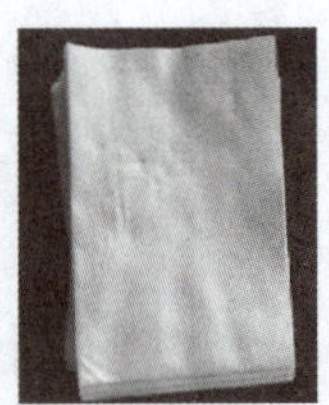
(e) 棉纱

(f) 油盘

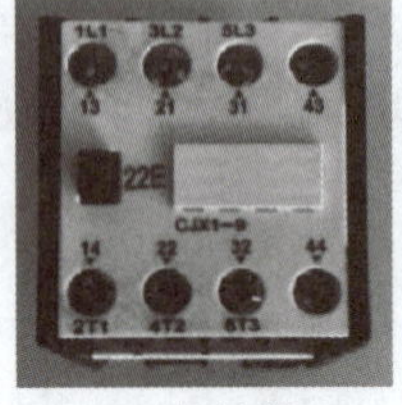
(g) 接触器

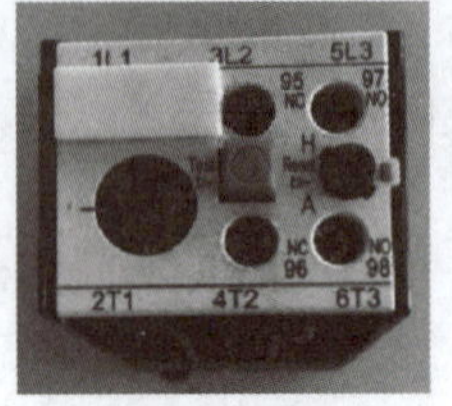
(h) 热继电器

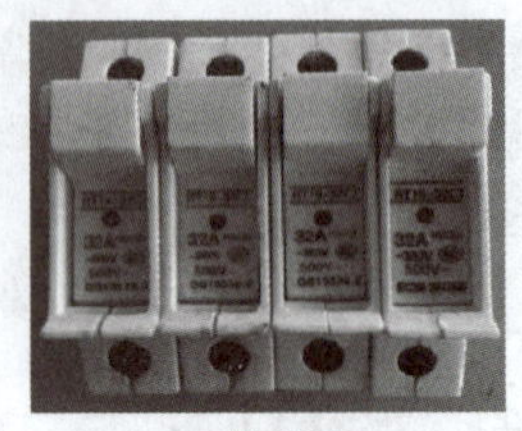
(i) 熔断器

图 1-26　材料准备图

(a) 电工钳

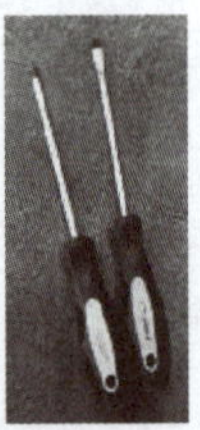
(b) 螺丝刀

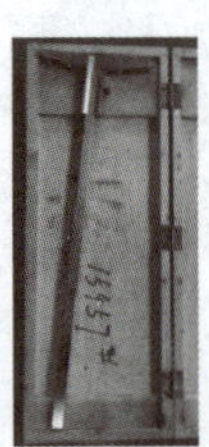
(c) 深度尺

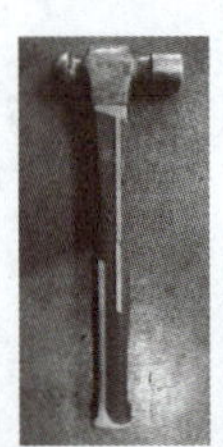
(d) 锤子

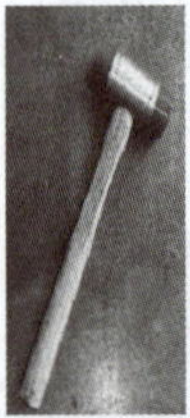
(e) 橡胶锤

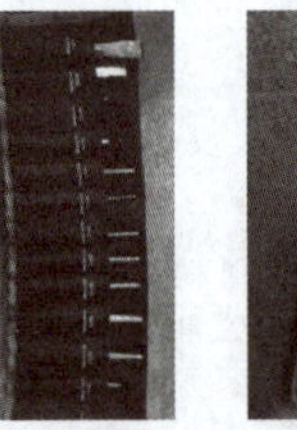
(f) 扁铲

(g) 扳手

(h) 记号笔

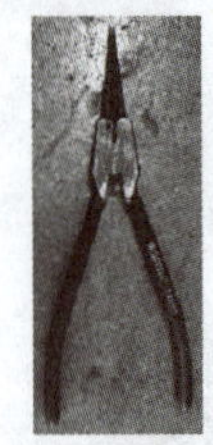
(i) 卡簧钳

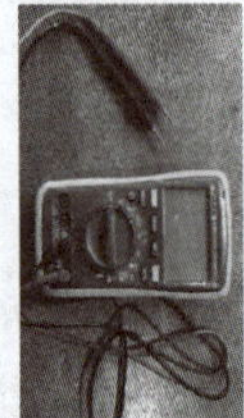
(j) 万用表

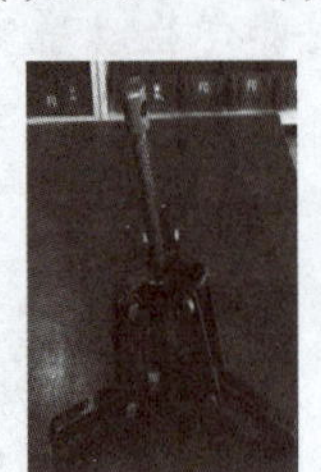
(k) 三爪拉拔器

(l)卡钳表

(m) 禁止合闸警示牌、安全锁

(n) 绝缘电阻表

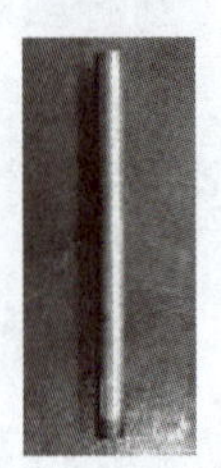
(o) 钢管

图 1-27　工具准备图

④挂安全锁。

⑤作标记:对机座在安装基础上的准确位置进行标记。

⑥拆电动机接线:松开接线盒螺丝,验电,作标记,拆除电动机接线。

⑦拆移电动机:松开地脚螺丝,法兰盘螺丝,把电动机运至工作地。

⑧测量:测量联轴器与轴台的距离,并记录数据。

⑨拉下联轴器:松开联轴器顶丝,用三爪拉拔器拉下联轴器。

⑩拆电动机风扇罩和风扇:松开固定螺丝,拆下电动机风扇罩,用卡簧钳拆下风扇叶卡簧,取下风扇叶。

⑪拆轴承外盖和端盖:拆卸电动机后端盖螺丝,用扁铲轻轻敲打,取下后端盖。拆卸前端盖螺丝,轻轻敲打端盖四周,使其与机座脱离。

⑫抽出转子:将端盖和转子从定子中抽出,抽出转子时要小心,不要擦伤定子绕组,防止损坏定子绕组或绝缘。

⑬拆除转子上的轴承外盖和端盖:从轴上拆除前端盖。

⑭拆轴承:用三爪拉拔器拆下轴承,更换轴承。

⑮清洗电动机定子转子:用压缩空气吹净灰尘。

⑯安装轴承外盖:安装轴承前端盖,把转子送入定子,紧固螺丝,安装轴承后端盖。

⑰装配风扇及风扇罩。

⑱测试兆欧表:选用500 V绝缘电阻表进行绝缘测试,使用前应对绝缘电阻表进行检查,方法是在"L"和"E"端开路情况下,摇动手柄,使转速达120 r/min,指针应指向"∞"。在"L"和"E"短路情况下轻摇手柄,指针应指向"0",说明绝缘电阻表完好。

⑲测电动机绕组对地电阻和相间绝缘:测量绕组绝缘,首先拆除电动机接线柱短接片,测定子绕组对地电阻,"E"端钮接外壳,"L"端接绕组一端,以120 r/min的速度匀速摇绝缘电阻表摇柄,对三相绕组分别进行测量,绝缘电阻均应不低于0.5 MΩ。其次测量三相绕组相间绝缘电阻,"L"和"E"端分别接被测两相绕组进行测量,绝缘电阻均应不低于0.5 MΩ。

⑳空载试电动机:测试绝缘后空载试电动机,试机电流一般为额定电流的50%,无振动、无噪声为合格。

㉑安装联轴器:试验合格,安装联轴器,将电动机安装至设备。

㉒安装电动机:拆安全锁,摘下警示牌。

3. 电路的保养

电路方面的保养包括线圈防护保养和更换引出线等内容。所有电器在冷热交替过程当中,绝缘都会加速老化。三相异步电动机所在的环境往往都比较恶劣,灰尘、油污、电动机基座外的脏污、过载、高温环境等都会对电动机的散热产生影响,为了延长电动机使用寿命,可以在电动机使用一年或相当时间后对电动机进行绝缘加固保养。另外,电动机引出导线的更换也非常必要。电动机引出线在电动机生产过程当中,由于浸漆烘干后,有部分绝缘会受到影响。在烧毁的电动机当中,有大部分电动机的引出线已经明显出现裂痕迹象。尤其是电动机使用年代越久远,电动机引出线就越加老化。所以电动机电路保养内容包括电动机引出线的更换,但也不是所有的电动机都需要更换引出线,应当视情况而定。

4. 其他保养

清洗灰尘也是电动机保养的一部分,电气设备的内部需要保持高度清洁,才能得到良好的绝缘。有的电动机本身使用环境很恶劣,有的电动机使用的是外界风交换散热技术,所以空气中的湿度、灰尘、环境当中的腐蚀等会造成电动机绝缘能力下降。保养时需要将电动机内部的灰尘用压力风吹干净,浇上绝缘漆即可,电动机外部的脏污需要铲除和吹净,以保证良好的散热。

扫一扫

三相异步电动机的维护

二、三相异步电动机的维护

维修人员对三相异步电动机进行日常维护时,主要检查润滑系统、外观、温度、噪声、振动以及异常现象,还要检查通风冷却系统、滑动摩擦状况及各部件的紧固情况等,还可以根据热继电器等保护装置的动作和信号发现异常现象,也可以依靠维护人员的经验来判断事故苗头。对三相异步电动机进行日常维护检查的要点是及早发现设备的异常状态,及时进

行处理，防止事故扩大。

维修人员定期维护的内容如下：

①外观检查：查看电动机周围是否有漏水、滴水情况；查看电动机外围是否有影响其通风散热的物件；经常查看电动机外部、风扇端盖及扇叶是否有脏物；电动机外部紧固件是否有松动，零部件是否有毁坏，检查引出线和配线是否有损伤和老化问题，接线盒接线螺丝是否有烧损。

②靠触觉检查：用手摸机壳表面，检查电动机是否有振动现象。

③靠听觉检查：借助听诊棒探听电动机运行时是否有杂音。

④靠测量检查：用点温计测电动机温度，用钳形电流表测量三相电流。

⑤靠嗅觉检查：靠嗅觉检查电动机是否有焦味、臭味。

⑥进行日常维护：定期紧固电动机接线端子、地脚螺丝、风扇罩螺丝，检查接线盒接线螺丝是否松动、烧伤，及时补充润滑油，更换轴承等。

一般来说，只要使用正确，维护得当，发现故障及时处理，三相异步电动机的工作寿命是很长的。

任务工单三

<table>
<tr><td>课程名称</td><td></td><td>专业</td><td colspan="3"></td></tr>
<tr><td>任务名称</td><td></td><td>班级</td><td></td><td>姓名</td><td></td></tr>
<tr><td>任务要求</td><td colspan="5">1. 开车前检查
2. 启动时检查
3. 运行巡视</td></tr>
</table>

一、工具器材

①设备:

②工具:

③仪表:

二、任务实施

1. 开车前检查

(1)用兆欧表测出三相异步电动机的绝缘电阻

①测对地绝缘电阻:断开三相异步电动机的连接,用兆欧表的L端子分别接电动机的U、V、W三相,E端子接电动机的外壳,均匀摇动手摇发电机,稳定后读数,若等于零代表短路。

U相对地________ MΩ,V相对地________ MΩ,W相对地________ MΩ。

②测相间绝缘电阻:断开三相异步电动机的连接,用兆欧表的L端子接其中一相,E端子接另外一相,均匀摇动手摇发电机,稳定后读数,若等于零代表短路。

U-V相间绝缘电阻________ MΩ,

U-W相间绝缘电阻________ MΩ,

U-W相间绝缘电阻________ MΩ。

(2)用万用表测量电源电压

U-V相间电压________ V,

U-W相间电压________ V,

V-W相间电压________ V。

(3)将电动机绕组采用星型连接接好

(4)检查电动机绕组相序与电源相序对应情况

(5)检查电动机安装情况

2. 启动时检查

①合闸后密切监视电动机有无异常。

②若不能启动,检查是否有缺相的情况。

③连续启动次数不能超过五次。

④注意容量与电源容量的匹配。

3. 运行中的巡视

①电动机正常运行后，观察电源电压是否正常，不高于10%，不低于5%，________。（正常或不正常）

②用钳形电流表检测工作电流。U相电流________A，V相电流________A，W相电流________A。

③正常运行中断开一相，用钳形电流表检测故障电流。U相电流________A，V相电流________A，W相电流________A。

④检查电动机温升是否正常________。（正常或不正常）

⑤观察有无故障现象________。（松动、松脱、震动、异响、异味、冒烟）

4. 停止运行

①关闭电源。

②拆下电动机电源线。

③遵守5S管理。

5. 心得与收获

任务四　三相异步电动机的常见故障及维修

任务提出

前面我们已经提到过三相异步电动机在生产中广为应用,那么它要是无法正常运行了呢?如果不能及时正确的判断与维修三相异步电动机的故障,常常会造成不必要的人力、物资浪费,甚至影响企业正常生产,那我们要如何判断其故障并及时、准确地排除故障确保正常生产呢?

在本任务中我们将学习三相异步电动机的几种常见故障及其维修方法。

学习目标

知识目标

(1)掌握判断三相异步电动机常见故障的方法。

(2)掌握三相异步电动机常见故障的维修方法。

技能目标

(1)能够判断三相异步电动机的常见故障。

(2)能够排除三相异步电动机的常见故障。

素质目标

通过学习三相异步电动机的常见故障及其维修方法,培养学生分析问题解决问题的能力。

知识链接

造成三相异步电动机运行故障的原因,可能是电动机本身发生故障(电气故障、机械故障),也有可能是负载方面和电源方面的原因,另外,使用环境不良、安装不当、维护不周等也会使电动机发生运行故障。下面介绍几种三相异步电动机常见故障现象及判断方法。

一、三相异步电动机绕组故障

扫一扫

三相异步电动机绕组对地故障

1. 三相异步电动机绕组对地

三相异步电动机绕组对地指绕组与铁芯或机壳的绝缘损坏而造成的接地。对地故障会使电动机外壳带电、控制回路跳闸、电动机绕组过热甚至烧毁。

①故障描述:电动机绕组对地指绕组与铁芯或机壳的绝缘损坏而造成的接地。

②故障后果:对地故障会使电动机外壳带电、控制回路跳闸、电动机绕组过热甚至烧毁。

③判断电动机绕组对地方法:测量电动机绕组是否对地时,首先要切断总电源,然后挂“禁止合闸”警示牌和安全锁;松开接线盒螺丝,验电,作标记,拆除电动机接线;同时拆掉电动机接线柱中的短接片。按照前面课程讲解的方法检查绝缘电阻表是否好用,用绝缘电阻表分别测每相绕组对地电阻,绝缘电阻表的 L 端接绕组一端,E 端接电动机外壳,以 120 r/min 的速度匀速摇绝缘电阻表摇柄,若测得的电阻为零,说明绕组对地。

2. 三相异步电动机绕组相间短路

扫一扫

三相异步电动机绕阻相间短路故障

三相异步电动机绕组相间短路指由于相邻线圈之间绝缘层损坏而出现短路，或者因某种原因两根引线被短接。绕组相间短路会烧毁绕组，使短路点附近的绝缘损坏，并让电动机发热，从而导致保护元件动作。

①故障描述：电动机绕组相间短路指由于相邻线圈之间绝缘层损坏而出现短路，或者因某种原因两根引线被短接。

②故障后果：绕组烧毁、短路点附近的绝缘损坏、电动机发热，从而导致保护元件动作。

③判断电动机绕组相间短路故障方法：测量电动机绕组是否相间短路时，首先要切断总电源，然后挂“禁止合闸”警示牌和安全锁；松开接线盒螺丝，验电，作标记，拆除电动机接线；同时拆掉电动机接线柱中的短接片。按照前面课程讲解的方法检查绝缘电阻表是否好用。测量时绝缘电阻表的 L 端接一相绕组一端，E 端接另一相绕组一端，以 120 r/min 的速度匀速摇绝缘电阻表摇柄，若测得的阻值小于 0.5 MΩ，说明电动机绕组出现相间短路。

3. 三相异步电动机绕组匝间短路

三相异步电动机绕组匝间短路指线圈中串联的两个线匝因绝缘层损坏而出现短路。

当三相绕组有一相发生匝间短路时，相当于该相绕组匝数减少，定子三相电流就不平衡，电动机转矩降低，出现振动现象，严重时不能带动负载甚至烧毁电动机。

①故障描述：电动机绕组匝间短路指线圈中串联的两个线匝因绝缘层损坏而出现短路。

②故障后果：短路绕组匝数减少，定子三相电流不平衡使电动机振动，电动机温升升高，长时间运行将烧毁电动机。

③判断电动机绕组匝间短路故障方法：拆开电动机，用电桥测试各绕阻阻抗，可以判断绕组匝间短路；或电动机局部温度明显升高，也可以判断绕组出现匝间短路。

4. 电动机绕组断路

电动机绕组因接触不良、绕组短路或接地故障使绕组烧毁造成断路。

三相异步电动机绕组断路则电动机不能启动，如果运行时电动机缺相，电流升高，烧毁电动机。

①故障描述：电动机绕组接触不良、绕组短路或接地故障使绕组烧毁造成断路。

②故障后果：电动机缺相运行，电流升高，长时间运行将烧毁电动机。

③判断电动机绕组断路故障方法：测试电动机绕组开路的方法是，将摇表两端接电动机单个绕组的两个端子，测量的绝缘阻值无穷大说明出现断路。

二、三相异步电动机机械故障

三相异步电动机机械方面的故障最常见的是轴承损坏和定转子相擦。轴承在正常情况下，经过一定时期运转以后，逐渐磨损，最终不能使用，这是一种正常现象。但往往电动机的基础不稳固、机械传动装置不稳妥、过分的振动、污秽杂质的侵入、润滑油过多或过少以及安装拆卸轴承的方法不合理等原因会导致轴承很快损坏。轴承损坏的明显标志是：轴承及轴承盖部位过热，电动机的振动加剧，并且发出不正常的响声，加大了电动机的负载转矩，造成电动机过热，而且往往导致电动机定转子相擦。

电动机定转子相擦的原因除了轴承损坏之外，转轴弯曲、铁芯变形、机座和端盖裂纹、端盖止口未合严、电动机内部过脏等都会造成定转子相擦。定转子相擦会使电动机发生强烈的响声和振动，使相擦的表面产生高温，严重时还会冒烟产生火花，槽表面的绝缘材料在高温下变的焦脆，甚至烧毁线圈。

三、三相异步电动机过载故障

三相异步电动机过载是指在某种情况下，使电动机的实际使用功率超过额定功率，电动机电流超过额定值。电动机在使用过程中出现过载，会出现转速降低，甚至可能下降到零，同时伴有低沉的轰鸣声，机体温度会迅速上升发烫，时间过长会冒烟烧毁。电动机轴承缺油、干磨或转子不同心导致电动机转子扫膛，也会使电动机电流超过额定值。因此实际生产中须对电动机进行过载保护。

过载保护是指将热继电器的热元件串联在电动机主电路中，将动断触点串联在控制电路中。当电动机过载时，流过热元件的电流增大，热元件产生的热量增加使双金属片弯曲，弯曲的双金属片推动绝缘导板使动断触点断开，动合触点闭合，动断触点断开控制电路，从而起过载保护作用。

四、三相异步电动机电源故障

1. 电源电压过高或过低

①电压过低：电动机的电磁转矩将显著减小。启动困难甚至不能启动，即使能启动，但转速上升很慢，启动时间过长，达不到额定转速，从而导致电动机电流过大、温升高，甚至冒烟烧毁。如果在运行过程中电源电压降低，负载不变时，电动机将过载运行，进而转速降低、电流增大、绕组过热。

②电压过高：会提高电动机磁路的饱和程度，导致铁损增大；同时电流增大导致铜损增大。由于损耗的增加，使电动机过热不能正常工作。即使在空载或轻载情况下电动机也要发热。

电源电压过低、过高时，电动机必须停止工作，待电源电压恢复后再工作。

2. 电源电压不平衡

如果供电线路上有短路、接地、接触不良或变压器出现故障都会导致电源电压的不平衡。不平衡的电压施加在电动机上，会导致三相电流的不对称，破坏了旋转磁场的对称性，使电动机发出低沉的嗡嗡声，机身也因此而振动，并且因电流不平衡，还会造成电动机过热。

3. 电源断线

电源断线包括电源导线断路、熔体熔断、接头接触不良等，其造成的最大危害是会导致电动机单相运行。在电动机的运行过程中，如果电源一相断路，电动机缺相运行，合成转矩减小，如果负载不变则电动机转速下降，电流增加，绕组过热，甚至会烧毁电动机。如果在起动前电源一相断路，则电动机不能启动，转子左右摇摆，且发出“嗡嗡”声。如果启动前电源断两相至三相，则电动机不能启动且没有任何声响；运转中电源断线两相至三相，则电动机停车，不会损坏电动机。

五、其他因素所引起的故障

1. 工作环境异常导致的故障

三相异步电动机工作环境温度过高，潮湿或者空气湿度大，含有腐蚀性气体等，都会给电动机的正常运行带来不良后果。电动机在温度很高的环境中长期使用，由于绕组的实际温度升高，散热能力下降，运行中即使电流没有超过额定值，也会引起发热。电动机在潮湿的环境中运行时，绝缘容易受潮，绝缘强度大大减低，易于击穿，从而造成绕组接地或短路故障。如果空气中有腐蚀性气体，绝缘材料、电动机外壳、导线接头等都容易被腐蚀损坏。

2. 安装情况异常导致的故障

电动机的基础不稳固或电动机与地基的固定不牢，运行时会产生振动并发出噪声，极易损害机件和轴承。电动机的传动皮带安装过紧或电动机与被拖动的机械之间没有校正好，都会造成电动机过载，从而造成轴承发热或引起机组的振动。

任务工单四

<table>
<tr><td>课程名称</td><td></td><td>专业</td><td colspan="3"></td></tr>
<tr><td>任务名称</td><td></td><td>班级</td><td></td><td>姓名</td><td></td></tr>
<tr><td>任务要求</td><td colspan="5">1. 观察三相异步电动机故障现象
2. 判断三相异步电动机故障类型
3. 故障排除</td></tr>
<tr><td colspan="6">一、工具器材
①设备：
②工具：
③仪表：
二、任务实施
1. 故障描述(观察三相异步电动机故障现象并记录下来)

2. 描述此类故障易产生的后果</td></tr>
</table>

3. 判断三相异步电动机故障类型并详细说明判断方法

4. 心得与收获

习题

一、单选题

1. 三相绕组Y形接法是把三相绕组的(　　)连在一起构成中性点N。

A. 同名端　　B. 异名端　　C. 尾端　　D. 首端

2. 以下(　　)不是三相异步电动机定子的组成部分

A. 定子铁芯　　B. 定子绕组　　C. 转轴　　D. 机座

3. 三相异步电动机的旋转磁场是由(　　)产生的

A. 永久磁铁的磁场　　B. 通入定子中的交流电流

C. 通入转子中的交流电流　　D. 通入励磁绕组中的电流

二、简答题

1. 三相异步电动机旋转磁场方向取决于什么？如何改变三相异步电动机的旋转方向？

2. 三相异步电动机定子绕组的连接方法有哪些？请画出其连接图。

3. 简述维修人员如何对三相异步电动机进行日常维护。

4. 什么是三相异步电动机绕组相间短路？它会造成哪些后果？维修人员如何进行相关故障诊断？

5. 简述三相异步电动机发生过载故障的原因及解决方法。

项目二

三相异步电动机控制电路的安装与调试

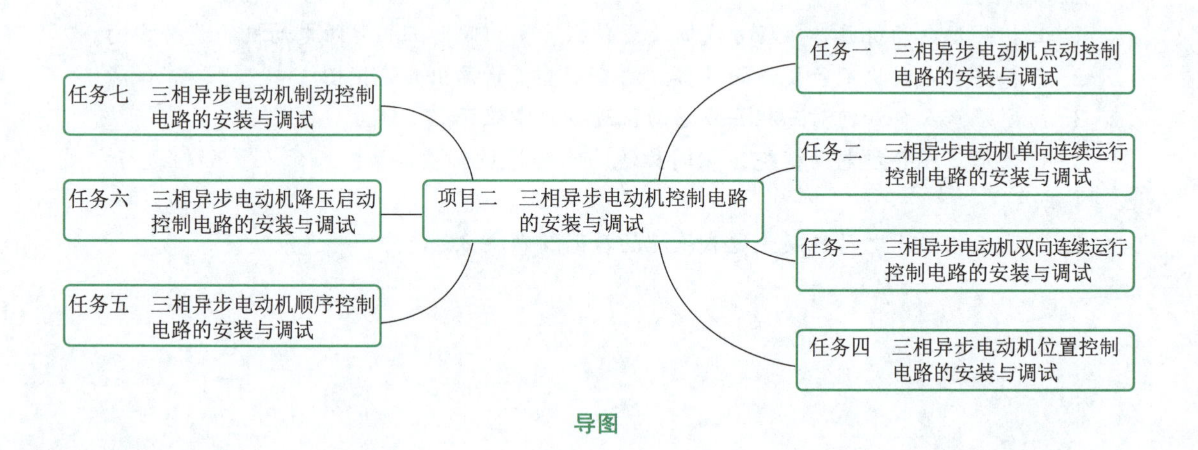

导图

任务一　三相异步电动机点动控制电路的安装与调试

任务提出

企业中广泛应用三相异步电动机(以下简称“电动机”),要使其按照生产机械要求正常安全地运转,必须配备一定的电器,组成一定的控制线路,才能达到目的(图 2-1 所示为起重机实物图)。想要按下按钮电动机就转动,松开按钮电动机就停止,需要怎么做呢?

在本任务中我们将学习电动机的点动控制电路。

图 2-1　起重机实物图

学习目标

知识目标

(1)掌握熔断器、低压断路器、接触器、按钮的结构与工作原理。

(2)掌握电动机点动控制电路的组成及工作原理。

技能目标

(1)能够正确使用低压电器。

(2)能够分析电动机点动控制电路工作原理。

(3)能够完成电动机点动控制电路安装与调试。

素质目标

通过完成电动机点动控制电路的安装与调试,培养学生的安全用电意识及团队协作能力。

知识链接

一、低压电器

凡是根据外界特定的信号或要求,自动或手动接通和断开电路,断续或连续地改变电路参数,实现对电路或非电现象的切换、控制、保护、检测和调节的电气设备均称为电器。

根据工作电压的高低,电器可分为高压电器和低压电器。工作范围在交流额定电压 1 200 V 及以下、直流额定电压 1 500 V 及以下的电器称为低压电器。低压电器作为基本器件,广泛应用于输、配电系统和电力拖动系统中,在工农业生产、交通运输和国防工业中起着极其重要的作用。

1. 刀开关

刀开关又称闸刀开关或隔离开关,是一种结构最简单且应用最广泛的手控低压电器,广泛应用在照明电路和小容量(5.5 kW)、不频繁启动的动力电路的控制电路中。刀开关的主要类型有负荷开关和板形开关。在电力拖动控制电路中最常用的是由刀开关和熔断器组合而成的负荷开关。负荷开关分为开启式负荷开关和封闭式负荷开关两种。

开启式负荷开关又称闸刀开关。生产中常用的是 HK 系列开启式负荷开关,适用于照明、电热设备及小容量电动机控制电路中,供手动、不频繁地接通和分断电路,并起短路保护。下面以开启式负荷开关为例加以介绍。

(1)刀开关实物图

常见的刀开关如图 2-2 所示。

(2)刀开关的图形及文字符号

刀开关的图形符号和文字符号如图 2-3 所示。

图 2-2　刀开关实物图

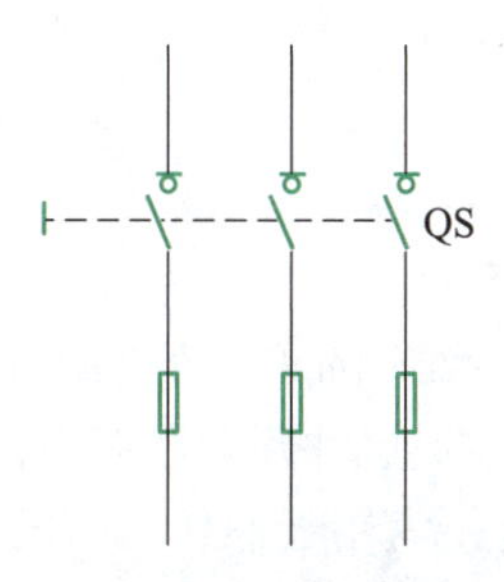

图 2-3　刀开关的图形符号和文字符号

(3)刀开关的结构与工作原理

刀开关的瓷底座上装有进线座、静触头、熔体、出线座和带瓷质手柄的刀式动触头,刀式动触头上面盖有胶盖以防止操作时触及带电体或分断时产生的电弧伤人。HK 系列刀开关的结构如图 2-4 所示。

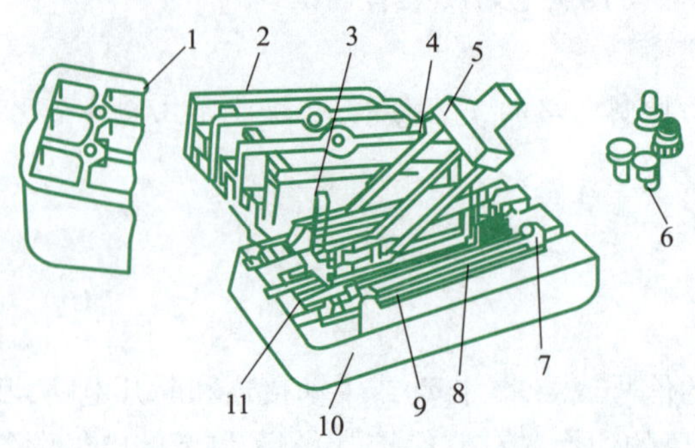

图 2-4　HK 系列刀开关结构图

1—上胶盖;2—下胶盖;3—插座;4—触刀;5—瓷柄;6—胶盖紧固螺母;7—出线座;
8—熔线;9—触刀座;10—瓷底板;11—进线座

安装完成后的刀开关,手柄推到上方合闸状态,此时接通刀开关上下电路。

(4)刀开关的型号与含义

刀开关型号及含义如图 2-5 所示。

(5)刀开关的主要技术参数

刀开关的主要技术参数包括额定电流、额定电压、极数、控制容量等。

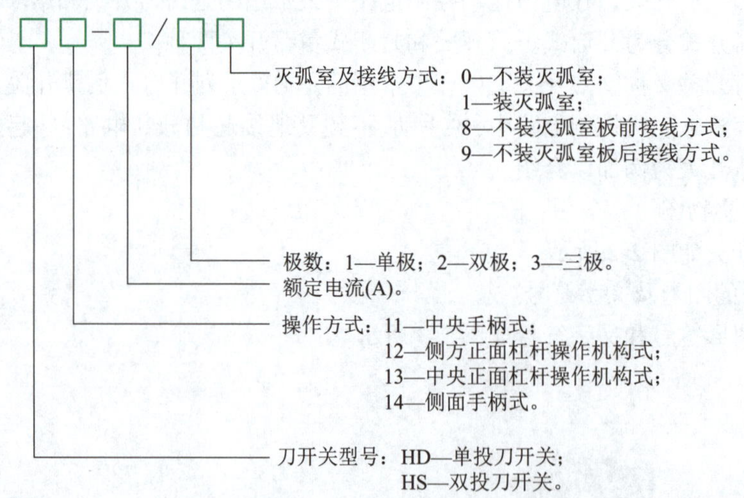

图 2-5　刀开关型号及含义

(6)刀开关的选择

开启式负荷开关的结构简单,价格便宜,在一般的照明电路和功率小于 5.5 kW 的电动机控制电路中广泛应用。但这种开关没有专门的灭弧装置,其刀式动触头和静夹座易被电弧灼伤引起接触不良,因此不宜用于操作频繁的电路。具体选用方法如下:

①用于照明和电热负载时,选用额定电压 220 V 或 250 V,额定电流不小于电路所有负载额定电流之和的两极开关。

②用于控制电动机的直接启动和停止时,选用额定电压 380 V 或 500 V,额定电流不小于电动机额定电流 3 倍的三极开关。

(7)刀开关的安装与使用

①开启式负荷开关必须垂直安装在控制屏或开关板上,且合闸状态时手柄应朝上,不允许倒装或平装,以避免由于重力自动下落而引起误合闸事故。

②接线时应把电源进线接在静触头一边的进线座,负载接在动触头一边的出线座,这样在开关断开后,刀开关的刀片与电源隔离,既便于更换熔丝,又可防止可能发生的意外事故。

③更换熔体时,必须在闸刀断开的情况下按原规格更换。

④在分闸和合闸操作时,应动作迅速,使电弧尽快熄灭。

(8)刀开关的常见故障及维修

刀开关的常见故障及维修方法见表 2-1。

表 2-1 刀开关的常见故障及维修方法

故障现象	原 因	维修方法
合闸后,开关一相或两相开路	1. 静触头弹性消失,开口过大,造成动、静触头接触不良 2. 熔丝熔断或虚连 3. 动、静触头氧化或有污垢 4. 进线或出线线头接触不良	1. 修整或更换静触头 2. 更换熔丝或紧固 3. 清洁触头 4. 重新连接
合闸后,熔丝熔断	1. 外接负载短路 2. 熔体规格偏小	1. 更换开关 2. 修整或更换触头,并改善操作方法
触头烧坏	1. 开关容量太小 2. 拉、合闸动作过慢,造成电弧过大,烧坏触头	1. 更换开关 2. 修整或更换触头,并改善操作方法

2. 按钮

按钮是一种用人体某一部分(一般为手指或手掌)所施加力而操作的执行器,并具有储能(弹簧)复位功能的一种控制开关,属于主令电器的一种。

按钮的触头允许通过的电流较小,一般不超过 5 A,因此一般情况下它不直接控制主电路的通断,而是在控制电路中发出指令或信号去控制接触器、继电器等电器,再由它们去控制主电路的通断、功能转换或电气联锁。

(1)按钮实物图

部分常见的按钮实物图如图 2-6 所示。

图 2-6 部分常见按钮实物图

SB E-\ (a) 常开按钮　SB E-/ (b) 常闭按钮　SB E-\--/ (c) 复合按钮

图 2-7　按钮的图形符号和文字符号

(2)按钮的图形符号及文字符号

按钮有常开按钮、常闭按钮和复合按钮三种。它们的图形及符号如图 2-7 所示。

(3)按钮的结构与工作原理

按钮一般由按钮帽、复位弹簧、桥式动触头、静触头、支柱连杆及外壳等部分组成,按钮的内部结构如图 2-8 所示。

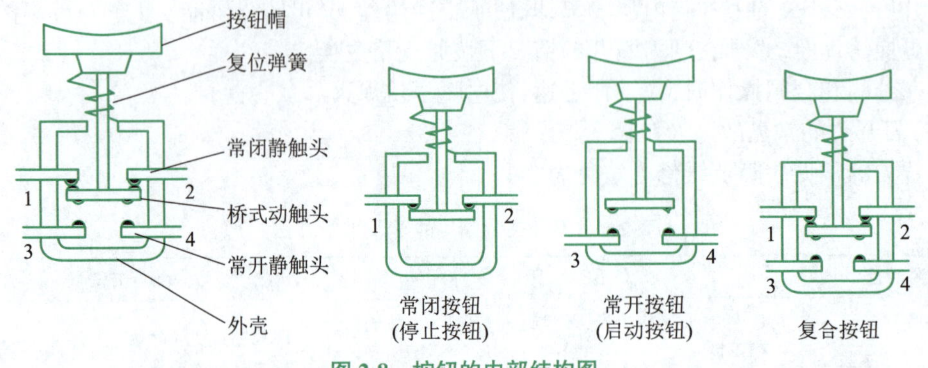

图 2-8　按钮的内部结构图

按照按钮静态(不受外力作用)时触头的分合状态,可分为常开按钮(启动按钮)、常闭按钮(停止按钮)和复合按钮(常开、常闭组合为一体的按钮)。

常开按钮:未按下时,触头是断开的(图 2-8 中的 3、4);按下时触头闭合;当松开后,按钮自动复位。

常闭按钮:与常开按钮相反,未按下时,触头是闭合的(图 2-8 中的 1、2);按下时触头断开;当松开后,按钮自动复位。

复合按钮:将常开和常闭按钮组合为一体。按下复合按钮时,其常闭触头先断开,然后常开触头再闭合;而松开时,常开触头先断开,然后常闭触头再闭合。

按钮常用于接通和断开控制电路,但它与刀开关有区别。刀开关接通电路后,电流通过刀片,如要断开电路则需要人去拉开;而按钮按下去接通电路后,如不继续按着,则在弹簧力作用下立刻恢复原来的状态,电流不再通过它的触点。所以按钮只起发出"接通"和"断开"信号的作用。

按钮在企业中应用极为广泛,不同的按钮颜色有着不同的含义,在使用中需要特别注意,按钮颜色的含义见表 2-2。

表 2-2　按钮颜色的含义

颜色	含义	说　明	应用示例
红	紧急	危险或紧急情况时操作	急停
黄	异常	异常情况时操作	干预、制止异常情况 干预、重新起动中断了的自动循环
绿	安全	安全情况或为正常情况准备时操作	起动/接通
蓝	强制性的	要求强制动作情况下的操作	复位功能
白	未赋予特定含义	除急停以外的一般功能的启动	起动/接通(优先) 停止/断开
灰			起动/接通 停止/断开
黑			起动/接通 停止/断开(优先)

(4)按钮的型号及含义

按钮的型号及含义如图2-9所示。

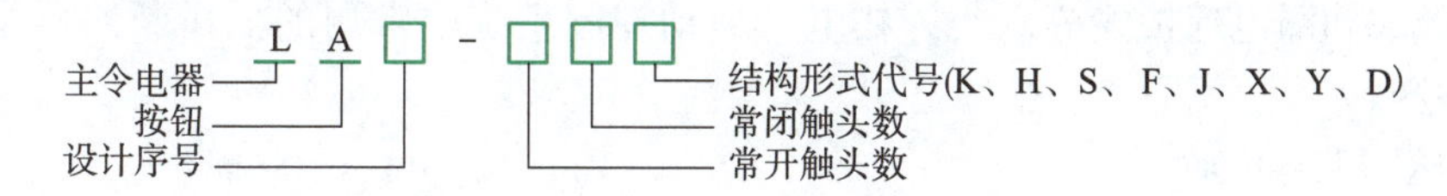

图2-9　按钮的型号及含义

其中结构形式代号的含义为:

K——开启式,适用于嵌装在操作面板上;

H——保护式,带保护外壳,可防止内部零件受机械损伤或人偶然触及带电部分;

S——防水式,具有密封外壳,可防止雨水侵入;

F——防腐式,能防止腐蚀性气体进入;

J——紧急式,带有红色大蘑菇钮头(突出在外),作紧急切断电源用;

X——旋钮式,用旋钮旋转进行操作,有通和断两个位置;

Y——钥匙操作式,用钥匙插入进行操作,可防止误操作或供专人操作;

D——光标按钮,按钮内装有信号灯,兼作信号指示。

(5)按钮的选择与使用

①根据使用场合和具体用途选择按钮的种类。

②根据工作状态指示和工作情况要求,选择按钮或指示灯的颜色。

③根据控制回路的需要选择按钮的数量。

④只用常闭按钮,在控制电路中作停止按钮。

⑤只用常开按钮,在控制电路中作启动按钮。

⑥常开按钮、常闭按钮同时使用,按下其中一个按钮,在控制电路中,停止、启动同时进行。

(6)按钮的常见故障及维修方法

按钮的常见故障及维修方法见表2-3。

表2-3　按钮的常见故障及维修方法

故障现象	原　因	维修方法
触头接触不良	触头烧损	修整触头或更换产品
	触头表面有尘垢	清洁触头表面
	触头弹簧失效	重绕弹簧或更换产品
触头间短路	塑料受热变形,导致接线螺钉相碰短路	更换产品,并查明发热原因
	杂物或油污在触头间形成通路	清洁按钮内部

3. 低压断路器

低压断路器又称自动空气开关或自动空气断路器,简称断路器,主要用于低压动力电路中,可用来接通和分断负载电路,也可用来控制不频繁启动的电动机。

扫一扫

低压断路器工作原理

低压断路器可以在电路中发生短路、过载和失压等故障时,能自动切断故障电路,保护线路和电气设备。

低压断路器具有操作安全、安装使用方便、工作可靠、动作值可调、分断能力较高、兼顾多种保护、动作后不需要更换元件等优点，因此得到广泛应用。

低压断路器按结构形式可分为塑壳式（又称装置式）、框架式（又称万能式）、限流式、直流快速式、灭磁式和漏电保护式等六类。在电力拖动控制系统中常用的低压断路器是 DZ 系列塑壳式断路器。

（1）低压断路器实物图

塑壳式低压断路器实物图如图 2-10 所示。

（2）低压断路器的图形符号及文字符号

低压断路器图形及文字符号如图 2-11 所示。

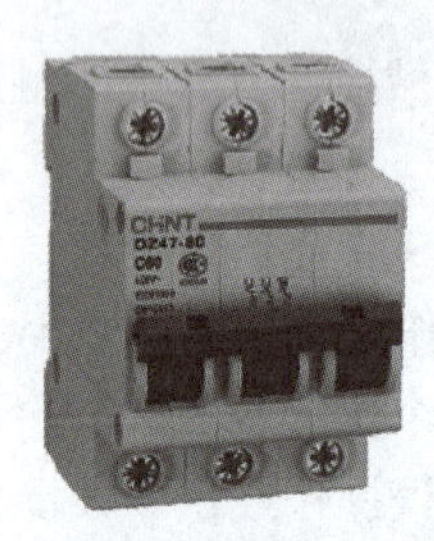

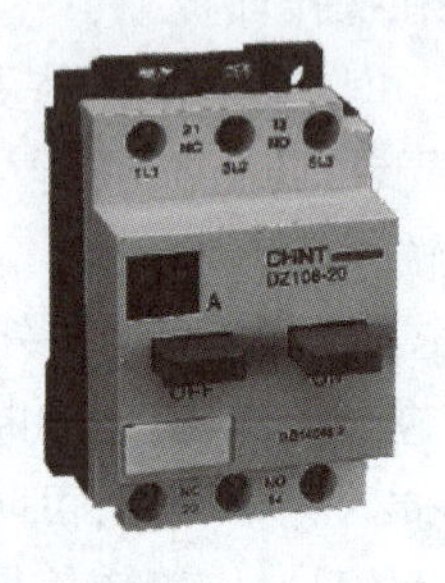

图 2-10　塑壳式低压断路器实物图

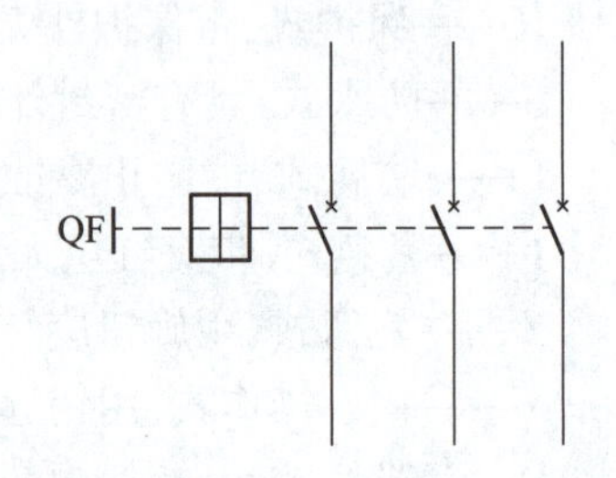

图 2-11　低压断路器图形及文字符号

（3）低压断路器的结构和工作原理

低压断路器的结构图如图 2-12 所示。

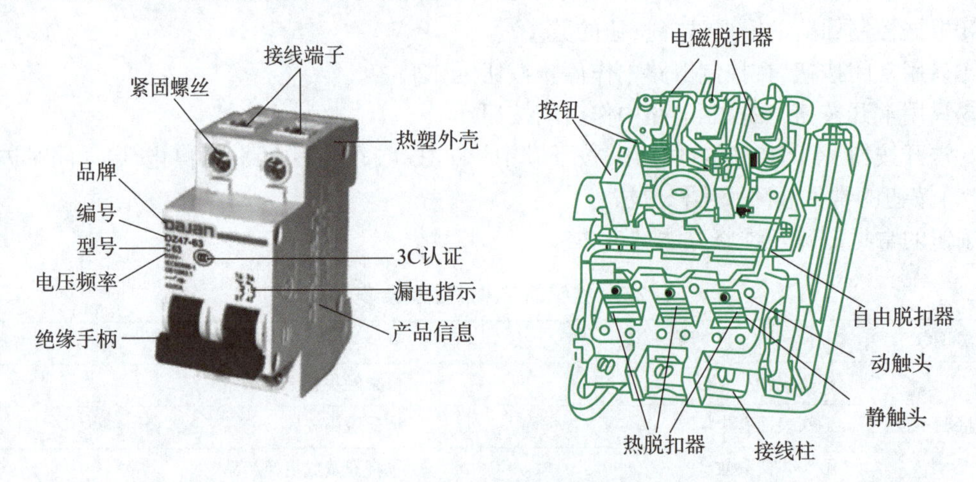

图 2-12　低压断路器结构图

低压断路器工作原理如图 2-13 所示。使用时，断路器的三副主触头串联在被控制的三相电路中，按下接通按钮时，外力使锁扣克服反作用弹簧的反作用力，将固定在锁链上面的动触头与静触头闭合，并由搭钩锁住锁链，使动、静触头保持闭合，开关处于接通状态。

①当线路发生过载时，过载电流流过发热元件产生一定的热量，使双金属片受热向上弯曲，通过杠杆推动搭钩与锁链脱开，在反作用弹簧的推动下，动、静触头分开，从而切断电路，使用电设备不至因过载而烧毁。

②当线路发生短路时，短路电流超过电磁脱扣器的瞬时脱扣整定电流，电磁脱扣器产生足够大的吸力将衔铁吸合，通过杠杆推动搭钩与锁链分开，从而切断电路，实现短路保护。

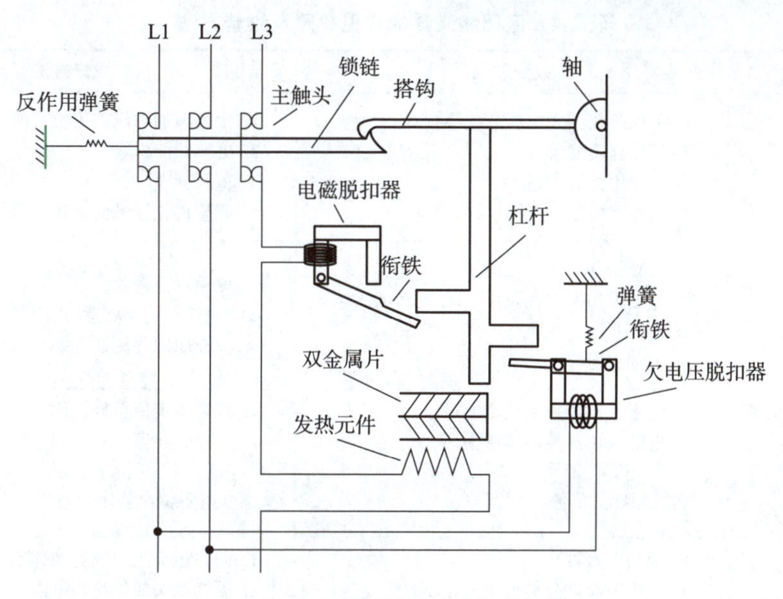

图 2-13　低压断路器工作原理图

③当线路电压正常时，欠压脱扣器的衔铁被吸合，衔铁与杠杆脱离，断路器的主触头能够闭合；当线路上的电压消失或下降到某一数值时，衔铁在弹簧作用下向上撞击杠杆，将搭钩顶开，使触头分断。

由上可知：电磁脱扣器与被保护电路串联，起短路保护作用；热脱扣器与被保护电路串联，起过载保护作用；欠电压脱扣器并联在断路器的电源侧，起到欠压及零压保护的作用。

(4) DZ5-20 型自动空气开关的型号及含义

DZ5-20 型自动空气开关型号及含义如图 2-14 所示。

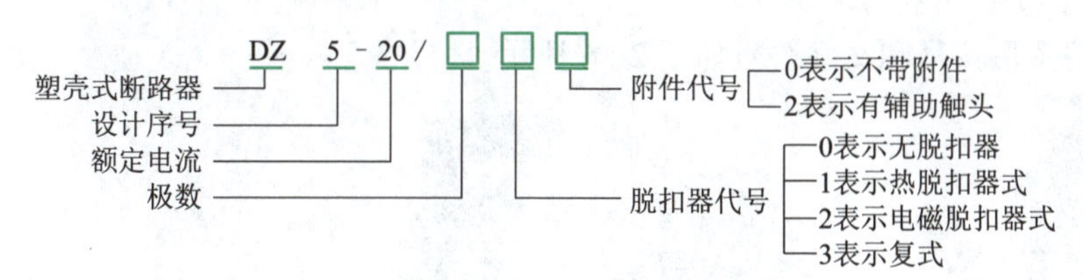

图 2-14　DZ5-20 型自动空气开关型号及含义

(5) 低压断路器的选用原则

①低压断路器的额定电压和额定电流应不小于线路的正常工作电压和计算负载电流。

②热脱扣器的整定电流应等于所控制负载的额定电流。

③电磁脱扣器的瞬时脱扣整定电流应大于负载正常工作时可能出现的峰值电流。用于控制电动机的断路器，其瞬时脱扣整定电流可按下式选取：

$$I_z \gg KI_{st}$$

式中，K 为安全系数，可取 1.5~1.7；I_{st} 为电动机的启动电流。

④欠压脱扣器的额定电压应等于线路的额定电压。

(6) 低压断路器的常见故障及维修方法

下面列举一些低压断路器的常见故障及对应维修法，见表 2-4。

表 2-4 低压断路器的常见故障及维修方法

故障现象	故障原因	维修方法
不能合闸	1. 欠压脱扣器无电压或线圈损坏 2. 储能弹簧变形 3. 反作用弹簧力过大 4. 机构不能复位再扣	1. 检查施加电压或更换线圈 2. 更换储能弹簧 3. 重新调整 4. 调整再扣接触面至规定值
电流达到整定值，断路器不动作	1. 热脱扣器双金属片损坏 2. 电磁脱扣器的衔铁与铁芯距离太大或电磁线圈损坏 3. 主触头熔焊	1. 更换双金属片 2. 调整衔铁与铁芯距离或更换断路器 3. 检查原因并更换主触头
启动电动机时断路器立即分断	1. 电磁脱扣器瞬动整定值过小 2. 电磁脱扣器某些零件损坏	1. 调高整定值至规定值 2. 更换脱扣器
断路器闭合后经一定时间自行分断	热脱扣器整定值过小	调高整定值至规定值
断路器温升过高	1. 触头压力过小 2. 触头表面过分磨损或连接不良 3. 两个导电零件连接螺钉松动	1. 调整触头压力或更换弹簧 2. 更换触头或修整接触面 3. 重新拧紧连接螺钉

4. 熔断器

熔断器是在控制系统中用作短路保护的电器，使用时串联在被保护的电路中，当电路发生短路故障时，通过熔断器的电流将达到或超过某一规定值，以其自身的热量使熔体熔断，从而分断电路，起到保护作用。

(1)熔断器实物图

熔断器实物图如图 2-15 所示。

(2)熔断器的图形符号和文字符号

熔断器的图形符号和文字符号如图 2-16 所示。

(a) 插入式熔断器

(b) 螺旋式熔断器

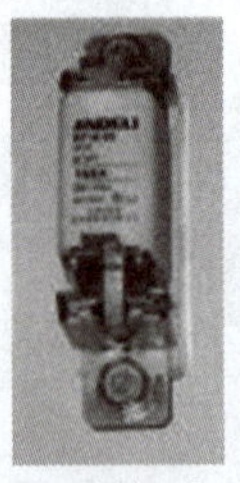

(c) 封闭式熔断器

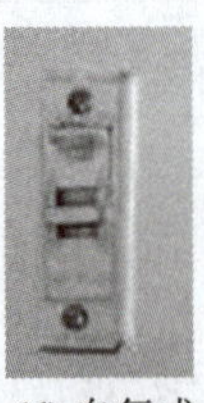

(d) 自复式熔断器

图 2-15 部分熔断器实物图

图 2-16 熔断器的图形符号和文字符号

(3)熔断器的结构与工作原理

熔断器按照结构形式分为半封闭插入式、无填料封闭管式、有填料封闭管式、螺旋自复式等，如图 2-17 所示为 RC1A 系列插入式熔断器。

熔断器主要由熔体(俗称熔丝)、安装熔体的熔管和熔座三部分组成。

熔体是熔断器的核心，常做成丝状、片状或栅状，制作熔体的材料一般有铅锡合金、锌、铜、

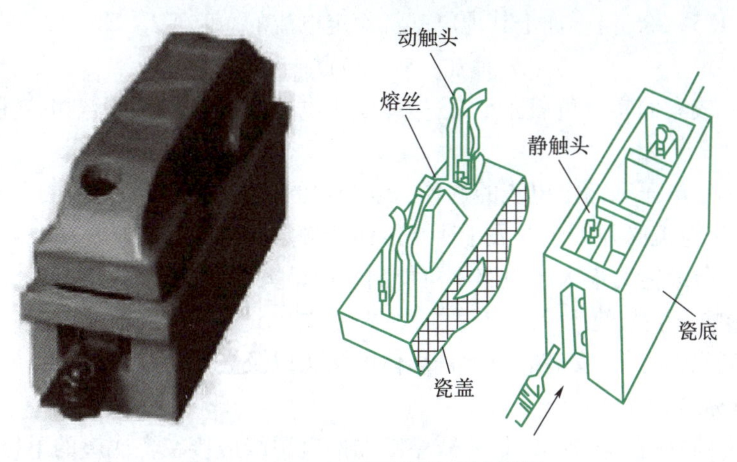

图 2-17　RC1A 系列插入式熔断器

银等。其作用为当电路发生短路或严重过载时,熔体熔断保护电路。

熔管是熔体的保护外壳,用耐热绝缘材料制成,在熔体熔断时兼有灭弧作用。

熔座是熔断器的底座,作用是固定熔管和外接引线。

(4)熔断器的型号及含义

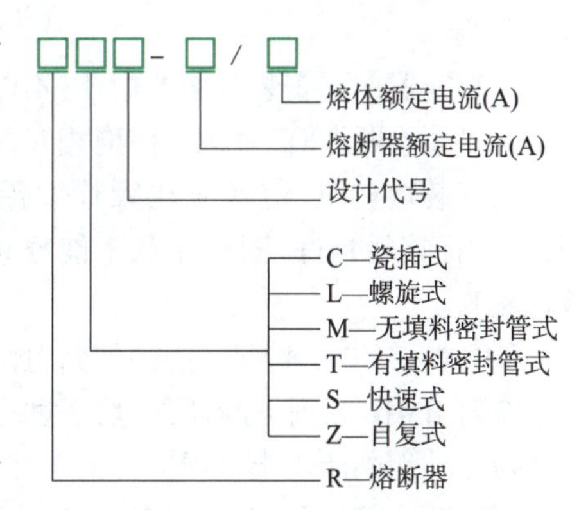

图 2-18　熔断器型号及含义

(5)熔断器的参数

①额定电压:熔断器的额定电压是指能保证熔断器长期正常工作的电压。

②额定电流:熔断器的额定电流是指保证熔断器能长期正常工作的电流,是由熔断器各部分长期工作时的允许温升决定的。

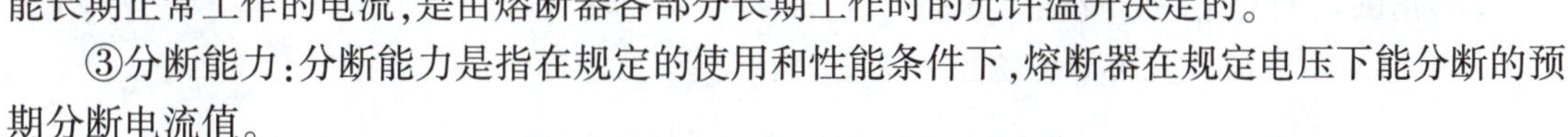

③分断能力:分断能力是指在规定的使用和性能条件下,熔断器在规定电压下能分断的预期分断电流值。

④时间-电流特性:是指在规定工作条件下,表征流过电流与熔体熔断时间关系的函数曲线,又称保护特性或熔断特性。

(6)熔断器的选择

熔断器和熔体只有经过正确的选择,才能起到应有的保护作用。

①熔断器类型的选择。通常应根据使用环境和负载性质选择适当类型的熔断器。

②熔体额定电流的选择。

(a)对照明电路等电流较平稳、无冲击电流的负载短路保护,熔体的额定电流应等于或稍大于负载的额定电流。

(b)对一台不经常启动且启动时间不长的电动机的短路保护,熔体的额定电流 I_{RN} 应大于或等于 1.5~2.5 倍电动机的额定电流 I_N,即

$$I_{RN} \gg (1.5 \sim 2.5) I_N$$

对于频繁启动或启动时间较长的电动机,上式的系数应增加到 3~3.5。

(c)对多台电动机的短路保护,熔体的额定电流应大于或等于其中最大容量电动机的额

定电流 I_{Nmax} 的 1.5~2.5 倍再加上其他电动机额定电流的总和 $\sum I_N$，即

$$I_{RN} \gg (1.5\sim2.5) I_{Nmax} + \sum I_N$$

在电动机的功率较大而实际负载较小时，熔体额定电流可适当小些，小到电动机启动时熔体不熔断为准。

③熔断器额定电压和额定电流的选择。熔断器的额定电压必须等于或大于电路的额定电压，熔断器的额定电流必须等于或大于所装熔体的额定电流。

④熔断器的分断能力应大于电路中可能出现的最大短路电流。

(7)熔断器的安装与使用

①熔断器应完整无损，安装时应保证熔体的夹头以及夹头与夹座接触良好，并且有额定电压、额定电流值标志。

②插入式熔断器应垂直安装，螺旋式熔断器的电源线应接在瓷底座的下接线座上，负载线应接在螺纹壳的上接线座上。这样在更换熔断管时，旋出螺帽后螺纹壳上不带电，保证了操作者的安全。

③熔断器内要安装合格的熔体，不能用多根小规格熔体并联代替一根大规格熔体。

④安装熔断器时，各级熔体应相互配合，并做到下一级熔体规格比上一级熔体规格小。

⑤安装熔丝时，熔丝应在螺栓上沿顺时针方向缠绕，压在垫圈下，拧紧螺栓的力应适当，以保证接触良好，同时注意不能损伤熔丝，以免减小熔体的截面积，产生局部发热而导致误动作。

⑥更换熔体或熔管时，必须切断电源。尤其不允许带负荷操作，以免发生电弧灼伤。

⑦对 RM10 系列熔断器，在切断过三次相当于分断能力的电流后，必须更换熔断管，以保证能可靠地切断所规定分断能力的电流。

⑧熔断器兼作隔离器件使用时应安装在控制开关的电源进线端，若仅作短路保护用，应装在控制开关的出线端。

(8)熔断器的常见故障及维修方法

熔断器的常见故障及维修方法见表 2-5。

表 2-5　熔断器的常见故障及维修方法

故障现象	原　因	维修方法
电路接通瞬间，熔体熔断	1. 熔体电流等级选择过小 2. 负载侧短路或接地 3. 熔体安装时受机械损伤	1. 更换熔体 2. 排除负载故障 3. 更换熔体
熔体未见熔断，但电路不通	熔体或接线座接触不良	重新连接

5. 接触器

接触器是一种自动的电磁式开关，适用于远距离频繁地接通或断开交、直流电路及大容量控制电路。其主要控制对象是电动机。

接触器不仅能实现远距离自动操作和欠电压释放保护功能，而且具有控制容量大、工作可靠、操作频率高、使用寿命长等优点，因而在电力拖动系统中得到了广泛应用。

(1)接触器实物图

接触器按主触头通过的电流种类，分为交流接触器和直流接触器两种，如图 2-19 所示。

(2)接触器的图形符号与文字符号

接触器的图形符号及文字符号如图 2-20 所示。

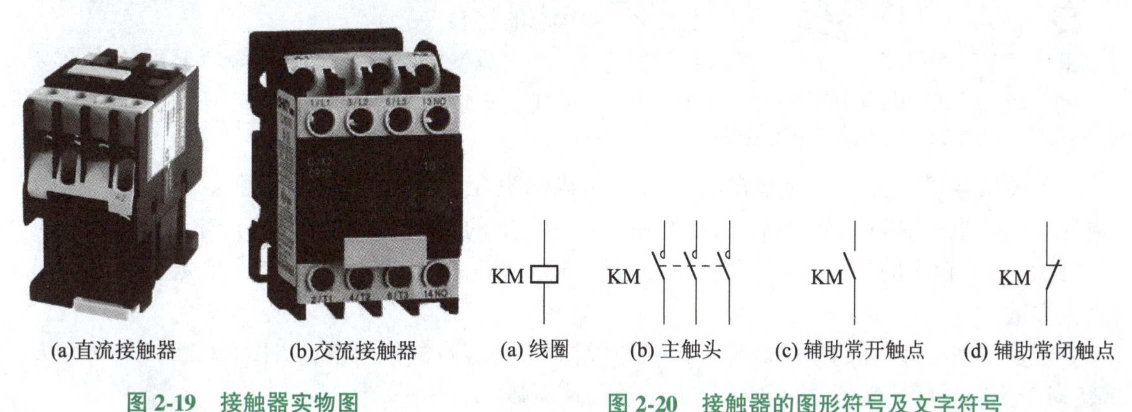

(a)直流接触器　(b)交流接触器

图 2-19　接触器实物图

(a) 线圈　(b) 主触头　(c) 辅助常开触点　(d) 辅助常闭触点

图 2-20　接触器的图形符号及文字符号

(3)交流接触器的结构

交流接触器主要由电磁系统、触点系统、灭弧装置和辅助部件等四部分构成,如图 2-21 所示。

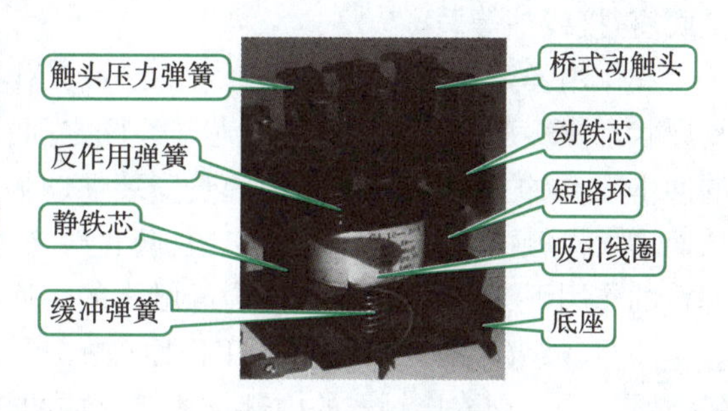

图 2-21　接触器结构图

电磁系统:动、静铁芯,吸引线圈和反作用弹簧。

触点系统:主触点、辅助触点。

灭弧装置:灭弧罩或灭弧栅。

辅助部件:底座、绝缘外壳、短路环、反力弹簧、缓冲弹簧、触头压力弹簧、传动机构和接线柱等。

①电磁系统。交流接触器的电磁系统主要由线圈、铁芯(静铁芯)和衔铁(动铁芯)三部分组成。其作用是利用电磁线圈的通电或断电,使衔铁和铁芯吸合或释放,从而带动动触头与静触头闭合或分断,从而实现接通或断开电路的目的。

为了减少工作过程中交变磁场在铁芯中产生的涡流及磁滞损耗,避免铁芯过热,交流接触器的铁芯和衔铁一般用 E 形硅钢片叠压铆成。尽管如此,铁芯仍是交流接触器发热的主要部件。为增大铁芯的散热面积,又避免线圈与铁芯直接接触而受热烧毁,交流接触器的线圈一般做成粗而短的圆筒形,并且绕在绝缘骨架上,使铁芯与线圈之间有一定间隙。另外,E 形铁芯的中柱端面须留有 0.1~0.2 mm 的气隙,以减小剩磁影响,避免线圈断电后衔铁被粘住不能释放。

②触点系统。触点系统是接触器的执行元件,用来接通或断开被控制的电路。根据其所控制的电路可分为主触点和辅助触点。主触点用于接通或断开主电路,允许通过较大的电流,多为常开触点;辅助触点用于接通或断开控制电路,只能通过较小的电流。所谓触头的常开和常闭,是指电磁系统未通电动作时触头的状态。常开触头和常闭触头是联动的。当线圈通电时,常闭触头先断开,常开触头随后闭合。而线圈断电时,常开触头首先恢复断开,随后常闭触头恢复闭合。两种触头在改变工作状态时,先后有个时间差,尽管这个时间差很短,但对分析线路的控制原理却很重要。

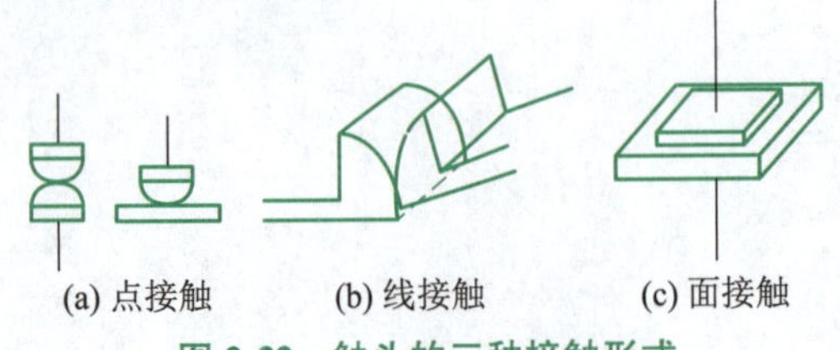

图 2-22　触头的三种接触形式

当线圈得电后，衔铁在电磁吸力的作用下吸向铁芯，带动全部动触点移动，实现全部触点状态的切换。

交流接触器的触头按接触情况可分为点接触式、线接触式和面接触式三种，如图 2-22 所示。

③灭弧装置。交流接触器在断开大电流或高电压电路时，在动、静触头之间会产生很强的电弧。电弧是触头间气体在强电场作用下产生的放电现象，电弧的产生，一方面会灼伤触头，减少触头的使用寿命；另一方面会使电路切断时间延长，甚至造成弧光短路或引起火灾事故。

容量在 10 A 以上的接触器都有灭弧装置，对于小容量的接触器，常采用双断口电动力灭弧；对于大容量的接触器常采用纵缝灭弧及栅片灭弧。

④ 辅助部件。交流接触器的辅助部件有反作用弹簧、缓冲弹簧、触头压力弹簧、传动机构及底座、接线柱等。

反作用弹簧安装在动铁芯和线圈之间，其作用是线圈断电后，推动衔铁释放，使各触头恢复原状态。缓冲弹簧安装在静铁芯与线圈之间，其作用是缓冲衔铁在吸合时对静铁芯和外壳的冲击力，保护外壳。触头压力弹簧安装在动触头上面，其作用是增加动、静触头之间的压力，从而增大接触面积，以减小接触电阻，防止触头过热灼伤。传动机构的作用是在衔铁或反作用弹簧的作用下，带动动触头实现与静触头的接通或分断。

(4) 交流接触器的工作原理

扫一扫

交流接触器的工作原理

交流接触器的内部结构简化如图 2-23 所示。

当接触器的吸引线圈 6 通电后，线圈中流过的电流产生磁场，使静铁芯 7 产生足够大的吸力，克服反作用弹簧 5 的反作用力，将动铁芯 1 吸合，通过传动机构带动三对主触头 2 和辅助常开触头 4 闭合，辅助常闭触头 3 断开。当接触器线圈断电或电压显著下降时，由于电磁吸力消失或过小，动铁芯在反作用弹簧力的作用下复位，带动各触头恢复到原始状态。

接触器利用电磁感应原理工作，它具有控制容量大、使用寿命长、维护方便等优点，同时还具有欠电压、零电压（失压）释放保护功能。

当接触器线圈通电后，线圈电流会产生磁场，产生的磁场使静铁芯产生电磁吸力吸引动铁芯，并带动交流接触器触点动作，常闭触点断开，常开触点闭合，两者是联动的。线圈断电，电磁力消失，触点系统复位。接触器动作过程示意图如图 2-24 所示。

(5) 接触器的型号及含义

接触器的型号及含义如图 2-25 所示。

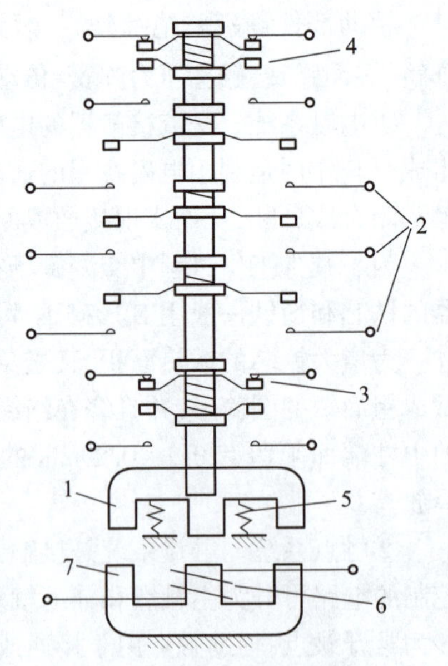

图 2-23　交流接触器结构图

1—动铁芯；2—主触头；3—辅助常闭触头；4—辅助常开触头；5—反作用弹簧；6—吸引线圈；7—静铁芯

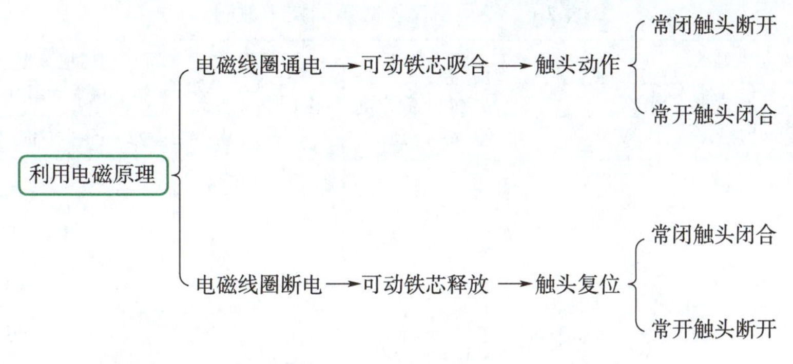

图 2-24　接触器动作过程示意图

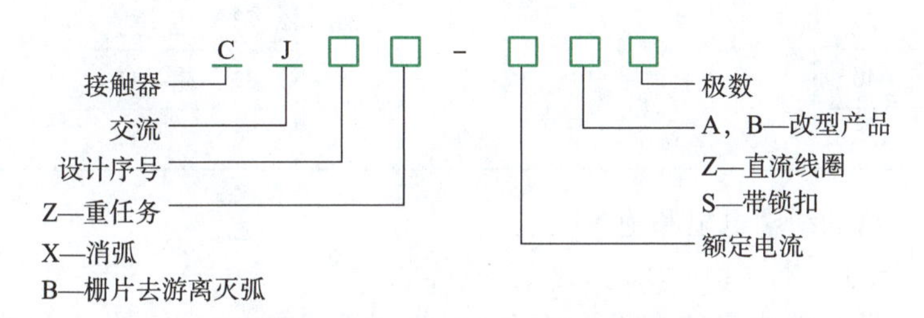

图 2-25　接触器型号及含义图

(6)交流接触器的选用

电力拖动系统中,交流接触器可按下列方法选用:

①选择接触器主触头的额定电压。接触器主触头的额定电压应大于或等于控制电路的额定电压。

②选择接触器主触头的额定电流。接触器控制电阻性负载时,主触头的额定电流应等于负载的额定电流。控制电动机时,主触头的额定电流应大于或稍大于电动机的额定电流。接触器若使用在频繁启动、制动及正反转的场合,应将接触器主触头的额定电流降低一个等级使用。

③选择接触器吸引线圈的电压。当控制线路简单,使用电器较少时,为节省变压器,可直接选用 380 V 或 220 V 的电压。当线路复杂,使用电器超过 5 个时,从人身和设备安全角度考虑,吸引线圈电压要选低一些,可用 36 V 或 110 V 电压的吸引线圈。

④选择接触器的触头数量及类型。接触器的触头数量、类型应满足控制电路的要求。常用交流接触器的技术数据见表 2-6。

(7)交流接触器的安装与日常维护

①安装前检查。

(a)检查接触器铭牌参数与线圈的技术数据(如额定电压、电流、操作频率等)是否符合实际使用要求。

(b)检查接触器外观,应无机械损伤;用手推动接触器可动部分时,接触器应动作灵活,无卡滞现象;灭弧罩应完整无损,固定牢固。

(c)将铁芯极面上的防锈油脂或粘在极面上的铁垢用煤油擦净,以免多次使用后衔铁被粘住,造成断电后不能释放。

表 2-6 常用交流接触器的技术数据

<table>
<tr><th rowspan="3">型号</th><th colspan="3">主触头</th><th colspan="3">辅助触头</th><th colspan="2">线圈</th><th colspan="2">可控制三相异步电动机的最大功率/kW</th><th rowspan="3">额定操作频率/(次/h)</th></tr>
<tr><th rowspan="2">对数</th><th rowspan="2">额定电流/A</th><th rowspan="2">额定电压/V</th><th rowspan="2">对数</th><th rowspan="2">额定电流/A</th><th rowspan="2">额定电压/V</th><th rowspan="2">电压/V</th><th rowspan="2">功率/(V·A)</th><th>220 V</th><th>380 V</th></tr>
<tr></tr>
<tr><td>CJ0-10</td><td>3</td><td>10</td><td rowspan="8">380</td><td rowspan="8">均为两对常开、两对常闭</td><td rowspan="8">5</td><td rowspan="8">380</td><td rowspan="8">可为36
110
(127)
220
380</td><td>14</td><td>2.5</td><td>4</td><td rowspan="3">≤1 200</td></tr>
<tr><td>CJ0-20</td><td>3</td><td>20</td><td>33</td><td>5.5</td><td>10</td></tr>
<tr><td>CJ0-40</td><td>3</td><td>40</td><td>33</td><td>11</td><td>20</td></tr>
<tr><td>CJ0-75</td><td>3</td><td>75</td><td>55</td><td>22</td><td>40</td><td rowspan="5">≤600</td></tr>
<tr><td>CJ10-10</td><td>3</td><td>10</td><td>11</td><td>2.2</td><td>4</td></tr>
<tr><td>CJ10-20</td><td>3</td><td>20</td><td>22</td><td>5.5</td><td>10</td></tr>
<tr><td>CJ10-40</td><td>3</td><td>40</td><td>32</td><td>11</td><td>20</td></tr>
<tr><td>CJ10-60</td><td>3</td><td>60</td><td>70</td><td>17</td><td>30</td></tr>
</table>

(d)测量接触器的线圈电阻和绝缘电阻。

②交流接触器的安装。

(a)交流接触器一般应安装在垂直面上,倾斜度不得超过 5 度;若有散热孔,则应将有孔的一面放在垂直方向上,以利于散热,并按规定留有适当的飞弧空间,以免飞弧烧坏相邻电器。

(b)安装和接线时,注意不要将零件掉入接触器内部。安装孔的螺钉应装有弹簧垫圈和平垫圈,并拧紧螺钉以防振动松脱。

(c)安装完毕,检查接线正确无误后,在主触头不带电的情况下操作几次,然后测量产品的动作值和释放值,所测数值应符合产品的规定要求。

③日常维护。

(a)应对接触器作定期检查,观察螺钉有无松动,可动部分是否灵活等。

(b)接触器的触头应定期清扫,保持清洁,但不允许涂油,当触头表面因电灼作用形成金属小颗粒时,应及时清除。

(c)拆装时注意不要损坏灭弧罩。带灭弧罩的交流接触器绝不允许不带灭弧罩或带破损的灭弧罩运行,以免发生电弧短路故障。

(8)交流接触器的常见故障及处理方法

交流接触器工作时往往需要频繁地接通和断开大电流电路,且由于连续长时间工作,因此故障现象比较普遍。

扫一扫

交流接触器触点接触不良故障

我们总结了几种交流接触器常见故障现象及处理方法,由于交流接触器是一种典型的电磁式电器,它的某些组成部分,如电磁系统、触头系统是电磁式电器所共有的。因此故障处理方法也适用于其他电磁式电器。

接触器使用时的常见故障、故障原因及处理方法见表 2-7。

(9)交流接触器故障判断

在接触器的故障中,线圈烧毁、触点接触不良是最为常见的故障,下面分析如何判断这两种故障。

表 2-7　接触器使用时的常见故障、原因及处理方法

故障现象	故障原因	处理方法
触点接触不良	触点表面日久氧化或因维护不当产生积垢	刮掉氧化层或清除积垢
	触点过热导致压力弹簧变形	消除过热原因后更换触点压力弹簧
	因电弧温度过高使触点金属汽化等原因造成触点磨损	更换触点
触点烧毛或熔焊	触点在闭合或分断时产生的电弧使触点表面形成许多凸出的小点，而后小点面积扩大产生烧毛垢	用整形锉修整
	触点闭合时跳动，电弧将触点熔化导致熔焊	更换触点
接触器线圈通电后不能完全吸合	动铁芯被卡住	调整动铁芯或更换接触器
	反作用弹簧反力过大	调整反作用弹簧或更换接触器
	电源电压过低	检查电源电压和电源接线
接触器线圈过热或烧毁	线圈匝间短路	更换新线圈
	电源电压低，吸力不足而使衔铁振动	调整电压到额定值
	操作频繁	减少操作次数

①查找接触器线圈烧毁故障方法：在已接好的电动机点动控制电路中，送电，用万用表检查三相电源。电源正常，按启动按钮，发现接触器不吸合。停电，开始查找故障。万用表转换开关选择蜂鸣挡位，短接表笔有蜂鸣声，说明万用表好用。万用表表笔一端接到熔断器下出线端，一端接到接触器线圈进线端，按启动按钮有蜂鸣声，说明接触器线圈进线回路元件及电路没有问题。再把万用表的一端接到接触器线圈出线端，一端接到电源零线，有蜂鸣声，说明接触器线圈出现端电路没有问题。用手按压接触器观察接触器机械部分是否卡滞，若不卡滞就基本可以判定线圈烧毁。用万用表测量接触器线圈阻值，若显示无穷大，则确定线圈烧断。更换接触器、送电，按启动按钮动作正常。

②接触器触点接触不良故障判断：在已接好的电动机单向连续运转控制电路中，送电，按下启动按钮电动机运转，松开启动按钮电动机停转，根据现象可以判断接触器自锁电路出现故障。停电开始查找故障，将万用表转换开关选择蜂鸣挡位，短接表笔有蜂鸣声，说明万用表好用。万用表表笔一端接到启动按钮进线端，一端接到接触器常开辅助触点进线端有蜂鸣声，说明此段电路没有问题。万用表表笔一端接到启动按钮出线端，一端接到接触器常开辅助触点出线端有蜂鸣声，说明此段电路也没有问题。强制接触器，用万用表测量接触器常开触点两端，若没有蜂鸣声，则说明接触器常开辅助触点接触器不良。更换接触器，送电，按启动按钮电动机运转，松开按钮电动机继续运转，故障排除。

二、绘制与识读电气控制系统图原则

电气控制系统图一般有三种：电气原理图、电气安装接线图和电器元件布置图。

1. 电气原理图

电气原理图是电气控制系统图中最重要的种类之一，也是识图的重点和难点。电气原理图是为了便于阅读与分析控制电路，根据简单、清晰的原则，采用电气元件展开的形式绘制而成的图样。它包括所有电气元件的导电部分和接线端点，但并不按照电气元件的实际布置位

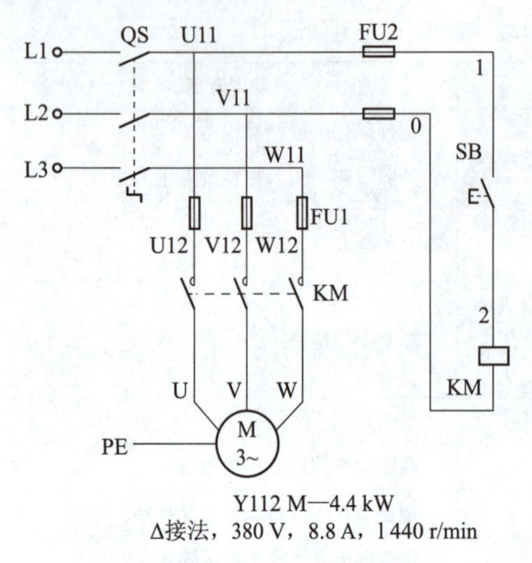

图 2-26　电气原理图例图

置来绘制，也不反映电气元件的大小，例图如图 2-26 所示。

电气原理图的绘制、识读的基本原则如下：

①电气原理图一般分为电源电路、主电路和辅助电路三部分绘制。

(a)电源电路画成水平线，三相交流电源、中线、地线自上而下依次画出，电源开关要水平画出。

(b)主电路就是从电源到电动机通过的路径。主电路图要画在电路图的左侧并垂直于电源电路。

(c)辅助电路包括控制电路、照明电路、信号电路及保护电路等，由继电器和接触器的线圈、继电器的触点、接触器的辅助触点、按钮、照明灯、信号灯、控制变压器等电器元件组成。辅助电路一般按照控制电路、指示电路和照明电路的顺序依次垂直画在主电路图的右侧，且电路中与下边电源线相连的耗能元件要画在电路图的下方，而电器的触头要画在耗能元件与上边电源线之间。

②原理图中各电器元件不画实际的外形图，而采用国家规定的统一标准图形符号和文字符号。

③原理图中各个电器元件和部件在控制电路中的位置，应根据便于读图以及功能顺序的原则安排。同一电器元件的各个部分可以不画在一起。例如接触器、继电器的线圈和触点可以不画在一起或一张图上。

④图中元件、器件和设备的可动部分，都按没有通电和没有外力作用时的开关状态画出。

⑤原理图的绘制应布局合理、排列均匀，可以水平布置，也可以垂直布置。

⑥电器元件应按功能布置，相关功能器件应尽量画在一起，也可以按工作顺序排列，其布局顺序应该是从上到下，从左到右。电路垂直布置时，类似项目应横向对齐；水平布置时，类似项目应纵向对齐。例如图 2-26 中，由于线路采用垂直布置，接触器线圈应横向对齐。

⑦电气原理图中，有直接联系的十字交叉导线连接点，要用黑圆点表示；无直接联系的十字交叉导线连接点不画黑圆点。

⑧电气原理图采用电路编号法，即对电路中的各个接点用字母或数字编号。

(a)主电路在电源开关的出线端按相序依次编号为 U11、V11、W11。然后按从上至下、从左至右的顺序，每经过一个电器元件后，编号要递增，如 U12、V12、W12。单台三相交流电动机(或设备)的三根引出线按相序依次编号为 U、V、W。对于多台电动机引出线的编号，为了不致引起误解和混淆，可在字母前用不同的数字加以区别，如 1U、1V、1W 等。

(b)辅助电路编号按“等电位”原则，从上至下、从左至右的顺序用数字依次编号，每经过一个电器元件后，编号要依次递增。控制电路编号的起始数字必须是 1，其他辅助电路编号的起始数字依次递增 100，如照明电路编号从 101 开始；指示电路编号从 201 开始等。

2. 电气安装接线图

电气安装接线图是根据电气设备和电器元件的实际位置和安装情况绘制的，只用来表示电气设备和电器元件的位置、配线方式和接线方式，而不明显表示电气动作原理。主要用于安装接线、电路的检查维修和故障处理,例图如图 2-27 所示。

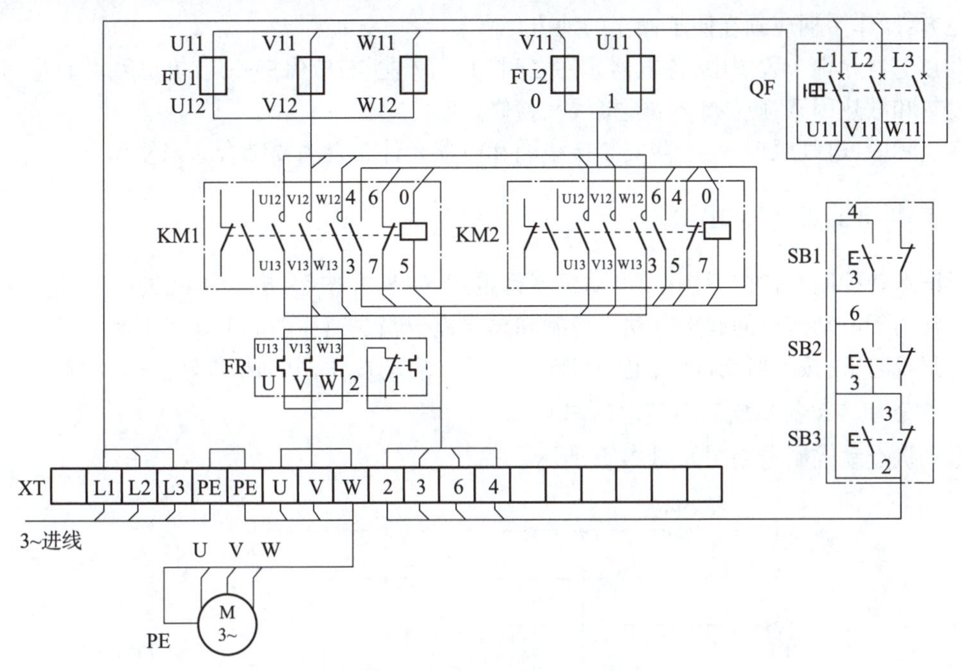

图 2-27　电气安装接线图例图

绘制、识读电气安装接线图应遵循以下原则:

①接线图中一般应显示出电气设备和电器元件的相对位置、文字符号、端子号、导线号、导线类型、导线截面积、屏蔽和导线绞合等内容。

②所有的电气设备和电器元件都按其所在的实际位置绘制在图纸上,且同一电器的各元件根据其实际结构,使用与电气原理图相同的图形符号画在一起,并用点划线框上,其文字符号以及接线端子的编号应与电路图中的标注一致,以便对照检查接线。

③接线图中的导线有单根导线、导线组、电缆等之分,可用连续线和中断线来表示。导线走向相同的可以合并,用线束来表示,到达接线端子板或电器元件的连接点时再分别画出。在用线束表示导线组、电缆等时可用加粗的线条表示,在不引起误解的情况下也可采用部分加粗。另外,导线及管子的型号、根数和规格应标注清楚。

3. 电器元件布置图

布置图是根据电器元件在控制板上的实际位置,采用简化的外形符号绘制而成的一种简图。它不表达各电器的具体结构、作用、接线情况以及工作原理,主要用于电器元件的布置和安装。图中各电器的文字符号必须与电气原理图和电气安装接线图的标注相一致,例图如图 2-28 所示。

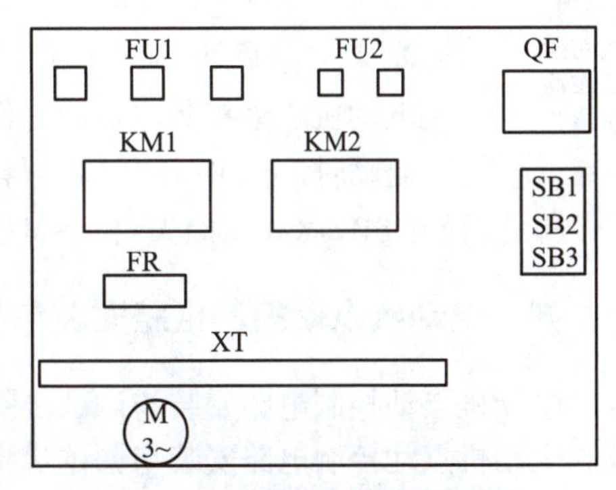

图 2-28　电器元件布置图例图

绘制、识读电器元件布置图应遵循以下原则:

①在电器元件布置图中,机床的轮廓线用细实线或点划线表示,电器元件均用粗实线绘制出简单的外形轮廓。

②在电器元件布置图中,电动机要和被拖动的机械装置画在一起;行程开关应画在获取信息的地方;操作手柄应画在便于操作的地方。

③在电器元件布置图中,各电器元件之间,上、下、左、右应保持一定的间距,并且应考虑器件的发热和散热因素,应便于布线、接线和检修。

在实际中,电气原理图、电器安装接线图和电器元件布置图要结合起来使用。

三、电动机点动控制电路

所谓点动控制是指按下按钮,电动机就得电运转;松开按钮,电动机就失电停转。这种控制方法常用于电动葫芦的起重电动机控制和车床拖板箱快速移动的电动机控制。

合闸状态下,按下启动按钮,电动机转动。松开启动按钮,电动机停转。

1. 电动机点动控制电路电气原理图

电动机点动控制电路图如图 2-29 所示。

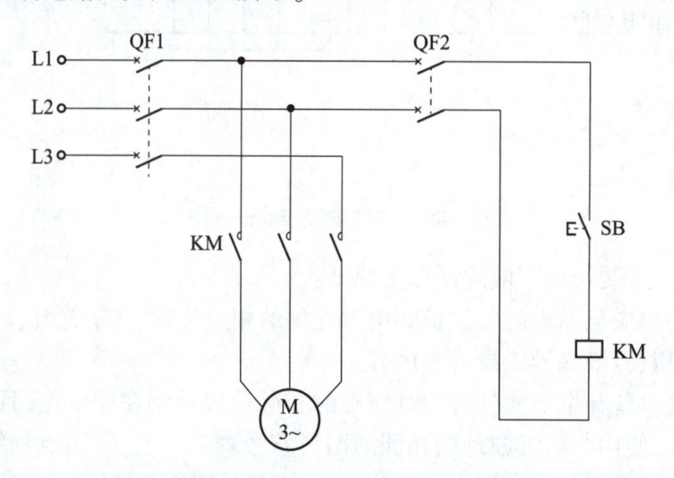

图 2-29 三相异步电动机点动控制电路图

2. 电动机点动控制电路中各器件的作用

扫一扫
电动机点动控制电路工作原理及动画演示

①断路器 QF1、QF2:分别用于主电路、控制电路的接通、分断和保护。

②启动按钮 SB:控制接触器 KM 的线圈得电、失电。

③接触器 KM:通过接触器线圈 KM 得电、失电,控制接触器主触头闭合、断开,使得电动机 M 启动、停止。

3. 电动机点动控制电路工作原理

电动机点动控制电路的工作原理:

启动:按下 SB→KM 线圈得电→KM 主触头闭合→电动机 M 启动运转。

停止:松开 SB→KM 线圈失电→KM 主触头分断→电动机 M 失电停转。

四、电动机点动控制电路安装与调试

电动机点动控制电路安装与调试步骤如图 2-30 所示。

电动机点动控制电路安装与调试步骤如下:

①识读电动机点动控制电路,明确电路所用电器元件及作用,熟悉电路的工作原理,并绘

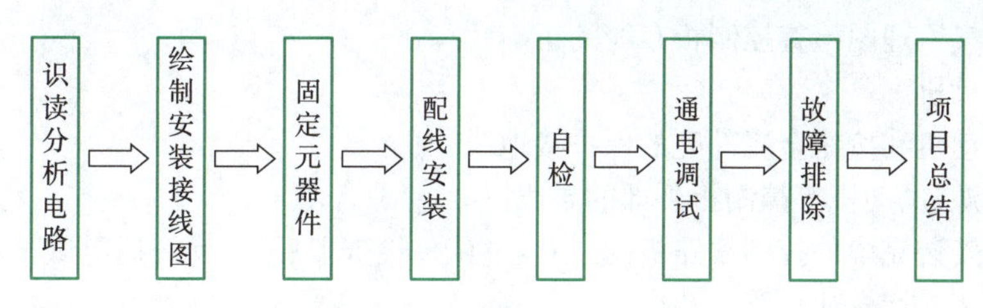

图 2-30 电路安装与调试步骤

制电气安装接线图。

②配齐所用电器元件,并进行检验。

(a)电器元件的技术数据(如型号、规格、额定电压、额定电流等)应完整并符合要求,外观无损伤,备件、附件齐全完好。

(b)查看电器元件的电磁机构动作是否灵活,有无衔铁卡滞等不正常现象。用万用表检查电磁线圈的通断情况以及各触头的分合情况。

(c)查看接触器线圈额定电压与电源电压是否一致。

(d)对电动机的质量进行常规检查。

③在控制板上按绘制好的电气元件布置图安装电器元件,并贴上醒目的文字符号。工艺要求如下:

(a)组合开关、熔断器的受电端子应安装在控制板的外侧,并使熔断器的受电端为底座的中心端。

(b)各元件的安装位置应整齐、匀称,间距合理,便于元件的更换。

(c)紧固各元件时要用力均匀,紧固程度适当。在紧固熔断器、接触器等易碎裂元件时,应用手按住元件一边轻轻摇动,一边用旋具轮换旋紧对角线上的螺钉,直到手摇不动后再适当旋紧些即可。

④按绘制好的接线图的走线方法进行板前明线布线和套编码套管。

板前明线布线的工艺要求是:

(a)布线通道尽可能少,同路并行导线按主、控电路分类集中,单层密排,紧贴安装面布线。

(b)同一平面的导线应高低一致或前后一致,不能交叉。非交叉不可时,该根导线应在接线端子引出时,就水平架空跨越,但必须走线合理。

(c)布线应横平竖直,分布均匀。变换走向时应垂直。

(d)布线时严禁损伤线芯和导线绝缘。

(e)布线顺序一般以接触器为中心,由里向外,由低至高,先控制电路,后主电路进行,以不妨碍后续布线为原则。

(f)在每根剥去绝缘层导线的两端套上编码套管。所有从一个接线端子(或接线桩)到另一个接线端子(或接线桩)的导线必须连续,中间无接头。

(g)导线与接线端子或接线桩连接时,不得压绝缘层,且应该不反圈、不露铜过长。

(h)同一元件、同一回路的不同接点的导线间距离应保持一致。

(i)一个电器元件接线端子上的连接导线不得多于两根,每节接线端子板上的连接导线一般只允许连接一根。

⑤根据电气原理图检查控制板布线的正确性。

⑥安装电动机。

⑦连接电动机和按钮金属外壳的保护接地线。

⑧连接电源、电动机等控制板外部的导线。

⑨自检。安装完毕的控制线路板，必须经过认真检查以后，才允许通电试车，以防止错接、漏接造成不能正常运转或短路事故。

(a)按电路图或接线图从电源端开始，逐段核对接线及接线端子处线号是否正确，有无漏接、错接之处。检查导线接点是否符合要求，压接是否牢固。接触应良好，以免带负载运行时产生闪弧现象。

(b)用万用表检查线路的通断情况。分别检查控制电路和主电路。检查控制电路时可断开主电路，检查主电路时须断开控制电路，用手动方法来代替接触器通电。

(c)用兆欧表检查线路的绝缘电阻，其阻值应不小于1 MΩ。

⑩交验。

⑪通电试车。为保证人身安全，在通电试车时，要认真执行安全操作规程的有关规定，一人监护，一人操作。试车前应检查与通电试车有关的电气设备是否有不安全的因素存在，若查出应立即整改，然后方能试车。

(a)通电试车前，必须征得教师同意。学生合上电源开关后，按下启动按钮，观察接触器情况是否正常，是否符合线路功能要求；观察电器元件动作是否灵活，有无卡滞及噪声过大等现象；观察电动机运行是否正常等，但不得进行带电检查。观察过程中，若有异常现象应马上停车。

(b)出现故障后，学生应独立进行检修。若需带电进行检查时，教师必须在现场监护。检修完毕后，如需再次试车，也应该有教师监护。

(c)通电试车完毕，停转，切断电源。先拆除三相电源线，再拆除电动机线。

任务工单五

<table>
<tr><td>课程名称</td><td></td><td>专业</td><td colspan="3"></td></tr>
<tr><td>任务名称</td><td></td><td>班级</td><td></td><td>姓名</td><td></td></tr>
<tr><td>任务要求</td><td colspan="5">1. 绘制电动机点动控制电路电气原理图
2. 选择电器元件并填入表中
3. 绘制电器元件布置图和电气安装接线图
4. 按照正确的电气原理图,进行线路连接
5. 进行线路调试和故障排除</td></tr>
</table>

一、工具器材

①设备：

②工具：

③仪表：

二、任务实施

1. 电器元件明细

主电路		控制电路	
名称	型号	名称	型号

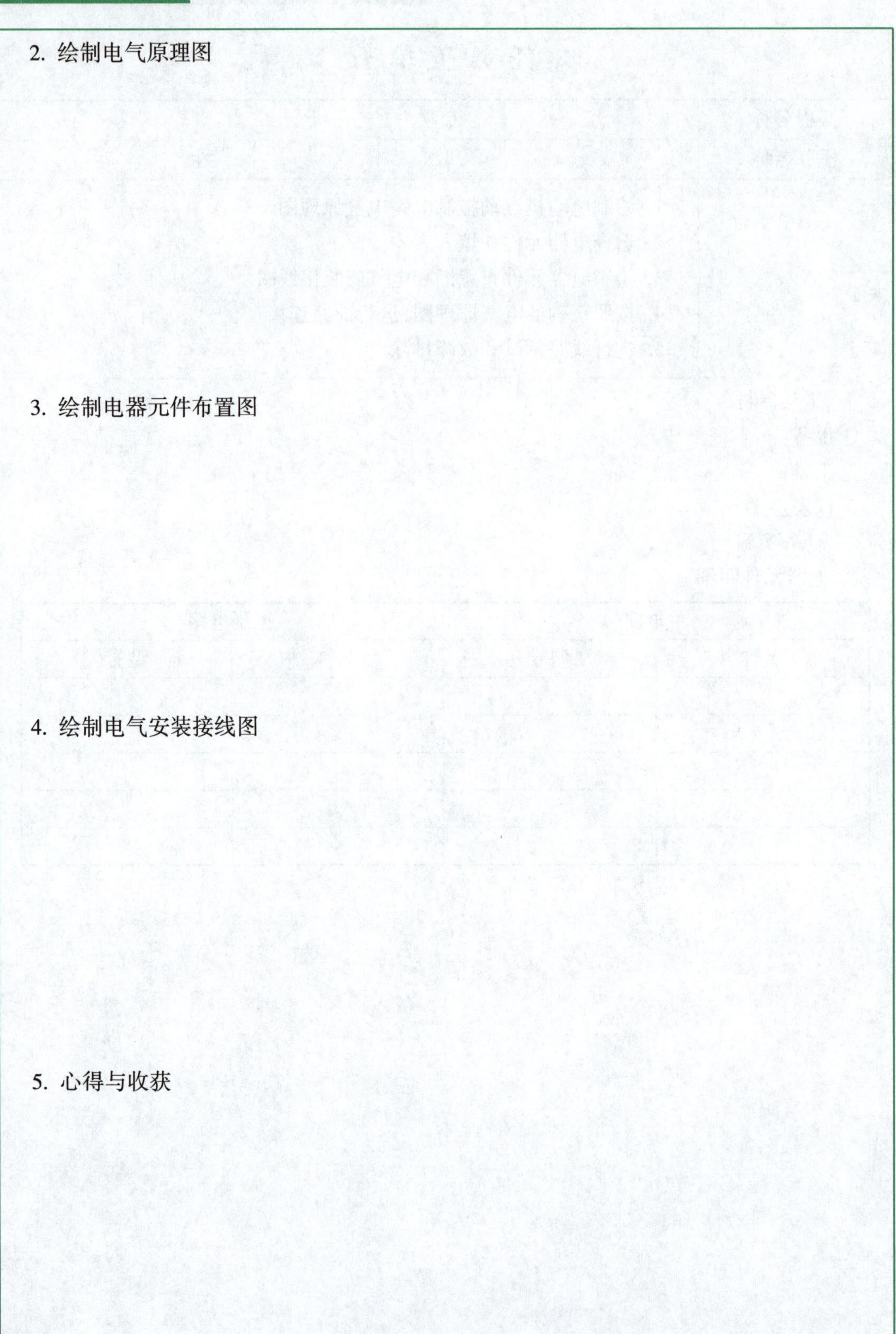

2. 绘制电气原理图

3. 绘制电器元件布置图

4. 绘制电气安装接线图

5. 心得与收获

任务二　三相异步电动机单向连续运行控制电路的安装与调试

任务提出

任务一中学习的电动机点动控制电路，其特点是按下按钮，电动机转动；松开按钮，电动机停转。在实际生产中有时需要电动机长时间持续运转，如工厂中的传输带等（见图2-31），那么如何达到这样的效果呢？

图2-31　传输带

在本任务中我们将学习电动机单向连续运行控制电路。

学习目标

知识目标

(1)掌握热继电器的结构与工作原理。

(2)掌握电动机单向连续运行控制电路的组成及工作原理。

技能目标

(1)能够正确使用热继电器。

(2)能够分析电动机单向连续运行控制电路工作原理。

(3)能够完成电动机单向连续运行控制电路的安装与调试。

素质目标

通过分析电动机单向连续运行控制电路工作原理，培养学生善于学习、坚持学习与探索未知的精神。

知识链接

一、热继电器

继电器是一种根据输入信号（电量或非电量）的变化，接通或断开小电流电路，从而实现自动控制和保护电力拖动装置的电器。继电器一般情况不直接控制电流较大的主电路，而是通过接触器或其他电器对主电路进行控制。同接触器相比,继电器具有触头分断能力小、结构简单、体积小、重量轻、反应灵敏、动作准确、工作可靠等特点。

继电器的分类方法有多种,按输入信号的性质可分为电压继电器、电流继电器、速度继电器、压力继电器等;按工作原理可分为电磁式继电器、电动式继电器、感应式继电器、晶体管式继电器、热继电器等;按输出方式可分为有触点式继电器和无触点式继电器。

热继电器是利用流过继电器的电流所产生的热效应,且具有反时限过载保护特性的过电流继电器。所谓反时限动作,是指电器的延时动作时间随通过电路电流的增加而缩短。热继电器主要用于电动机的过载保护、断相保护、电流不平衡运行的保护及其他电气设备发热状态的控制。

热继电器的形式有多种,其中双金属片式热继电器应用最多。热继电器按极数可分为单极、两极和三极三种。其中三极的又包括带断相保护装置的和不带断相保护装置的;按复位方式分,有自动复位式(触头动作后能自动返回原来位置)和手动复位式。

1. 热继电器实物图

部分热继电器实物图,如图 2-32 所示。

图 2-32　部分热继电器实物图

2. 热继电器图形符号及文字符号

热继电器的图形符号及文字符号如图 2-33 所示。

3. 热继电器的结构

热继电器主要由热元件、双金属片、触头及动作机构等部分组成,其结构示意图如图 2-34 所示。双金属片结构的热继电器,利用电流的热效应来切断电路,从而起到保护电动机的作用。

(1)热元件

热元件是热继电器的主要组成部分,由主双金属片和绕在外面的电阻丝组成。主双金属片是由两种膨胀系数不同的金属片复合而成,金属片的材料多为铁镍铬合金和铁镍合金。电阻丝一般用康铜或镍铬合金等材料制成。

(2)动作机构和触点系统

动作机构利用杠杆传递及弓簧式瞬跳机构来保证触头动作的迅速、可靠。触头为单断点弓簧跳跃式动作,一般为一个常开触点、一个常闭触点。

(3)电流整定装置

通过旋钮和电流调节凸轮调节推杆间隙,改变推杆移动距离,从而调节整定电流值。

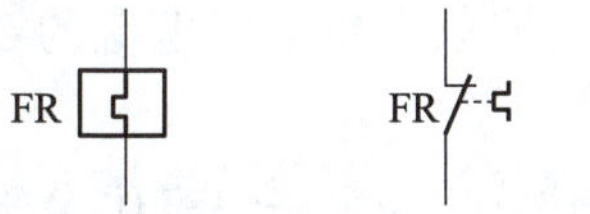

FR (a) 热元件　　FR (b) 辅助常闭触点

图 2-33 热继电器的图形符号及文字符号

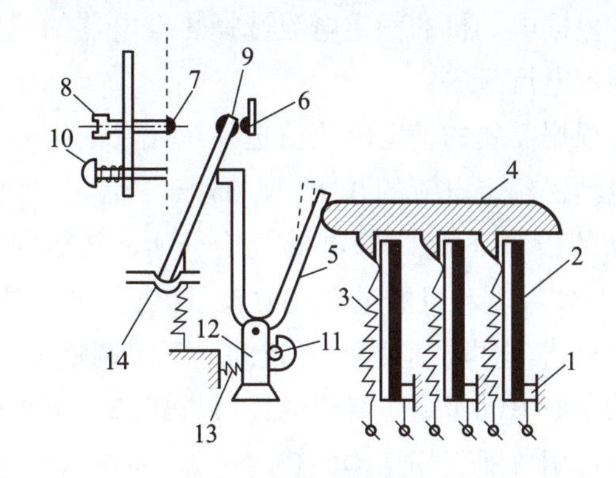

图 2-34 热继电器结构示意图

1—固定件；2—双金属片；3—热元件；4—导板；5—补偿双金属片；6、7—静触点；8—复位螺钉；9—动触点；10—复位按钮；11—调节旋钮；12—支撑件；13—弹簧；14—推杆

（4）温度补偿元件

温度补偿元件也称为双金属片，其受热弯曲的方向与主双金属片一致，它能保证热继电器的动作特性在−30 ℃～+40 ℃的环境温度范围内基本上不受周围介质温度的影响。

（5）复位机构

复位机构有手动和自动两种形式，可根据使用要求通过复位调节螺钉来自由调整选择。一般自动复位的时间不大于 5 min，手动复位时间不大于 2 min。

4. 热继电器的工作原理

扫一扫

热继电器工作原理

将热继电器的三相热元件分别串接在电动机的三相主电路中，常闭触点接在控制电路的接触器线圈回路中。

当电动机过载时，流过热元件的电流增大，热元件产生的热量增加使双金属片弯曲，弯曲的双金属片推动绝缘导板，使动断触点断开，动合触点闭合，动断触点断开控制电路，从而起到过载保护的作用。热继电器动作后，一般不能立即复位，待电流恢复正常，金属片复原后再按动复位按钮才能使动断触点闭合，动合触点断开。

5. 热继电器的型号及含义

热继电器的型号及含义如图 2-35 所示。

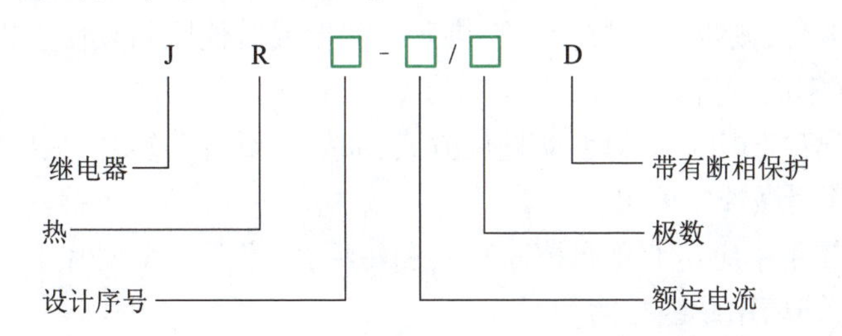

图 2-35 热继电器的型号及含义

6. 热继电器的选用

选择热继电器时，主要根据所保护电动机的额定电流来确定热继电器的规格和热元件的电流等级。

①根据电动机的额定电流选择热继电器的规格。一般热继电器的额定电流应略大于电动机的额定电流。

②根据需要的整定电流值选择热元件的编号和电流等级。一般情况下，热元件的整定电流为电动机额定电流的0.95~1.05倍。但如果电动机拖动的是冲击性负载或启动时间较长且拖动的设备不允许停电的场合，热继电器的整定电流值可取电动机额定电流的1.1~1.5倍。如果电动机的过载能力较差，热继电器的整定电流可取电动机额定电流的0.6~0.8倍。同时，整定电流应留有一定的上下限调整范围。

③根据电动机定子绕组的连接方式选择热继电器的结构形式，即定子绕组作Y形连接的电动机选用普通三相结构的热继电器，而作△形连接的电动机应选用三相结构带断相保护装置的热继电器。

7. 热继电器的安装与使用

①热继电器必须按照产品说明书中规定的方式安装。安装处的环境温度应与电动机所处环境温度基本相同。当与其他电器安装在一起时，应注意将热继电器安装在其他电器的下方，以免其动作特性受到其他电器发热的影响。

②热继电器安装时应清除触头表面尘污，以免因接触电阻过大或电路不通而影响热继电器的动作。

③热继电器出线端的连接导线，应按表2-8的规定选用。这是因为导线的粗细和材料将影响到热元件端接点传导到外部热量的多少。导线过细，轴向导热性差，热继电器可能提前动作；反之，导线过粗，轴向导热快，热继电器可能动作滞后。

表2-8 热继电器连接导线选用表

热继电器额定电流/A	连接导线截面积/mm^2	连接导线种类
10	2.5	单股铜芯塑料线
20	4	单股铜芯塑料线
60	16	单股铜芯橡皮线

④使用中的热继电器应定期通电校验。此外，当发生短路事故后，应检查热元件是否已发生永久变形。若已变形，则需通电校验。因热元件变形或其他原因致使动作不准确时，只能调整其可调部件，而绝不能弯折热元件。

⑤热继电器在出厂时均调整为手动复位方式，如果需要自动复位，只要将复位螺钉顺时针方向旋转3~4圈，并稍微拧紧即可。

⑥热继电器在使用中应定期用布擦净灰尘和污垢，若发现双金属片上有锈斑，应用清洁棉布蘸汽油轻轻擦除，切忌用砂纸打磨。

8. 热继电器的常见故障及处理方法

热继电器作为电动机过载保护元件，广泛地应用于电动机控制回路，热继电器能否正常工作将直接影响电动机的正常运行。

热继电器的常见故障及处理方法见表2-9。

表 2-9　热继电器的常见故障及处理方法

故障现象	故障原因	处理方法
热继电器不动作	1. 热继电器的额定电流值选用不合适 2. 整定值偏大 3. 动作触头接触不良 4. 热元件烧断或脱焊 5. 动作机构卡滞 6. 导板脱出	1. 按保护容量合理选用 2. 合理调整整定值 3. 消除触头接触不良因素 4. 更换热继电器 5. 消除卡滞因素 6. 重新放入并调整
控制电路不通	1. 触头烧坏或动触头片弹性消失 2. 可调整式旋钮转到不合适的位置 3. 热继电器动作后未复位	1. 更换触头或簧片 2. 调整旋钮或螺钉 3. 按动复位按钮
主电路不通	1. 热元件烧断 2. 接线螺钉松动或脱落	1. 更换热元件或热继电器 2. 紧固接线螺钉

9. 判断热继电器常闭辅助触点不通故障的方法

扫一扫

判断热继电器故障方法

①在电动机点动控制电路中，送电，用万用表检查三相电源，电源正常，按启动按钮，发现接触器不吸合。

②断电，开始查找故障。万用表转换开关选择蜂鸣挡位，短接表笔有蜂鸣声，说明万用表好用。

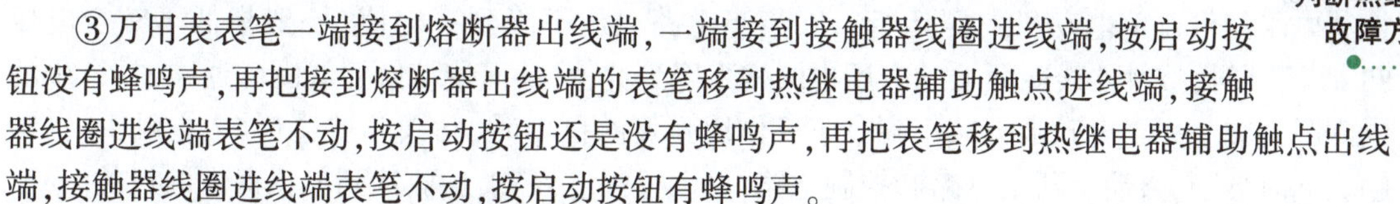

③万用表表笔一端接到熔断器出线端，一端接到接触器线圈进线端，按启动按钮没有蜂鸣声，再把接到熔断器出线端的表笔移到热继电器辅助触点进线端，接触器线圈进线端表笔不动，按启动按钮还是没有蜂鸣声，再把表笔移到热继电器辅助触点出线端，接触器线圈进线端表笔不动，按启动按钮有蜂鸣声。

④按热继电器复位按钮，再用万用表蜂鸣挡测量辅助触点两端，若还不通，说明常闭辅助触点损坏或复位按钮损坏，需更换热继电器。

⑤热继电器常闭触点不通故障检查完毕。

二、电动机单向连续运行控制电路

电动机单向连续运行控制电路，是指在合闸状态下，按下启动按钮并松开，电动机持续转动；按下停止按钮，电动机停止转动。

1. 电动机单向连续运行控制电路电气原理图

电动机单向连续运行控制电路图如图 2-36 所示。

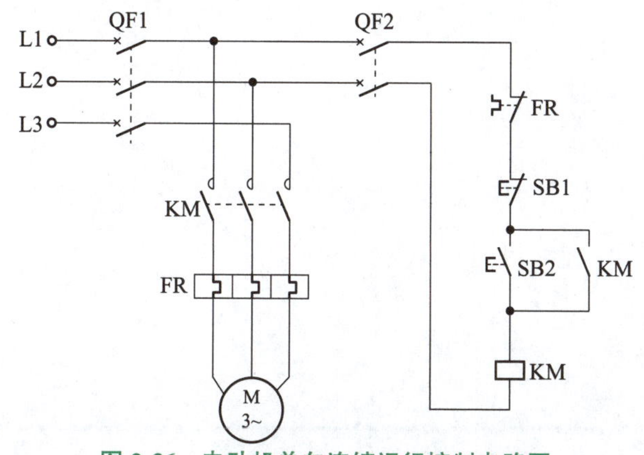

图 2-36　电动机单向连续运行控制电路图

扫一扫

电动机单向自锁控制电路动画演示

2. 电动机单向连续运行控制电路工作原理

(1)启动

按下SB2 → KM线圈得电 → KM主触头闭合、KM常开辅助触头闭合 → 电动机M启动连续运转

(2)停止

按下SB1 → KM线圈失电 → KM主触头分断、KM自锁触头分断 → 电动机M失电停转

3. 电动机单向连续运行控制电路特点

自锁的概念:当松开启动按钮 SB2 后,接触器 KM 通过自身常开辅助触头而使线圈保持得电的现象叫作自锁,与启动按钮 SB2 并联起来起自锁作用的常开辅助触头叫作自锁触头。

电动机单向连续运行控制电路的重要特点如下:

(1)具有欠压保护

“欠压”是指电路电压低于电动机的额定电压。“欠压保护”是指当电路电压下降到某一数值时,电动机能自动脱离电源停转,避免电动机在欠压下运行的一种保护。采用接触器自锁控制电路就可避免电动机欠压运行。因为当电路电压下降到一定值(一般指低于额定电压85%以下)时,接触器线圈两端的电压也同样下降到此值,从而使接触器线圈磁通减弱,产生的电磁吸力减小。当电磁吸力减小到小于反作用弹簧的拉力时,动铁芯被迫释放,主触头、自锁触头同时分断,自动切断主电路和控制电路,电动机失电停转,从而达到欠压保护的目的。

(2)具有失压(或零压)保护

失压保护是指电动机在正常运行中,由于外界某种原因突然断电时,能自动切断电动机电源;当重新供电时,保证电动机不能自行启动的一种保护。接触器自锁控制电路也可实现失压保护。因为接触器自锁触头和主触头在电源断电时已经断开,使控制电路和主电路都不能接通,所以在电源恢复供电时,电动机就不会自行启动运转,保证了人身和设备的安全。

任务工单六

<table>
<tr><td>课程名称</td><td></td><td>专业</td><td colspan="3"></td></tr>
<tr><td>任务名称</td><td></td><td>班级</td><td></td><td>姓名</td><td></td></tr>
<tr><td>任务要求</td><td colspan="5">1. 绘制电动机单向连续运行控制电路电气原理图
2. 选择电器元件并填入表中
3. 绘制电器元件布置图和电气安装接线图
4. 按照正确的电气原理图,进行线路连接
5. 进行电路调试和故障排除</td></tr>
</table>

一、工具器材

①设备:

②工具:

③仪表:

二、任务实施

1. 电器元件明细

主电路		控制电路	
名称	型号	名称	型号

2. 绘制电气原理图

3. 绘制电器元件布置图

4. 绘制电气安装接线图

5. 心得与收获

任务三　三相异步电动机双向连续运行控制电路的安装与调试

任务提出

上一个任务中我们学习了电动机单向连续运行控制电路，其特点是按下启动按钮，电动机单向转动；松开启动按钮，电动机依旧沿着该方向持续运转；按下停止按钮，电动机停转。在实际生产中，许多生产机械要求运动部件能正、反两个方向运动，即电动机能实现正、反转控制，这种情况要怎么处理呢？

在本任务中我们将学习电动机双向连续运行控制电路。

学习目标

知识目标

(1)掌握联锁的概念与意义。

(2)掌握接触器联锁正反转控制电路的组成及工作原理。

技能目标

(1)能够分析接触器联锁正反转控制电路工作原理。

(2)能够完成接触器联锁正反转控制电路安装与调试。

素质目标

通过完成接触器联锁正反转控制电路的安装与调试，培养学生认真严谨的学习态度。

知识链接

一、接触器联锁正反转控制电路

电动机双向连续运行控制电路又称电动机正反转控制电路。生产实践中最常用的是接触器联锁正反转控制电路，是指合闸状态下，按下正转启动按钮并松开，电动机持续正向转动；按下停止按钮，电动机停止正向转动；按下反转启动按钮并松开，电动机持续反向转动；按下停止按钮，电动机停止反向转动。这种控制方法常用于机床工作台的前进与后退和万能铣床主轴的正转与反转。

1. 电气原理图

扫一扫

电动机正反转控制电路动画演示

接触器联锁正反转控制电路采用了两个接触器，即正转用接触器 KM1、反转用接触器 KM2，分别由正转启动按钮 SB2 和反转启动按钮 SB3 控制。主电路中 KM1 和 KM2 的主触点所接电源相序不同，KM1 按 L1-L2-L3 相序连接，KM2 按 L3-L2-L1 相序连接，L1 和 L3 两相位置进行了对调，从而实现了电动机正、反转之间的相互切换。

为防止主电路中 KM1 和 KM2 的主触点同时闭合，从而导致主电路发生相间（L1 和 L3）短路事故，在控制电路中分别串联一对对方接触器的常闭辅助触点，如图 2-37 所示。

2. 工作原理

合上电源开关 QF1、QF2。

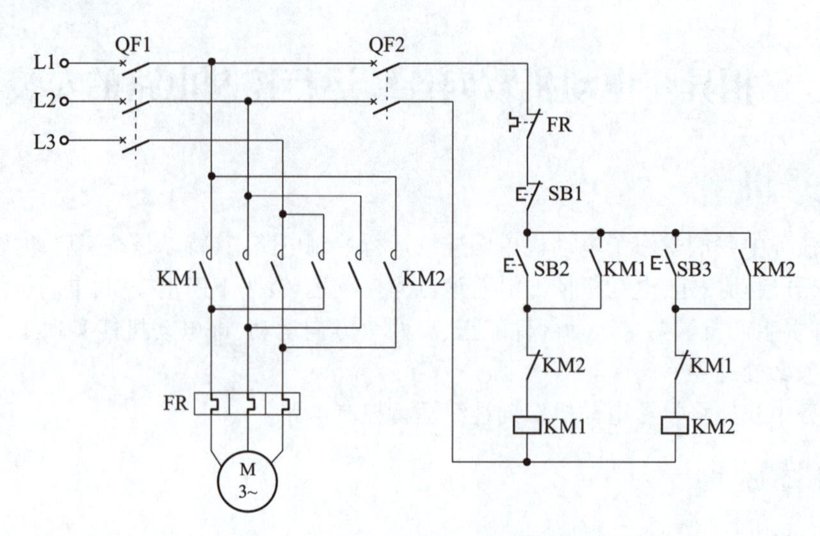

图 2-37 接触器联锁正反转控制电路图

(1)电动机正转

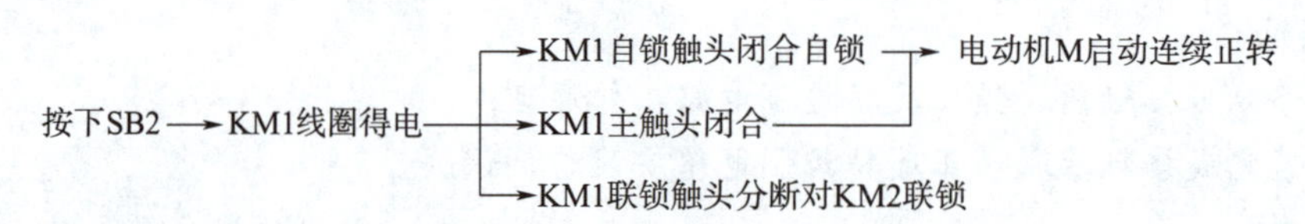

(2)电动机反转

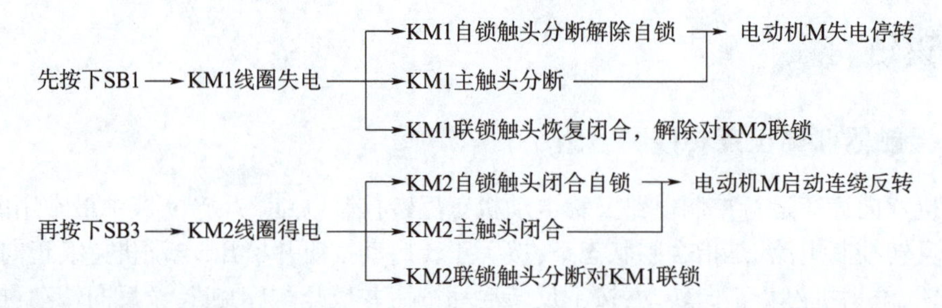

分断电源开关 QF2、QF1。

3. 接触器联锁正反转控制电路特点

联锁(互锁):当一个接触器得电动作,通过其常闭辅助触点使另一个接触器不能得电动作,接触器之间的相互制约作用叫作接触器的联锁或互锁。实现联锁作用的接触器常闭辅助触点也称为联锁触点(互锁触点)。

注意:接触器联锁正反转控制电路的优点是工作安全可靠,缺点是操作不便,电动机在正、反转之间切换时,必须要先按下停止按钮,才能进行正、反转间的切换。否则接触器联锁作用将使其不能正、反转切换。

二、按钮、接触器双重联锁正反转控制电路

1. 按钮联锁正反转控制电路

为了克服接触器联锁正反转控制电路操作不便的缺点,将正转启动按钮 SB2 和反转启动

按钮 SB3 换成两个复合按钮，并将两个复合按钮的常闭触点代替接触器的联锁触点，就构成了按钮联锁正反转控制电路，如图 2-38 所示。这种控制电路的工作原理与接触器联锁正反转控制电路基本相同，只是当电动机由正转变成反转时，直接按下反转启动按钮 SB3 即可实现，不需要先按停止按钮 SB1。

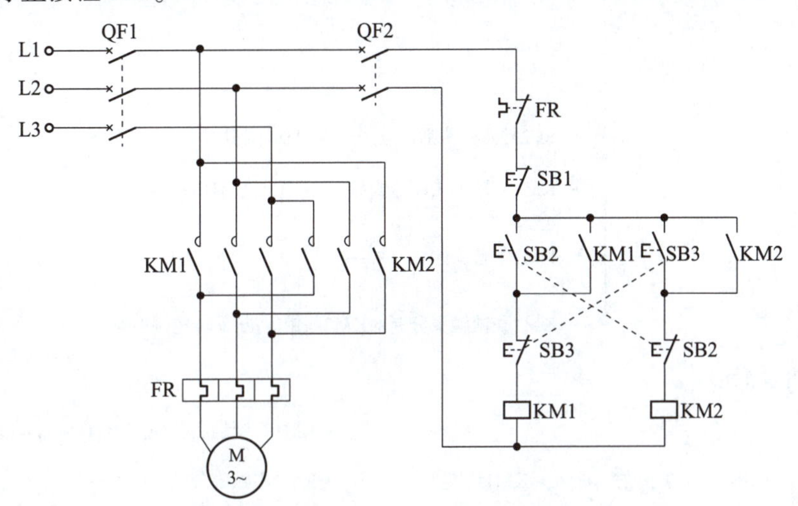

图 2-38　按钮联锁正反转控制电路图

注意：按钮联锁正反转控制电路的优点是操作方便，不需按动停止按钮，可以直接进行正反转切换，但缺点是容易产生相间短路。例如，当接触器 KM1 主触头熔焊或者被异物卡住时，即使接触器 KM1 线圈失电，其主触头也没有分断，这时按下 SB3，KM2 得电动作，主触头闭合，就会造成相间短路。所以该电路存在一定的安全隐患。

2. 按钮、接触器双重联锁正反转控制电路

（1）电气原理图

为了克服接触器联锁和按钮联锁正反转控制电路的缺点，在按钮联锁正反转控制电路的基础上，增加了接触器联锁，构成了按钮、接触器双重联锁正反转控制电路，如图 2-39 所示。

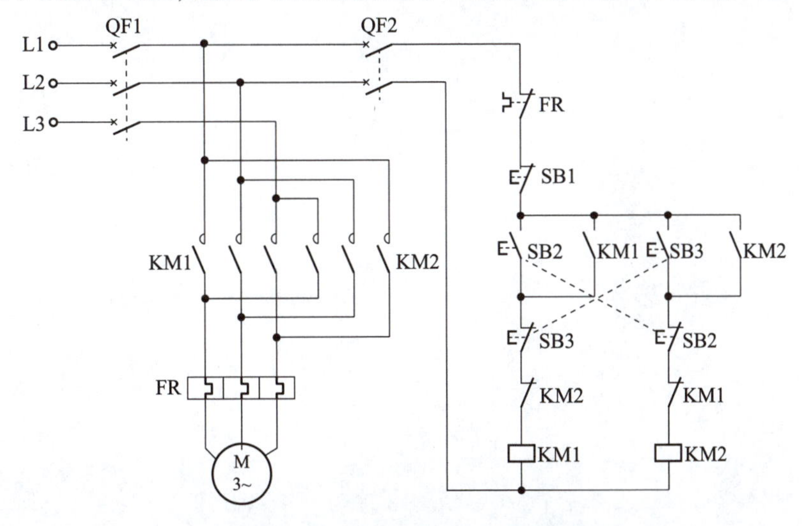

图 2-39　按钮、接触器双重联锁正反转控制电路图

(2)工作原理

合上电源开关 QF1、QF2。

①电动机正转：

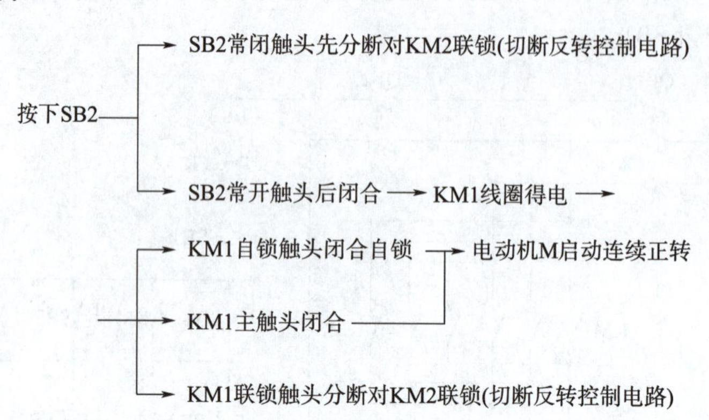

②电动机反转：

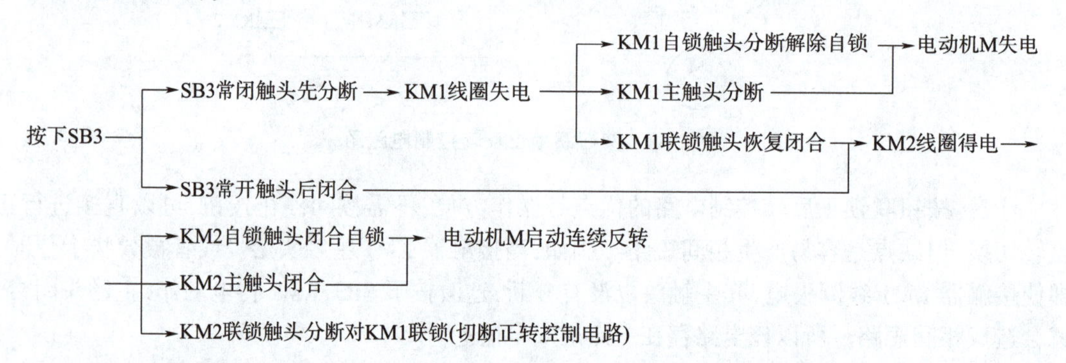

③停止：按下停止按钮 SB1，整个控制回路失电，主触点断开，电动机失电停转。

分断电源开关 QF2、QF1。

任务工单七

<table>
<tr><td>课程名称</td><td></td><td>专业</td><td colspan="3"></td></tr>
<tr><td>任务名称</td><td></td><td>班级</td><td></td><td>姓名</td><td></td></tr>
<tr><td>任务要求</td><td colspan="5">1. 绘制电动机接触器联锁正反转控制电路电气原理图
2. 配齐电器元件
3. 按照正确的电气原理图，进行线路连接。要求：按下正转启动按钮SB2并松开，电动机连续正转，按下停止按钮SB1，电动机停止正转；按下反转启动按钮SB3并松开，电动机连续反转；按下停止按钮SB1，电动机停止反转
4. 主电路、控制电路具有短路保护；电动机具有过载保护；电路能实现失压、欠压保护
5. 进行电路调试和故障排除</td></tr>
</table>

一、工具器材

①设备：

②工具：

③仪表：

二、任务实施

1. 配齐所用电器元件并进行质量检验（电器元件应完好无损，否则应及时进行更换）

主电路		控制电路	
名称	型号	名称	型号

2. 画出控制电路的电气原理图

3. 写出控制电路的工作原理

4. 心得与收获

任务四　三相异步电动机位置控制电路的安装与调试

任务提出

上一个任务中我们学习了电动机双向连续运行控制电路,也称电动机正反转控制电路。其特点是按下正转启动按钮并松开,电动机持续正向转动,生产机械运动部件保持正向运动,只有按下停止按钮,电动机停止正向转动,生产机械运动部件才能停止正向运动;反向同理。在实际生产中,一些机械运动部件的行程或位置要受到限制,或者需要其运动部件在一定范围内自行往返运动等,这种情况要怎么处理呢?

在本任务中我们将学习电动机位置控制电路的安装与调试。

学习目标

知识目标

(1)掌握行程开关、接近开关的图形符号、文字符号及工作原理。

(2)掌握电动机位置控制电路的组成及工作原理。

技能目标

(1)能够正确使用行程开关、接近开关。

(2)能够分析电动机位置控制电路工作原理。

(3)能够完成电动机位置控制电路安装与调试。

素质目标

通过电动机位置控制电路的分析、安装与调试,培养学生树立工匠精神。

知识链接

一、相关低压电器

位置开关是操作机构在机器的运动部件到达一个预定位置时操作的一种提示开关。它可以分为行程开关、接近开关和微动开关。

1. 行程开关

行程开关又称限位开关,它能够将机械位移转变为电信号,使电动机运行状态发生改变,即按照一定行程自动停车、反转、变速或循环,从而控制机械运动或实现安全保护。

(1)作用

行程开关作用与按钮相同,区别在于它不是靠手指的按压而是利用生产机械运动部件的碰压使其触头动作,从而将机械信号转变为电信号,用以控制机械动作或用作程序控制。通常行程开关用来限制机械运动的位置或行程,使运动机械按照一定的位置或行程实现自动停止、反向运动、变速运动或自动往返运动,行程开关的实物图如图 2-40 所示。

(2)图形符号及文字符号

行程开关的图形符号及文字符号如图 2-41 所示。

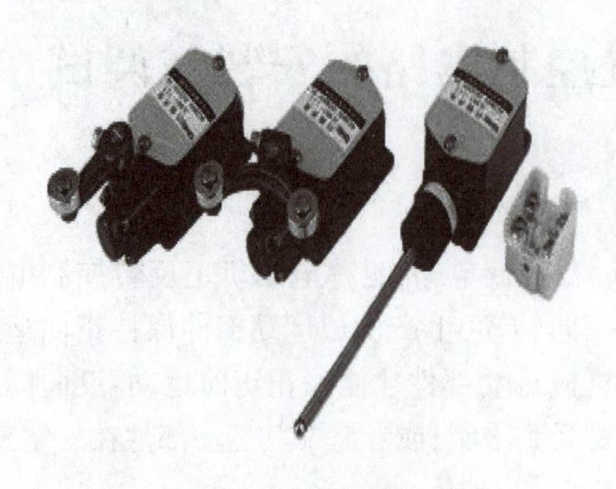

图 2-40　行程开关实物图

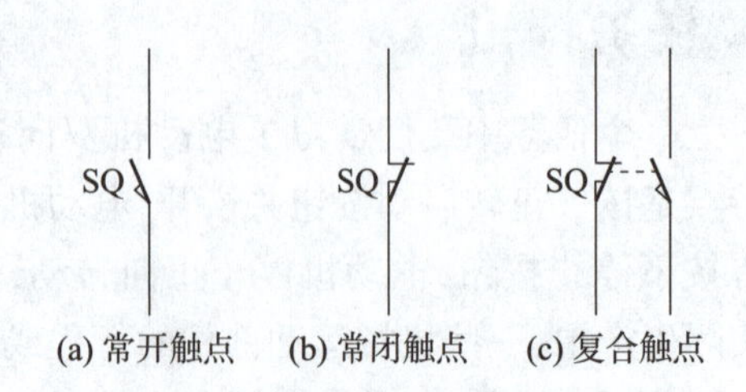

图 2-41　行程开关的图形符号及文字符号

(3) 型号及含义

目前最常用的行程开关有 LX19 和 JLXK1 等系列，LX19 系列行程开关型号及其含义如图 2-42 所示。

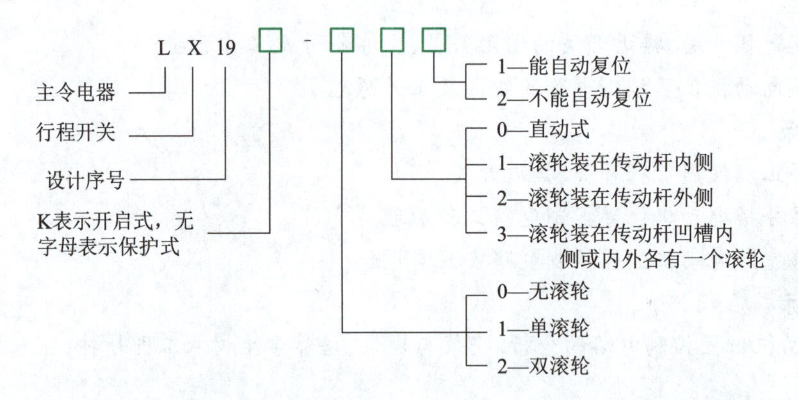

图 2-42　LX19 系列行程开关型号及含义

(4) 结构及工作原理

各系列行程开关的基本结构大体相同，都是由触头系统、操作机构和外壳组成。以某种行程开关为基础，装置不同的操作机构，可得到各种不同形式的行程开关，常见的有直动式和滚轮式。

①直动式行程开关。直动式行程开关结构图如图 2-43 所示。直动式行程开关的工作原理与按钮相同，只是它用运动部件上的挡铁碰压行程开关的推杆，行程开关推杆被撞击时其常闭触头先断开，常开触头后闭合，当撞击的挡铁移开后触头均恢复原位。

②滚轮式行程开关。滚轮式行程开关结构图如图 2-44 所示。当运动机械的挡铁压到行程开关的滚轮上时，上传臂连同推杆一同转动，使小滚轮沿着擒纵件向右移动，当滚轮走过擒纵件中点时，盘形弹簧使擒纵件迅速转动，使动触点迅速与右边静触点分开，与左边静触点闭合。当滚轮上的挡铁移开后，复位弹簧会使行程开关复位。

(5) 安装及使用方法

①行程开关安装时，安装位置要准确，安装要牢固；滚轮的方向不能装反，挡铁与其碰撞的位置应符合控制线路的要求，并确保能可靠地与挡铁碰撞。

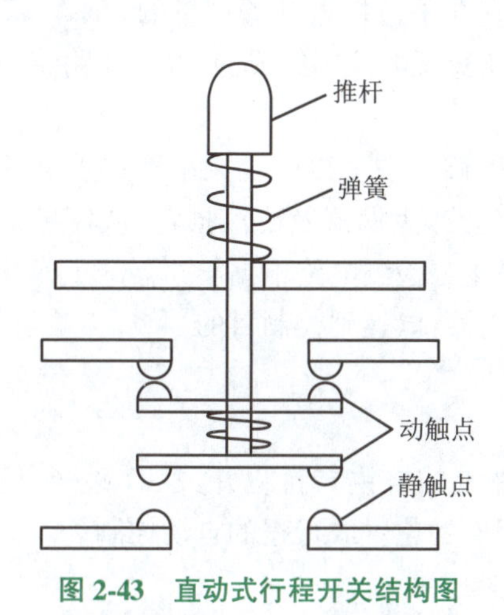

图 2-43　直动式行程开关结构图

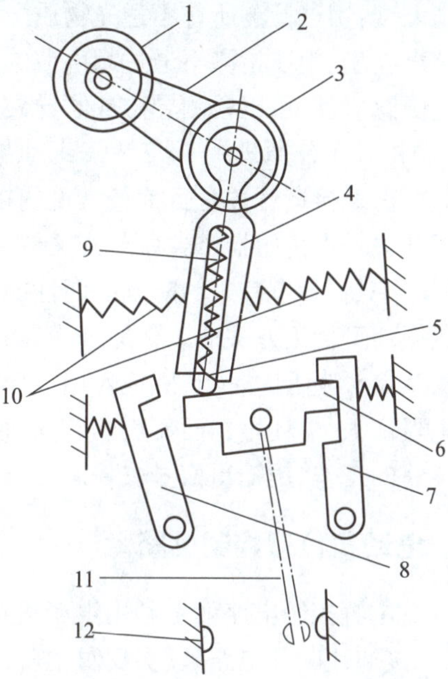

图 2-44　滚轮式行程开关结构图

1—滚轮;2—上转臂;3—盘形弹簧;4—推杆;5—小滚轮;6—擒纵件;7、8—压板;9、10—弹簧;11—动触头;12—静触头

②行程开关在使用中,要定期检查保养,除去油污及粉尘,清理触头,经常检查其是否灵活、可靠,及时排除故障,防止因行程开关触头接触不良或接线松脱产生误动作而导致设备故障和人身安全隐患。

2. 接近开关

接近开关又称无触点位置开关,它是一种无须与运动部件进行机械直接接触就可以操作的位置开关,当物体与开关的感应面的距离到达动作距离时,不需要机械接触及施加任何压力即可使开关动作。

接近开关实物图如图 2-45 所示。

图 2-45　接近开关实物图

(1)作用

当运动的物体靠近开关到一定位置时,接近开关发出信号,从而达到行程控制、计数及自动控制的作用。它的作用除了行程控制和限位保护外,还可作为检测金属体的存在、测速、定位等装置或用作无触点按钮等。

(2)图形符号及文字符号

接近开关的图形符号及文字符号如图 2-46 所示。

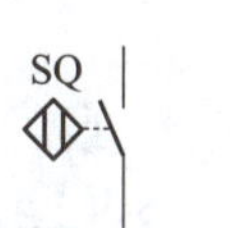

(a) 常开触点

(b) 常闭触点

图 2-46　接近开关的图形符号及文字符号

(3)分类

接近开关按工作原理可以分为以下几种类型:

①高频振荡型:用以检测各种金属体。

②电容型:用以检测各种导电或不导电的液体或固体。

③光电型:用以检测所有不透光物质。

④超声波型:用以检测不透过超声波的物质。

⑤电磁感应型:用以检测导磁或非导磁金属。

(4)结构及工作原理

高频振荡型接近开关是目前最常见的接近开关,它几乎占接近开关产量的80%。高频振荡型接近开关是由传感器、振荡器、开关器、输出器以及稳压电源等组成的,电子线路装调好后用环氧树脂密封,具有良好的防潮防腐性能。

高频振荡型接近开关的工作原理为:当有金属物体靠近一个以一定频率稳定震荡的高频振荡器的感应头附近时,由于感应作用,该金属物体内会产生涡流及磁滞损耗,从而导致震荡回路因电阻增大、能耗增加而使震荡减弱,直至震荡停止。检测电路根据震荡器的工作状态控制输出电路的工作,用输出信号去控制继电器或其他电器,以达到控制目的。

二、电动机位置控制电路

电动机位置控制电路就是利用生产机械运动部件上的挡铁与行程开关SQ碰撞,使其触头动作,来接通或断开电路,以实现对生产机械运动部件的位置或行程的自动控制。

1. 电气原理图

电动机位置控制电路的电气原理图如图2-47所示,电气原理图左下角是行车运动示意图,行车的两头终点处各安装一个行程开关SQ1和SQ2,该位置称为行程的终点位置,将这两个行程开关的常闭触点分别串联在正转控制电路和反转控制电路中。行车前后各安装挡铁1和挡铁2,行车的行程和位置可通过移动行程开关的安装位置来调节。

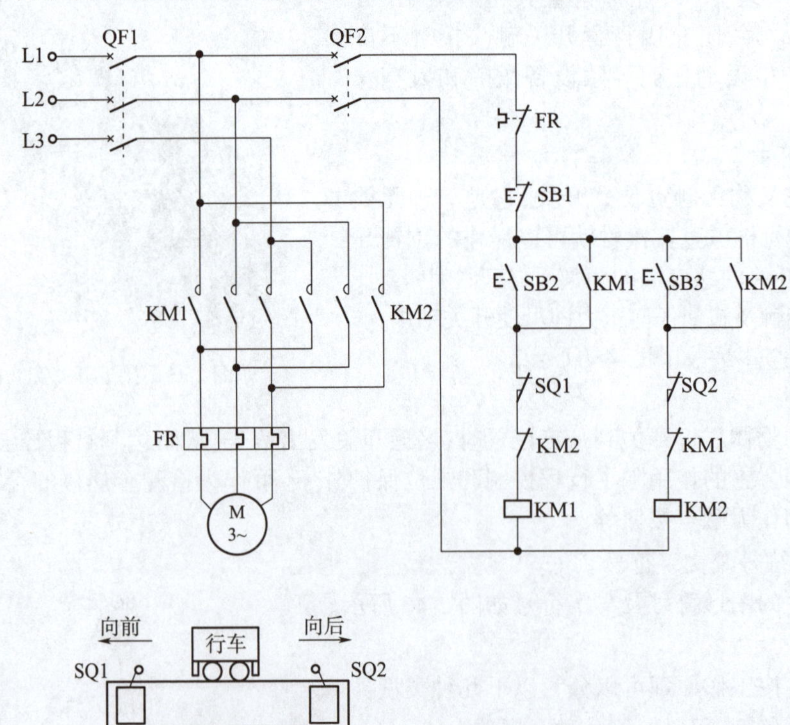

图2-47 电动机位置控制电路图电气原理图

扫一扫

电动机位置控制电路动画演示

2. 工作原理

合上电源开关 QF1、QF2。

①行车向前运动：

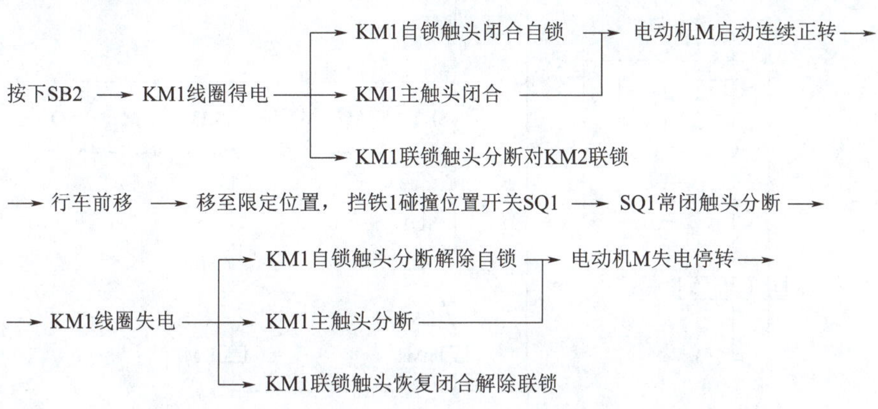

→ 行车停止前移

此时，即使再按下 SB2，由于 SQ1 的常闭触点已分断，接触器 KM1 线圈也不会得电，保证行车不会超过 SQ1 所在位置。

②行车向后运动：

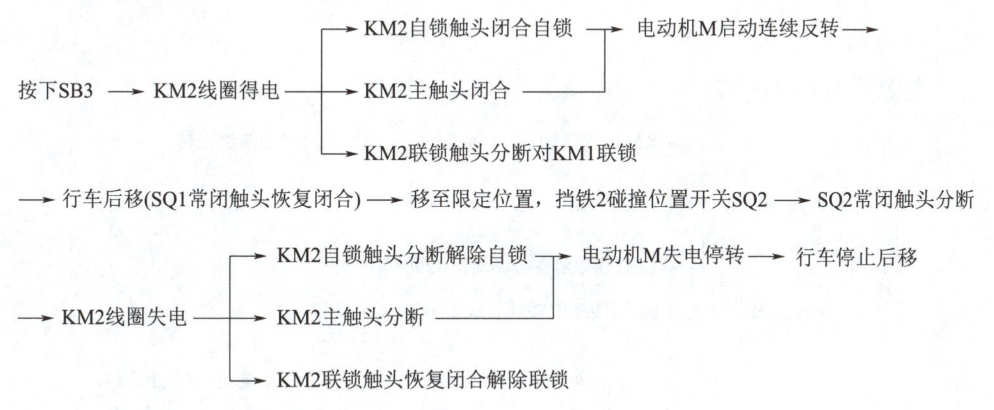

停车时只需按下停止按钮 SB1 即可。

分断电源开关 QF2、QF1。

三、电动机自动往返位置控制电路

有一些生产机械，要求工作台在一定的行程内能往返运动，以便实现对工件的连续加工，这就需要电气控制电路能对电动机实现自动切换正反转控制。

1. 电气原理图

电动机自动往返位置控制电路的电气原理图如图 2-48 所示，为了使电动机的正反转控制与工作台的左右运动配合，在控制电路中安装了四个行程开关 SQ1、SQ2、SQ3 和 SQ4，并把它们放在工作台需要限位的地方。其中 SQ1、SQ2 用来实现工作台的自动往返行程控制；SQ3、SQ4 用作终端保护，防止 SQ1、SQ2 失灵，工作台越过限定位置造成事故，将 SQ3、SQ4 所在位置称为极限位置。

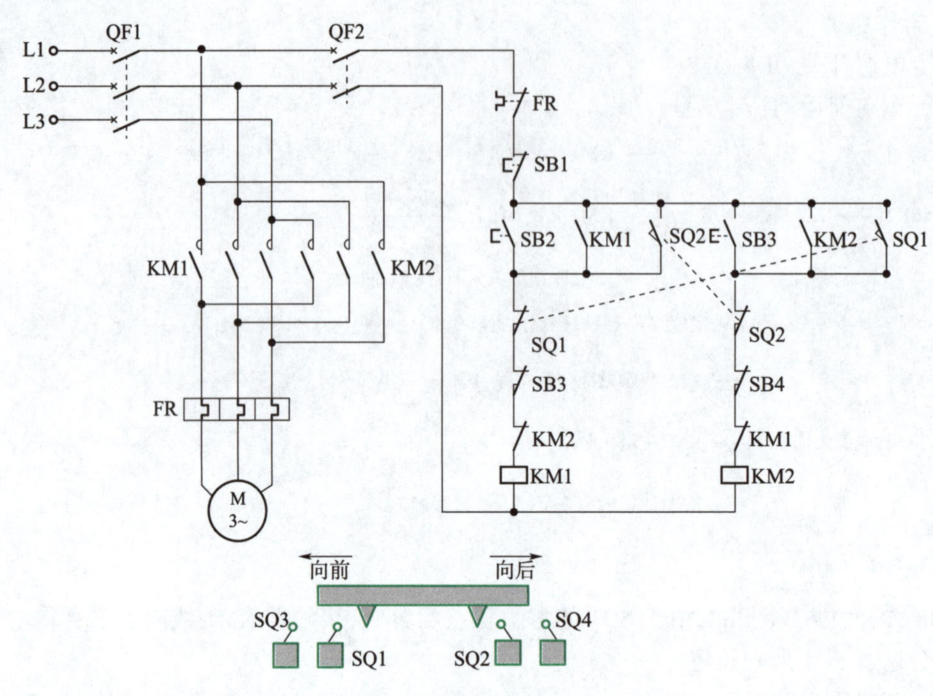

图 2-48　电动机自动往返位置控制电路图

2. 工作原理

合上电源开关 QF1、QF2。

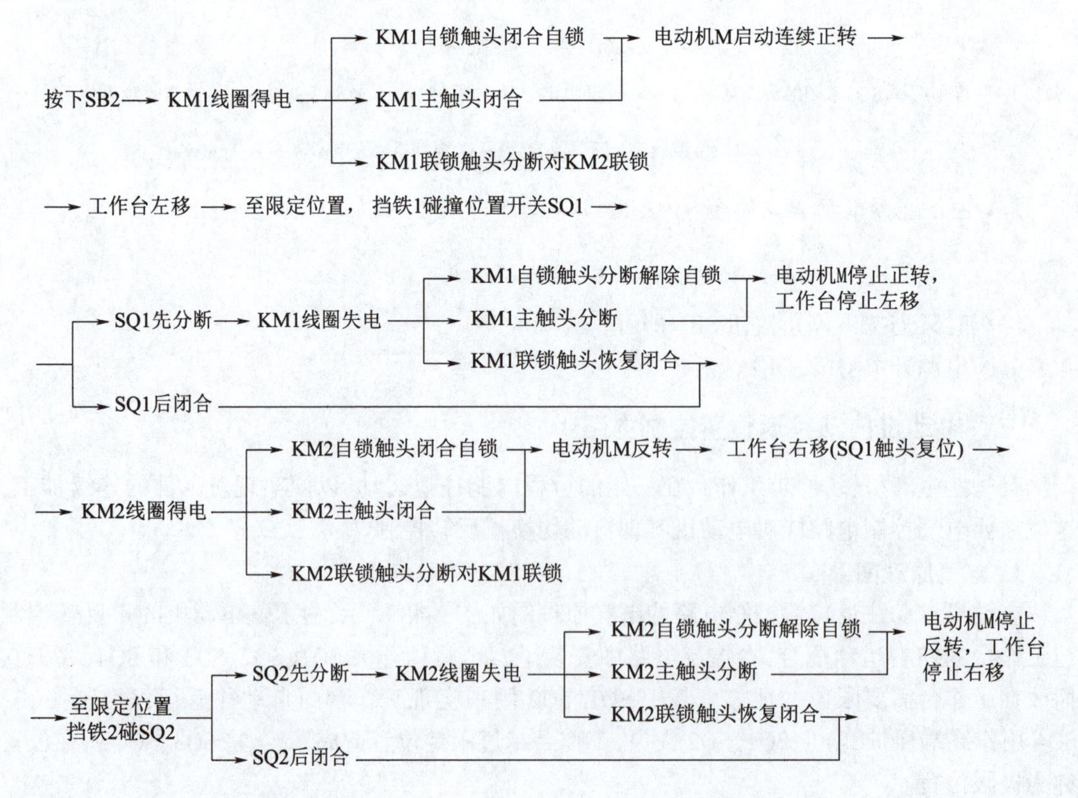

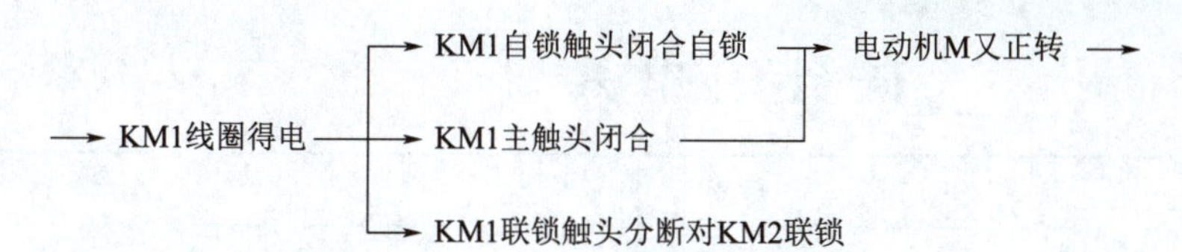

→ 工作台又左移(SQ2触头复位) → ……以后重复上述过程，工作台在限定的行程内自动往返运动

停止时，按下SB1 → 整个控制电路失电 → KM1 (或KM2) 主触头分断 → 电动机M失电停转

分断电源开关 QF2、QF1。

任务工单八

<table>
<tr><td>课程名称</td><td></td><td>专业</td><td colspan="3"></td></tr>
<tr><td>任务名称</td><td></td><td>班级</td><td></td><td>姓名</td><td></td></tr>
<tr><td>任务要求</td><td colspan="5">1. 绘制电动机自动往返控制电路电气原理图
2. 配齐电器元件
3. 按照正确的电气原理图，进行线路连接，要求：按下正转启动按钮SB1并松开，电动机连续正转，行车前移，当行车前移至限定位置时，行车上的挡铁碰撞行程开关SQ1，电动机停止正转，行车停止向前运动；按下反转启动按钮SB2并松开，电动机连续反转，行车后移，当行车后移至限定位置时，行车上的挡铁碰撞行程开关SQ2，电动机停止反转，行车停止向后运动
4. 主电路、控制电路具有短路保护；电动机具有过载保护；电路能实现失压、欠压保护
5. 进行电路调试和故障排除</td></tr>
</table>

一、工具器材

①设备：

②工具：

③仪表：

二、任务实施

1. 配齐所用电器元件并进行质量检验（电器元件应完好无损，否则应及时进行更换）

主电路		控制电路	
名称	型号	名称	型号

2. 画出控制电路的电气原理图

3. 写出控制电路的工作原理

4. 心得与收获

任务五　三相异步电动机顺序控制电路的安装与调试

任务提出

在生产过程中，有些生产机械上有多台电动机，而每一台电动机的工作任务又不一样，有时需要按一定的顺序启动或停止，才能保证操作过程的合理和工作的安全可靠。如在X62W万能铣床上，主轴电动机和冷却泵电动机采用的就是顺序控制，即只有主轴电动机启动后冷却泵电动机才能启动，万能铣床如图2-49所示。

图2-49　万能铣床

学习目标

知识目标

(1)掌握电动机顺序控制电路电气原理图绘制。

(2)掌握电动机顺序控制电路连接。

技能目标

(1)能够完成电动机顺序控制电路电气原理图绘制。

(2)能够独立完成电动机顺序控制电路连接。

(3)能够完成电动机顺序控制电路连接并调试。

素质目标

通过完成电动机顺序控制电路的连接与调试，培养学生精益求精的学习精神。

知识链接

一、电动机顺启逆停控制电路电气原理图

电动机的顺序控制：要求几台电动机的启动或停止必须按一定的先后顺序来完成的控制方式，称为电动机的顺序控制。

电动机顺启逆停控制电路：在合闸状态下，电动机M1启动后，电动机M2才能启动。电动机M2停止后，电动机M1才能停止。

两台电动机顺启逆停控制电路电气原理图如图2-50所示。

扫一扫

电动机顺启逆停控制电路动画演示

二、电动机顺启逆停控制电路工作原理

1. 顺序启动

闭合断路器QF1、QF2。

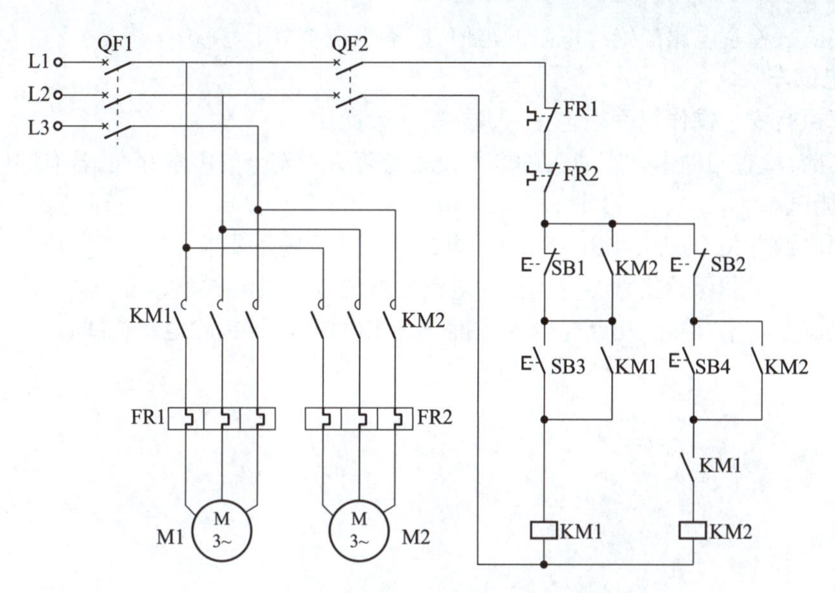

图 2-50　两台电动机顺启逆停控制电路原理图

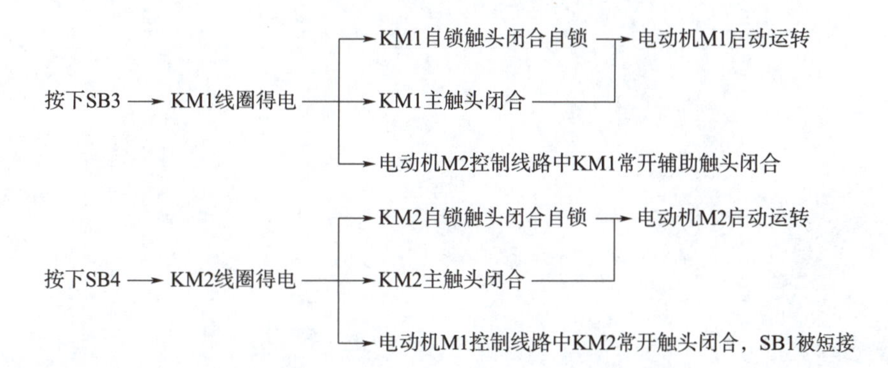

2. 逆序停止

按下SB1 → 由于KM2的辅助触头将其短接 → SB1不起作用 → 电动机M1、 M2 正常运转

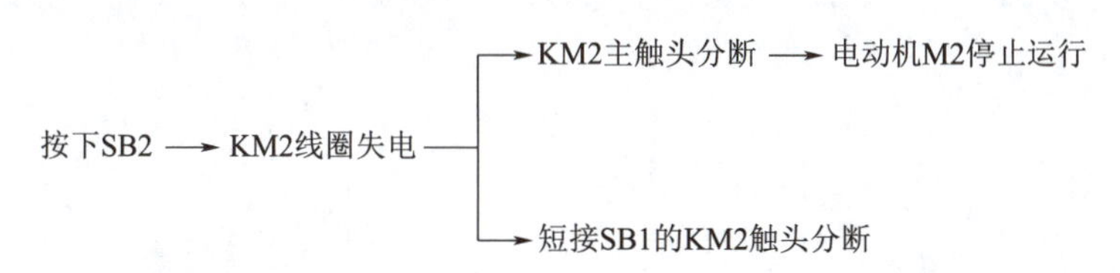

再按下按钮SB2 → KM1线圈失电 → KM1主触头分断 → 电动机M1停止运行

分断电源 QF2、QF1。

三、运行与调试

1. 自检

①按电路图或接线图从电源端开始,逐段核对检查接线接点。

②用万用表检查电路的通断情况。(用万用表检查所有电器元件是否处于正常的工作状态;测量三相电源之间,三相电源线与接地线之间是否存在短接等问题)

③用兆欧表检查电路的绝缘电阻的阻值,应不小与 1 MΩ。

2. 通电试车

①认真执行安全操作规程规定,一人监护,一人操作。

②试车前,检查与通电试车有关的电气设备是否有不安全的因素存在,若有问题应立即整改,然后方能试车。

③合闸电源开关 QF 后,用万用表测量电源电压是否满足要求。

④按照具有过载保护接触器自锁控制电路的方法进行通电试车。

⑤通电试车完毕,停转,切断电源。先拆除三相电源线,再拆除电动机线。

任务工单九

<table>
<tr><td>课程名称</td><td></td><td>专业</td><td colspan="3"></td></tr>
<tr><td>任务名称</td><td></td><td>班级</td><td></td><td>姓名</td><td></td></tr>
<tr><td>任务要求</td><td colspan="5">1. 绘制电动机自动往返控制电路电气原理图
2. 配齐电器元件
3. 按正确的电气原理图，进行线路连接，要求：按下启动按钮 SB3 后，电动机（M1）启动并旋转。按启动按钮 SB4 后，电动机（M2）启动并旋转。按下停止按钮 SB1 后，电动机（M1）不能停止旋转。按下停止按钮 SB2 后，电动机（M2）停止旋转。再次按下停止按钮 SB1 后，电动机（M1）停止旋转
4. 主电路、控制电路具有短路保护；电动机具有过载保护；电路能实现失压、欠压保护
5. 进行线路调试和故障排除</td></tr>
</table>

一、工具器材

①设备：

②工具：

③仪表：

二、任务实施

1. 配齐所用电器元件并进行质量检验（电器元件应完好无损，否则应及时进行更换）

主电路		控制电路	
名称	型号	名称	型号

2. 画出控制电路的电气原理图

3. 写出控制电路的工作原理

4. 心得与收获

任务六　三相异步电动机降压启动控制电路的安装与调试

任务提出

‖自耦变压器降压启动的方式需要庞大的设备,成本较高。在生产实际中,如 M7475B 型平面磨床上的砂轮电动机,由于容量较大,采用的是 Y-△降压启动;T610 型键床的主轴电动机也是采用的 Y-△降压启动。Y-△降压启动是指电动机启动时把定子绕组接成 Y 形,以降低启动电压,限制启动电流。待电动机启动后,再将定子绕组改成△形,使电动机全压运行。

学习目标

知识目标

(1)掌握电动机降压启动控制电路电气原理图绘制。

(2)掌握电动机降压启动控制电路连接。

技能目标

(1)能够完成电动机降压启动控制电路电气原理图绘制。

(2)能够独立完成电动机降压启动控制电路连接。

(3)能够完成电动机降压启动控制电路连接并调试。

素质目标

通过完成电动机降压启动控制电路的连接与调试,进一步提升学生动手实践能力。

知识链接

一、时间继电器

在生产中经常需要按一定的时间间隔对生产机械进行控制,时间控制通常是利用时间继电器来实现的。

从得到动作信号起至触头动作或输出电路产生跳跃式改变有一定延时时间,且该延时时间又符合其准确度要求的继电器称为时间继电器,它广泛用于需要按时间顺序进行控制的电气控制线路中。

常用的时间继电器主要有电磁式、电动式、空气阻尼式、晶体管式等。目前电力拖动系统中应用较多的是空气阻尼式时间继电器。随着电子技术的发展,近年来晶体管式时间继电器的应用日益广泛。

1. 时间继电器实物图

时间继电器实物图如图 2-51 所示。

2. 时间继电器的图形符号及文字符号

时间继电器的图形符号及文字符号如图 2-52 所示。

3. 时间继电器的结构

以 JS7-A 系列空气阻尼式时间继电器为例,结构如图 2-53 所示。

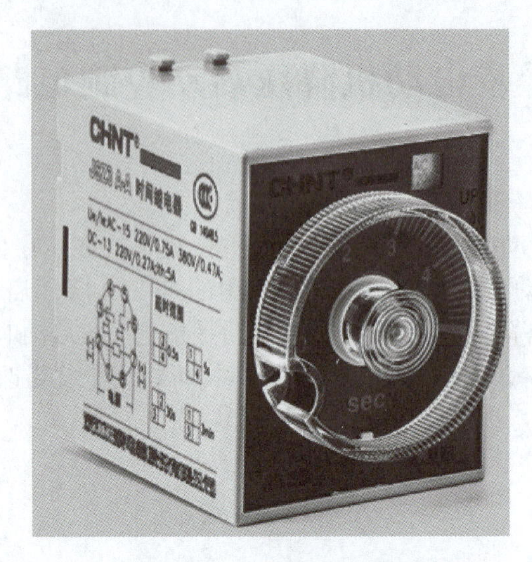

图 2-51　时间继电器实物图

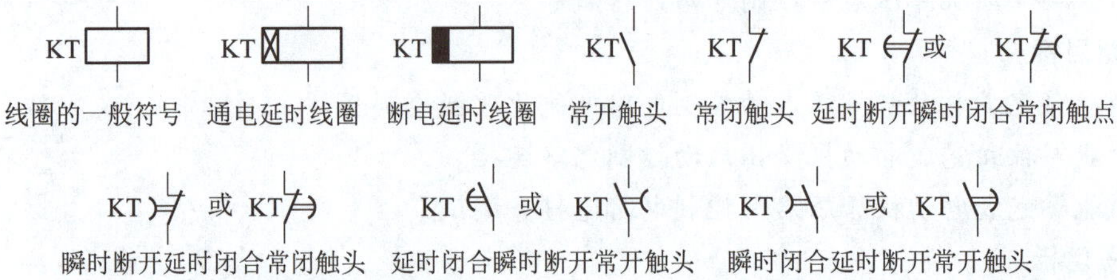

KT 线圈的一般符号　KT 通电延时线圈　KT 断电延时线圈　KT 常开触头　KT 常闭触头　KT 或 KT 延时断开瞬时闭合常闭触点

KT 或 KT 瞬时断开延时闭合常闭触头　KT 或 KT 延时闭合瞬时断开常开触头　KT 或 KT 瞬时闭合延时断开常开触头

图 2-52　时间继电器的图形符号及文字符号

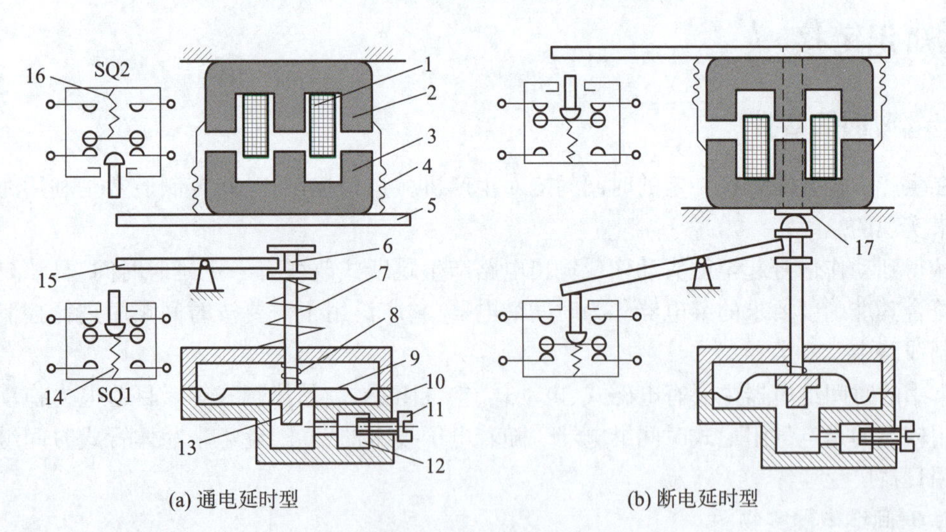

(a) 通电延时型　　(b) 断电延时型

图 2-53　时间继电器的结构

1—线圈；2—铁芯；3—衔铁；4—反力弹簧；5—推板；6—活塞杆；7—塔形弹簧；

8—弱弹簧；9—橡皮膜；10—空气室壁；11—调节螺钉；12—进气孔；

13—活塞；14、16—微动开关；15—杠杆；17—推杆

①电磁系统:由线圈、铁芯和衔铁组成。

②触头系统:包括两对瞬时触头(一常开、一常闭)和两对延时触头(一常开、一常闭),瞬时触头和延时触头分别是两个微动开关的触头。

③空气室:空气室为一空腔,由橡皮膜、活塞等组成。橡皮膜可随空气的增减而移动,顶部的调节螺钉可调节延时时间。

④传动机构:由推杆、活塞杆、杠杆及各种类型的弹簧等组成。

⑤基座:用金属板制成,用以固定电磁机构和气室。

4. 时间继电器的工作原理

以 JS7-A 系列空气阻尼式时间继电器为例:

(1)通电延时型时间继电器

当线圈 1 通电后,铁芯 2 产生吸力,衔铁 3 克服反力弹簧 4 的阻力与铁芯吸合,带动推板 5 立即动作,压合微动开关 SQ2,使其常闭触头瞬时断开,常开触头瞬时闭合。同时活塞杆 6 在塔形弹簧 7 的作用下向上移动,带动与活塞 13 相连的橡皮膜 9 向上运动,运动的速度受进气孔 12 进气速度的限制。这时橡皮膜下面形成空气较稀薄的空间,与橡皮膜上面的空气形成压力差,对活塞的移动产生阻尼作用,活塞杆带动杠杆 15 只能缓慢地移动。经过一定时间,活塞才能完成全部行程而压动微动开关 SQ1,使其常闭触头断开,常开触头闭合,由于从线圈通电到触头动作需要延时一段时间,因此 SQ1 的两对触头分别称为延时闭合瞬时断开的常开触头和延时断开瞬时闭合的常闭触头。这种时间继电器延时时间的长短取决于进气的快慢,旋动调节螺钉 11 可调节进气孔的大小,即可达到调节延时时间长短的目的。JS7-A 系列时间继电器的延时范围有 0.4~60 s 和 0.4~180 s 两种。

当线圈 1 断电时,衔铁 3 在反力弹簧 4 的作用下,通过活塞杆 6 将活塞推向下端,这时橡皮膜 9 下方腔内的空气通过橡皮膜 9、弱弹簧 8 和活塞 13 局部所形成的单向阀迅速从橡皮膜上方的气室缝隙中排掉,使微动开关 SQ1、SQ2 的各对触头均瞬时复位。

(2)断电延时型时间继电器

JS7-A 系列断电延时型和通电延时型时间继电器的组成元件是通用的,如果将通电延时型时间继电器的电磁机构翻转 180°安装即成为断电延时型时间继电器。其工作原理读者可自行分析。

空气阻尼式时间继电器的优点是:延时范围较大(0.4~180 s),且不受电压和频率波动的影响;可以做成通电和断电两种延时形式;结构简单、寿命长、价格低。其缺点是:延时误差大,难以精确地整定延时值,且延时值易受周围环境温度、尘埃等的影响。因此,对延时精度要求较高的场合不宜采用。

5. 时间继电器的型号及含义

以 JS7-A 系列空气阻尼式时间继电器为例,其型号及含义如图 2-54 所示。

6. 时间继电器的安装与使用

①时间继电器应按说明书规定的方向安装。无论是通电延时型还是断电延时型,都必须使继电器在断电后,释放时衔铁的运动方向垂直向下,其倾斜不得超过 5°。

②时间继电器的整定值,应预先在不通电时整定好,并在试车时校正。

③时间继电器金属底板上的接地螺钉必须与接地线可靠连接。

④通电延时型和断电延时型可在整定时间内自行调换。

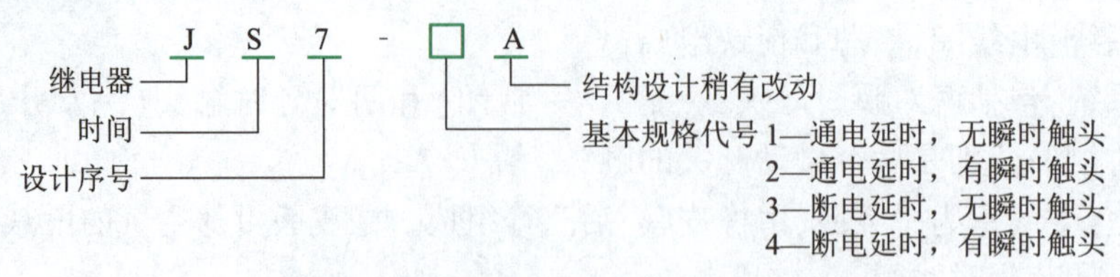

图 2-54 时间继电器的型号及含义

⑤使用时，应经常清除灰尘及油污，否则延时误差将更大。

7. 常见故障及处理方法

JS7-A 系列时间继电器的常见故障及处理方法见表 2-10。

表 2-10 JS7-A 系列时间继电器常见故障及处理方法

故障现象	可能的原因	处理方法
延时触头不动作	①电磁线圈断线。 ②电源电压过低。 ③传动机构卡住或损坏	①更换线圈。 ②调高电源电压。 ③排除卡住故障或更换部件
延时时间短	①气室装配不严，漏气。 ②橡皮膜损坏	①修理或更换气室。 ②更换橡皮膜
延时时间变长	气室内有灰尘，使气道阻塞	消除气室内灰尘，使气道畅通

二、Y-△降压启动电路电气原理图

常见的降压启动方法有定子绕组串接电阻降压启动、自耦变压器降压启动、Y-△降压启动等几种。

以Y-△降压启动为例，其电气原理图如图 2-55 所示。先将定子绕组连接成星形，降压启动，启动结束后再接成三角形，使电动机在额定电压下运行。

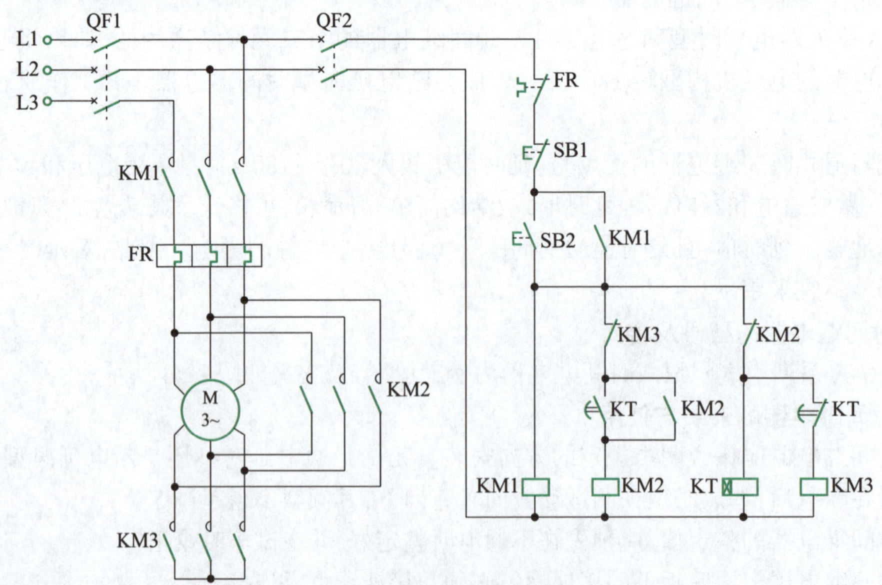

图 2-55 Y-△降压启动电路电气原理图

三、Y-△降压启动电路工作原理

扫一扫

星角降压启动动画演示

闭合断路器 QF1、QF2。

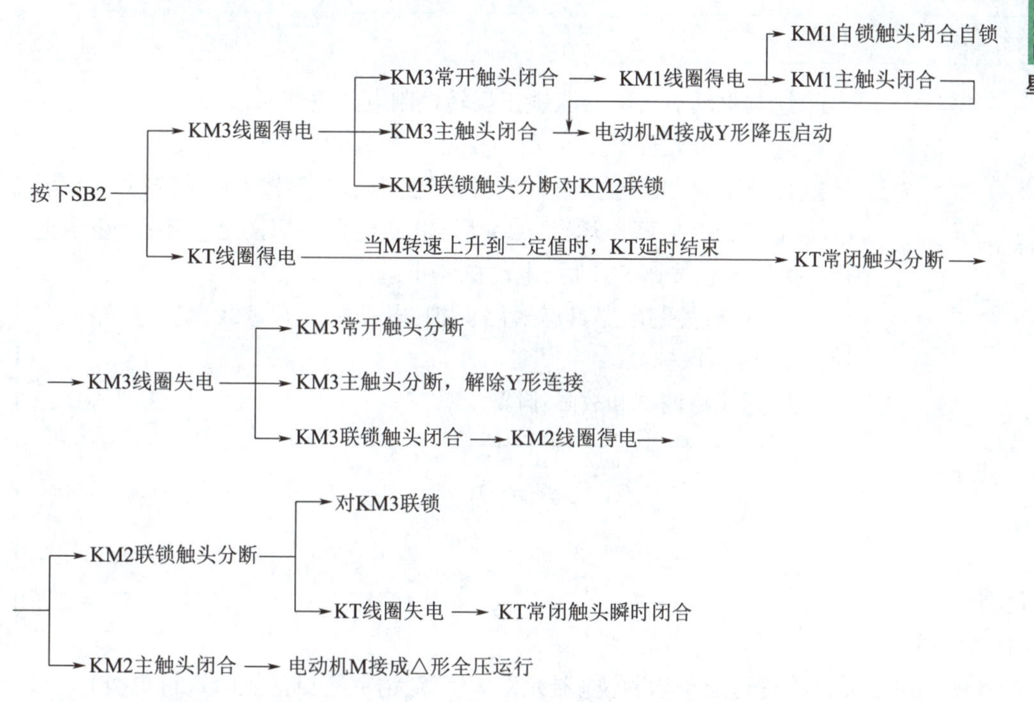

停止:按下 SB1→控制电路接触器线圈失电→主电路主触点分断→电动机停转。

分断电源开关 QF2、QF1。

四、Y-△降压启动线路知识点

电动机在启动时,加在电动机绕组上的电压为电动机的额定电压的启动方式称为全压启动,也称为直接启动。

全压启动优点:所用电气设备少,线路简单,维修量较小。

全压启动缺点:电源变压器容量不够大,而电动机功率较大的情况下,全压启动将导致电源变压器输出电压下降,不仅减小电动机本身的启动转矩,而且会影响同供电线路中其他电气设备的正常工作。

因此,较大容量的电动机启动需要采用降压启动。即利用启动设备将电压适当降低后,加到电动机的定子绕组上进行启动,待电动机启动运转后,再使其电压恢复到额定电压正常运转。

任务工单十

课程名称		专业			
任务名称		班级		姓名	
任务要求	1. 绘制电动机接触器联锁正反转控制电路电气原理图 2. 配齐电器元件 3. 按照正确的电气原理图,进行线路连接,要求:按下启动按钮 SB2 后,电动机Y形启动,降压运行。2 s 后,电动机自动切换至△接法,全压运行。按下停止按钮 SB1 后,电动机停止运行 4. 主电路、控制电路具有短路保护;电动机具有过载保护;电路能实现失压、欠压保护 5. 进行线路调试和故障排除				

一、工具器材

①设备:

②工具:

③仪表:

二、任务实施

1. 配齐所用电器元件并进行质量检验(电器元件应完好无损,否则应及时进行更换)

主电路		控制电路	
名称	型号	名称	型号

2. 画出控制电路的电气原理图

3. 写出控制电路的工作原理

4. 心得与收获

任务七　三相异步电动机制动控制电路的安装与调试

任务提出

电动机在制动过程中由于惯性的作用会产生非常大的制动电流，对设备和电网造成危害，因此对电动机制动过程进行控制是非常必要的。

本任务中我们将学习电动机制动控制电路的安装与调试。

学习目标

知识目标

(1)掌握电动机制动原理。

(2)掌握电动机反接制动原理。

技能目标

(1)能够合理使用电动机制动。

(2)能够合理选择电动机制动方法。

素质目标

通过学习电动机的制动方法，培养学生6S管理能力。

知识链接

一、速度继电器

速度继电器是反映转速和转向的继电器，其主要作用是以旋转速度为指令信号，与接触器配合实现对电动机的反接制动控制，故又称为反接制动继电器。

1. 速度继电器实物图

速度继电器实物图如图2-56所示。

2. 速度继电器的图形符号和文字符号

速度继电器的图形符号和文字符号如图2-57所示。

图2-56　速度继电器实物图

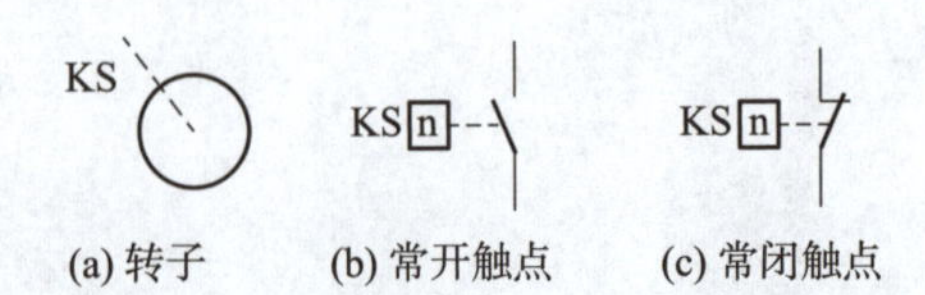

图2-57　速度继电器的图形符号和文字符号

3. 速度继电器的结构

速度继电器的结构和工作原理与笼型电动机类似，是根据电磁感应原理制成的，主要有转子、定子和触点三部分。其中转子是圆柱形永磁铁，与被控旋转机构的轴连接并同步旋转。定子是笼型空心圆环，内装有笼型绕组。速度继电器的结构如图 2-58 所示。

4. 速度继电器的工作原理

当电动机旋转时，带动与电动机同轴连接的速度继电器的转子旋转，相当于在空间中产生一个旋转磁场，从而在定子笼型短路绕组中产生感应电流，感应电流与永久磁铁的旋转磁场相互作用，产生电磁转矩，使定子随永久磁铁转动的方向偏转，与定子相连的胶木摆杆也随之偏转。当定子偏转到一定角度，胶木摆杆推动簧片，使继电器的触头动作。当转子转速减小到接近零时，由于定子的电磁转矩减小，胶木摆杆恢复原状态，触头随即复位。

5. 速度继电器的型号及含义

以 JFZ0 为例，速度继电器的型号及含义如图 2-59 所示。

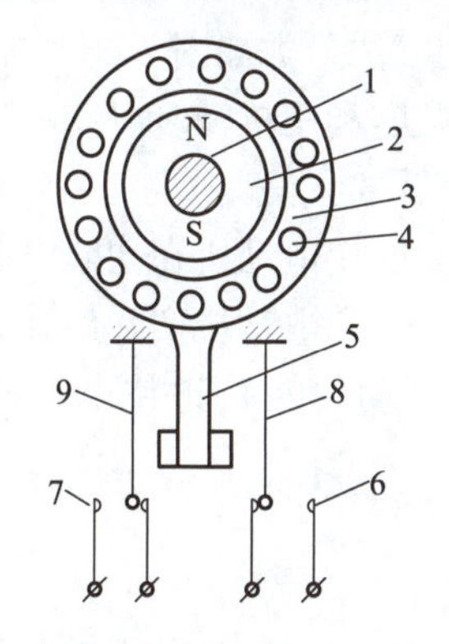

图 2-58 速度继电器的结构

1—电动机轴；2—转子；3—定子；4—绕组；
5—胶木摆杆；6、9—簧片；7、8—静触头

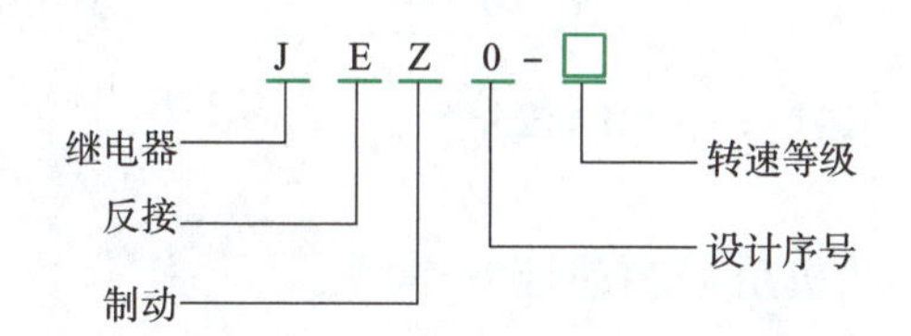

图 2-59 速度继电器型号及含义

6. 速度继电器的安装与使用

①速度继电器的转轴应与电动机同轴连接，使两轴的中心线重合。

②速度继电器安装接线时，应注意正反向触头不能接错，否则不能实现反接制动控制。

③速度继电器的金属外壳应可靠接地。

7. 速度继电器的常见故障及处理方法

速度继电器的常见故障及处理方法见表 2-11。

二、电动机制动控制相关知识点

三相异步电动机在切断电源后，由于惯性作用并不会马上停止转动，而是需要转动一段时间才会完全停下来，这种情况对于某些生产机械是不适宜的。例如起重机的吊钩需要准确定位。有时要求限制电动机的速度，例如在起重机下放重物或电气机车下坡时。

在实际生产中，为了使电动机的控制满足生产机械的这种要求，减少辅助工时及电动机的停车时间，提高设备生产效率并获得准确的停机位置，有必要采用一些能够使电动机在切断电源以后迅速停车的制动措施。

表 2-11　速度继电器的常见故障及处理方法

故障现象	可能的原因	处理方法
反接制动时速度继电器失效,电动机不制动	①胶木摆杆断裂。 ②触头接触不良。 ③弹性动触片断裂或失去弹性。 ④笼型绕组开路	①更换胶木摆杆。 ②清洗触头表面油污。 ③更换弹性动触片。 ④更换笼型绕组
电动机不能正常制动	速度继电器的弹性动触片调整不当	重新调节调整螺钉: ①将调整螺钉向下旋,弹性动触片弹性增大,速度较高时继电器才动作。 ②将调整螺钉向上旋,弹性动触片弹性减小,速度较低时继电器才动作

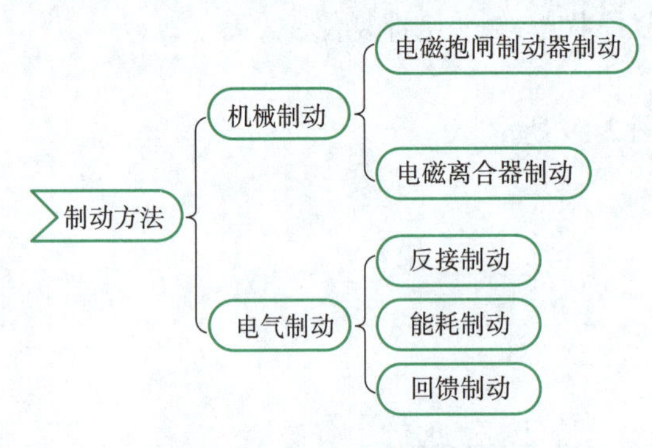

图 2-60　制动方法分类

制动:给电动机一个与转动方向相反的转矩使它迅速停转(或限制其转速)。

制动的方法一般有两类:机械制动、电力制动。制动方法分类如图 2-60 所示。

机械制动:利用机械装置使电动机断开电源后迅速停转的方法。

电力制动:使电动机在切断电源停转的过程中,产生一个和电动机实际旋转方向相反的电磁力矩(制动力矩),迫使电动机迅速制动停转的方法。

三、电动机反接制动控制电路

反接制动:依靠改变电动机定子绕组的电源相序来产生制动力矩,迫使电动机迅速停转的方法。例如 T68 卧式镗床主轴电动机制动控制就是采用的反接制动。

1. 电动机反接制动控制电路电气原理图

电动机反接制动控制电路电气原理图如图 2-61 所示。

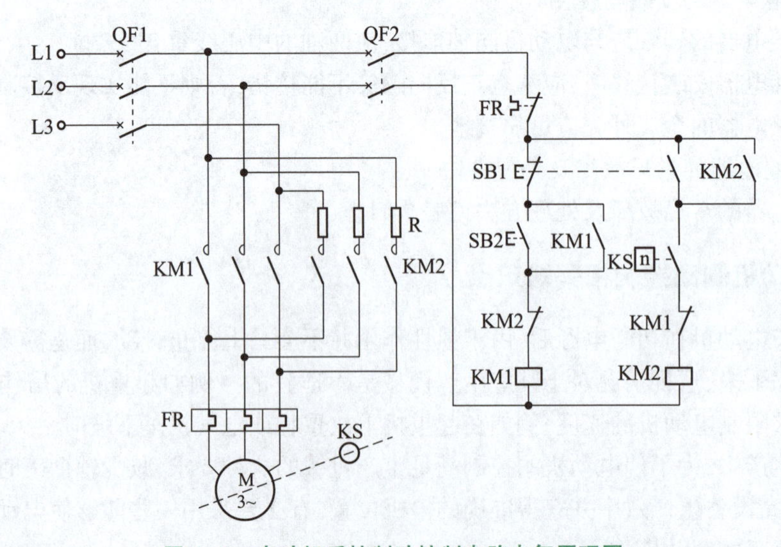

图 2-61　电动机反接制动控制电路电气原理图

2. 电动机反接制动控制电路工作原理

扫一扫

反接制动动画演示

闭合断路器 QF1、QF2。

(1)单向启动

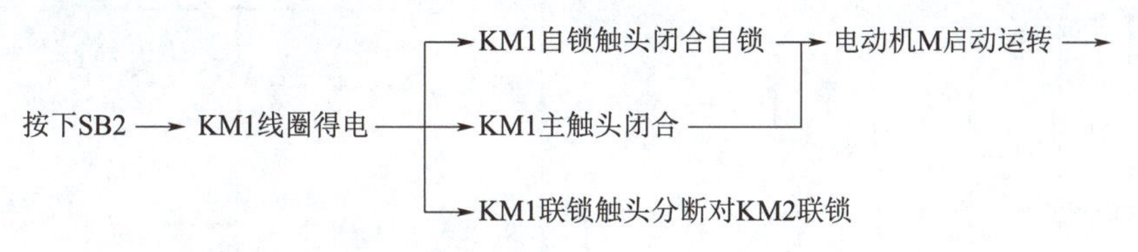

→ 全电动机转速上升到一定值(120 r/min)时 → KS常开触头闭合为制动作准备

(2)反接制动

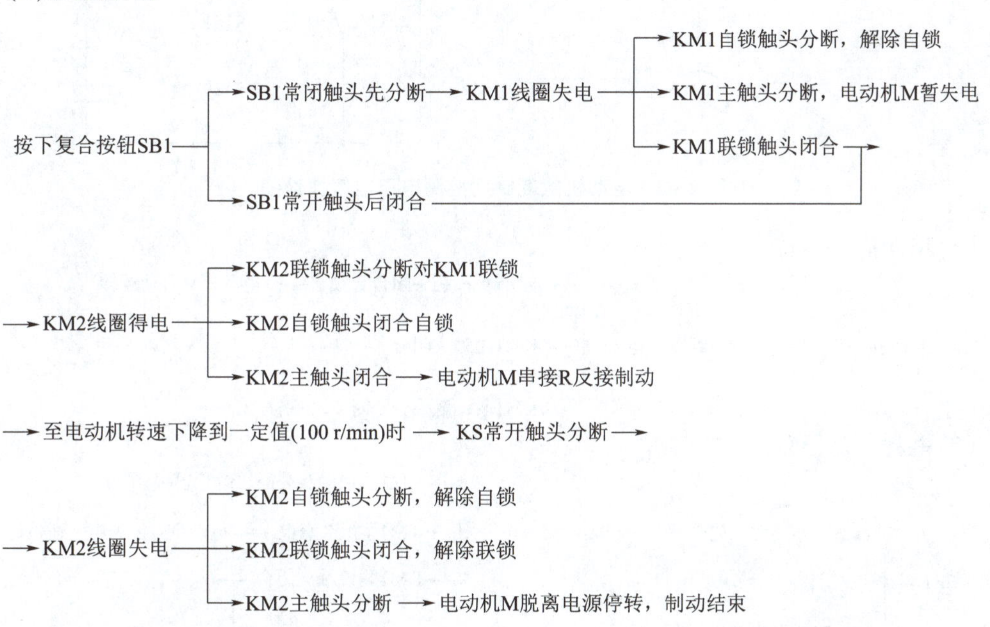

分断电源开关 QF2、QF1。

3. 反接制动线路特点

反接制动的优点是制动力强，制动迅速。缺点是制动准确性差，制动过程中冲击强烈，易损坏传动零件，制动能量消耗大，不宜经常制动。因此，反接制动一般适用于制动要求迅速、系统惯性较大、不经常启动与制动的场合，如铣床、镗床、中型车床等主轴的制动控制。

四、电动机能耗制动控制电路

扫一扫

能耗制动动画演示

1. 电动机能耗制动控制电路电气原理图

能耗制动：当电动机切断交流电源后，立即在定子绕组的任意两相中通入直流电，迫使电动机迅速停转的方法。

电动机能耗制动控制电路电气原理图如图 2-62 所示。

2. 电动机能耗制动控制电路工作原理

闭合断路器 QF1、QF2。

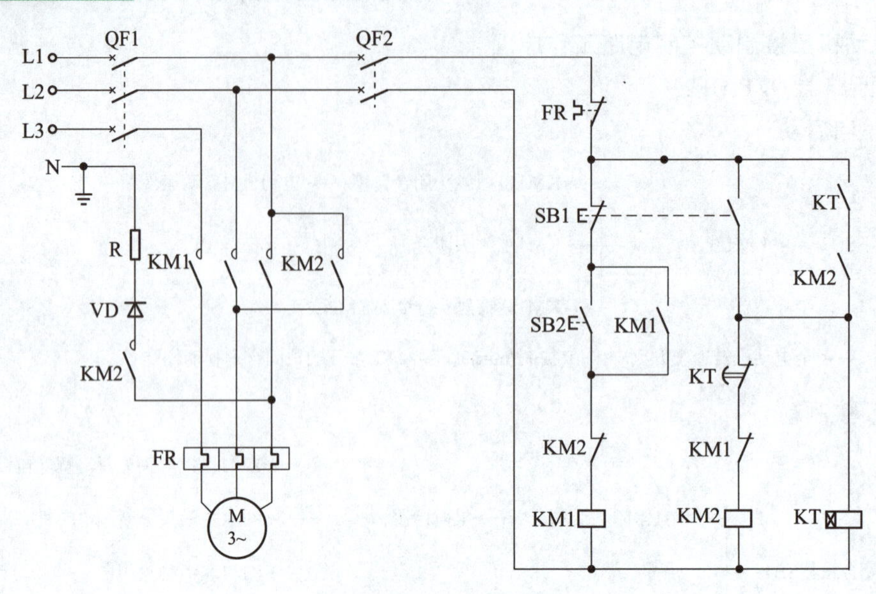

图 2-62　电动机能耗制动控制电路电气原理图

（1）单向启动运转

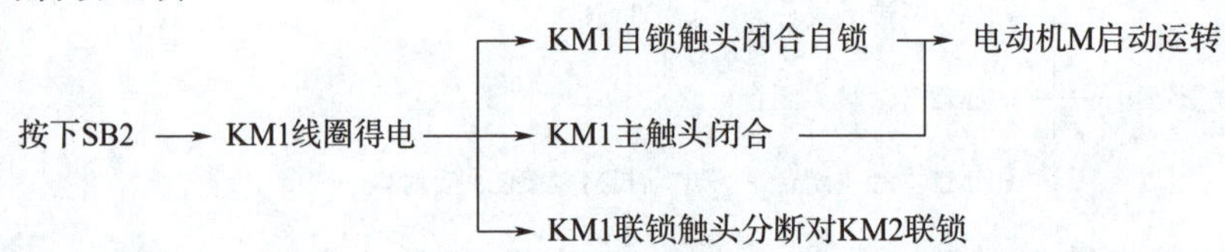

（2）能耗制动停转

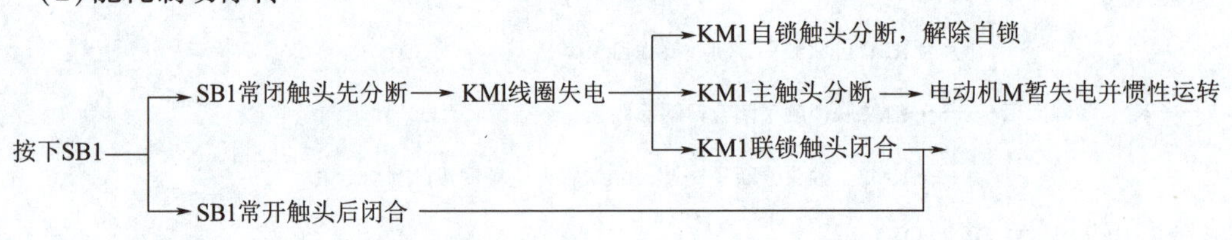

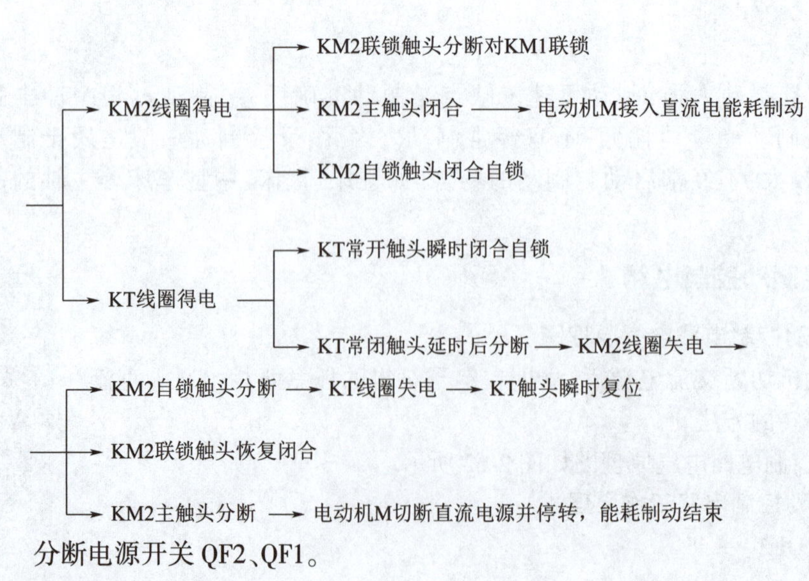

分断电源开关 QF2、QF1。

3. 能耗制动线路特点

能耗制动的优点是制动准确、平稳，且能量消耗较小。缺点是需附加直流电源装置，设备费用较高，制动力较弱，在低速时制动力矩小。因此能耗制动一般用于要求制动准确、平稳的场合，如磨床、立式铣床等的控制电路中。

五、电动机回馈制动控制电路

回馈制动又称为再生制动，此时转子转速超过同步转速，电机处于发电机状态，将输入的机械能转换成电能输出。

回馈制动一般出现在两种情况：即调速过程中的回馈制动和下放重物的回馈制动，回馈制动原理图如图 2-63 所示。

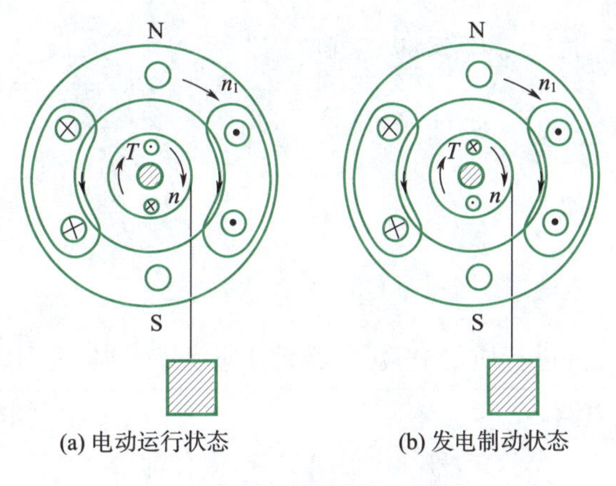

图 2-63　回馈制动原理图

当起重机在高处开始下放重物时，电动机转速 n 小于同步转速 n_1，这时电动机处于电动运行状态，其转子电流和电磁转矩的方向如图 2-63(a)所示。但由于重力的作用，在重物的下放过程中，会使电动机的转速 n 大于同步转速 n_1，这时电动机处于发电制动状态，转子相对于旋转磁场切割磁力线的运动方向发生了改变(沿顺时针方向)，其转子电流和电磁转矩的方向都与电动运行时相反，如图 2-63(b)所示。可见电磁力矩变为制动力矩限制了重物的下降速度，保证了设备的人身安全。

再生发电制动是一种比较经济的制动方法，制动时不需要改变线路即可从电动运行状态自动地转入发电制动状态，把机械能转换成电能，再回馈到电网，节能效果显著。缺点是应用范围较窄，仅当电动机转速大于同步转速时才能实现发电制动。所以常用于在位能负载作用下的起重机械和多速异步电动机由高速转为低速时的情况。

任务工单十一

<table>
<tr><td>课程名称</td><td></td><td>专业</td><td colspan="3"></td></tr>
<tr><td>任务名称</td><td></td><td>班级</td><td></td><td>姓名</td><td></td></tr>
<tr><td>任务要求</td><td colspan="5">1. 绘制电动机接触器联锁正反转控制电路电气原理图
2. 配齐电器元件
3. 按照正确的电气原理图,进行电路连接,要求:按下启动按钮 SB2 后,电动机启动运行。按下停止按钮 SB1 后,电动机反接制动,停止运行
4. 主电路、控制电路具有短路保护;电动机具有过载保护;电路能实现失压、欠压保护
5. 进行线路调试和故障排除</td></tr>
</table>

一、工具器材

①设备:

②工具:

③仪表:

二、任务实施

1. 配齐所用电器元件并进行质量检验(电器元件应完好无损,否则应及时进行更换)

主电路		控制电路	
名称	型号	名称	型号

2. 画出控制电路的电气原理图

3. 写出控制电路的工作原理

4. 心得与收获

习题

一、单选题

1. 在电动机的正反转控制电路中，为防止主触点熔焊而发生短路事故，一般应采用(　　)。

A. 接触器自锁　　B. 接触器联锁　　C. 按钮联锁　　D. 以上都可以

2. 三相异步电动机进行反接制动时，(　　)。

A. 当转速降为零时不切断电源电动机将会反转

B. 是改变通入定子绕组电源的相序

C. 电动机转速接近零时常用速度继电器自动切断电源

D. 以上说法都正确

3. Y-△降压启动时的电流为直接启动时的(　　)。

A. 1/3　　B. 3　　C. 4　　D. 1/4

二、简答题

1. 请画出低压断路器的图形符号及文字符号，并简述其工作原理。

2. 接触器由哪几个部分组成？请画出各部分的图形符号及文字符号。

3. 自锁的概念是什么？画出接触器自锁控制电路的电气原理图并简述其工作原理。

4. 电动机的启动电流很大，为什么热继电器却不动作呢？

5. 在电动机的控制电路中，短路保护和过载保护各由什么电器实现？它们能否相互代替使用？为什么？

6. 某控制电路要实现以下控制要求：①M1 启动后，M2 才能启动；②M1 必须在 M2 停止后才能停止；③具有短路、过载、失压及欠压保护。请试着设计该控制电路。

7. 常见的降压启动方法有哪几种？画出Y-△降压启动电路电气原理图。

任务考核(上篇)

序号	评分项目	评分要点	配分	评分标准	考评结果			
					工单一	工单二	工单三	工单四
1	工具仪表的使用	按仪表和工具正确使用考核	10	①使用错误一次,扣1分 ②损坏工具或仪表,此项不得分				
2	实训操作	正确按操作过程完成实训操作	40	不按操作流程操作,每一次,扣5分				
3	实训问题回答	正确回答任务工单中提出的问题	30	按出题比例,合算每题分值				
4	5S管理	实训结束后,正确的按5S管理整理操作台及工具等用品	10	每发现一处不合格,扣2分				
5	安全操作	正确按电气安全操作规程操作	10	违反安全操作规程一次扣5分;调试时出现重大安全事故取消项目成绩				
合计分数								

序号	评分项目	评分要点	配分	评分标准	考评结果						
					工单五	工单六	工单七	工单八	工单九	工单十	工单十一
1	工具仪表的使用	按仪表和工具正确使用考核	10	①使用错误一次,扣1分 ②损坏工具或仪表,此项不得分							
2	电气线路安装	按电路图和槽板配线技术要求,装接配电盘电气线路,做到规范、整齐、外形美观	40	①不按电路图装接配电线路,扣5分 ②布线不符合要求,每一处,扣1分 ③接线不符合规范,每一处,扣1分 ④外形杂乱、不整齐不美观,扣5分							
3	通电试车调试	通电试车动作达到电气控制要求	30	①一次通电试车调试不成功扣10分 ②二次通电试车调试不成功扣20分 ③三次试车不成功,此项不得分							
4	故障判断与排除	正确判断和处理安装与设计过程中出现的错误和故障	10	不能判断和处理故障,一处扣2分							
5	安全操作	正确按电气安全操作规程操作	10	违反安全操作规程一次扣5分;调试时出现重大安全事故取消项目成绩							
合计分数											

下篇

可编程序控制器部分

项目三 位逻辑指令的应用

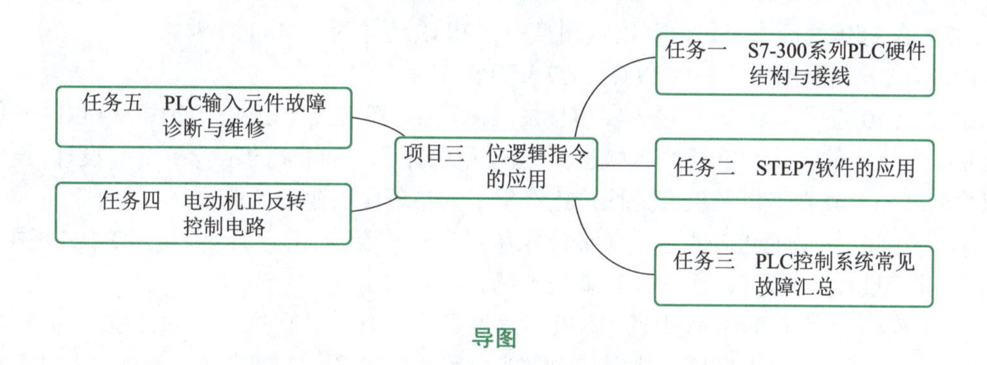

导图

任务一　S7-300 系列 PLC 硬件结构与接线

任务提出

西门子 PLC 以极高的性价比，在国际国内市场占有很大份额，在我国的各行各业得到了广泛的应用。在应用 PLC 时需要掌握其硬件组成及外部接线，本任务主要学习西门子 S7-300 系列 PLC 的硬件结构与接线。

学习目标

知识目标

(1)掌握 S7-300 系列 PLC 系统结构。

(2)掌握 PLC 分类方法。

技能目标

(1)能够按需选配 PLC 模块。

(2)能够进行 PLC 系统接线。

素质目标

通过了解 PLC 产生与发展，培养学生爱国主义精神。

知识链接

现代化工业生产中,最核心的器件就是 PLC,它是自动生产线的大脑,而其中西门子 PLC 应用最为广泛。在本项目中,我们以西门子 PLC 为对象来学习 PLC 的使用。

一、初识 PLC

1. PLC 的产生和发展

1968 年,美国通用汽车公司提出取代继电器控制装置的要求。

1969 年,美国数字设备公司研制出了第一台 PLC——PDP-14,在美国通用汽车公司的生产线上试用成功,首次将程序化的手段应用于电气控制,这是第一代 PLC,称为 Programmable Logic Controller,简称 PLC,是世界上公认的第一台 PLC。

1971 年,日本研制出第一台 PLC,型号为 DCS-8。

1973 年,德国西门子公司研制出欧洲第一台 PLC,型号为 SIMATIC S4。

1974 年,我国研制出第一台 PLC,1977 年开始工业应用。

20 世纪 70 年代末期,PLC 进入实用化发展阶段,计算机技术已被全面引入 PLC 中,使其功能发生了巨大的飞跃。更高的运算速度、超小型的体积、更可靠的工业抗干扰设计,强大的模拟量运算和 PID 功能以及极高的性价比奠定了它在现代工业中的地位。

20 世纪 80 年代初,PLC 在先进工业国家中已获得广泛应用。世界上生产 PLC 的国家日益增多,其产量日益上升,这标志着 PLC 已步入成熟阶段。

20 世纪 80 年代至 90 年代中期,是 PLC 发展最快的时期。在这一时期,PLC 在处理模拟量能力、数字运算能力、人机接口能力和网络能力等方面得到大幅度提高,逐渐进入过程控制领域,在某些应用上还取代了在过程控制领域处于统治地位的 DCS 系统。

20 世纪末期,PLC 的发展特点是更加适应于现代工业的需要。这个时期发展了大型机和超小型机,诞生了各种各样的特殊功能单元,产生了各种人机界面单元、通信单元,使应用 PLC 的工业控制设备的配套更加容易。目前,随着大规模和超大规模集成电路等微电子技术的发展,PLC 已由最初的 1 位机发展到现在的以 16 位和 32 位微处理器为主构成的微机化 PC,而且实现了多处理器的多通道处理。

随着 PLC 应用领域日益扩大,PLC 技术及其产品结构都在不断改进,功能日益强大,性价比越来越高。在产品规模方面,向两极发展。一方面,大力发展速度更快、性价比更高的小型和超小型 PLC,以适应单机及小型自动控制的需要。另一方面,向高速度、大容量、技术完善的大型 PLC 方向发展。

PLC 网络控制是当前控制系统和 PLC 技术发展的潮流。PLC 与 PLC 之间的联网通信、PLC 与上位计算机的联网通信已得到广泛应用。目前,PLC 制造商都在发展自己专用的通信模块和通信软件以加强 PLC 的联网能力。各 PLC 制造商之间也在协商指定通用的通信标准,以构成更大的网络系统。PLC 已成为集散控制系统(DCS)不可缺少的组成部分。

为满足工业自动化各种控制系统的需要,近年来,PLC 厂家先后开发了不少新器件和新模块,如智能 I/O 模块、温度控制模块和专门用于检测 PLC 外部故障的专用智能模块等,这些模块的开发和应用不仅增强了功能,扩展了 PLC 的应用范围,还提高了系统的可靠性。

多种编程语言的并存、互补与发展是 PLC 软件进步的一种趋势。PLC 厂家在使硬件及编程工具换代频繁、丰富多样、功能提高的同时,日益向 MAP(制造自动化协议)靠拢,使 PLC 的基本部件,包括输入输出模块、通信协议、编程语言和编程工具等方面的技术规范化和标准化。

2. PLC 的定义

国际电工委员会(IEC)在 1985 年的 PLC 标准草案第 3 稿中,对 PLC 做了如下定义:“可编程序控制器是一种数字运算操作的电子系统,专为在工业环境下应用而设计。它采用可编程序的存储器,用来在其内部存储执行逻辑运算、顺序控制、定时、计数和算术运算等操作的指令,并通过数字式、模拟式的输入和输出,控制各种类型的机械或生产过程。可编程序控制器及其有关设备,都应按易于使工业控制系统形成一个整体,易于扩充其功能的原则设计。”可以看出,PLC 是一种用程序来改变控制功能的工业控制计算机。

如今,PLC 技术已非常成熟,不仅控制功能增强,功耗和体积减小,成本下降,可靠性提高,编程和故障检测更为灵活方便,而且随着远程 I/O 和通信网络、数据处理以及图像显示的发展,PLC 将向用于连续生产过程控制的方向发展,成为实现工业生产自动化的一大支柱。

3. PLC 的功能

PLC 的型号繁多,各种型号的 PLC 功能不尽相同,但目前的 PLC 一般都具有下列功能:

(1)开关量逻辑控制

PLC 用“与”“或”“非”等逻辑指令来实现触点和电路的串、并联,代替继电器进行组合逻辑控制、定时控制与顺序逻辑控制。开关量逻辑控制可以用于单台设备,也可以用于自动生产线,其应用领域已遍及各行各业,甚至深入到家庭中。

(2)运动控制

PLC 使用专用的指令或运动控制模块,对直线运动或圆周运动的位置、速度和加速度进行控制,使运动控制与顺序控制功能有机结合在一起,可以实现单轴、双轴、三轴和多轴位置控制。PLC 的运动控制功能广泛用于各种机械中。

(3)闭环过程控制

闭环过程控制是指对温度、压力、流量等连续变化的模拟量的闭环控制。PLC 通过模拟量 I/O 模块,实现模拟量和数字量之间的 A/D 转换与 D/A 转换,并对模拟量实行闭环 PID 控制。现代的 PLC 闭环控制功能,可以由 PID 子程序或专用的 PID 模块来实现。PLC 的 PID 闭环控制功能已经广泛应用于化工、轻工、机械、冶金、电力、建材等行业。

(4)数据处理

现代的 PLC 具有数学运算(包括四则运算、矩阵运算、函数运算、字逻辑运算、求反、循环、移位和浮点数运算等)、数据传送、转换、排序和查表、位操作等功能,可以完成数据的采集、分析和处理。这些数据可以与储存在存储器中的参考值比较,也可以用通信功能传送到其他智能装置,或者将它们打印制表。

(5)通信联网

PLC 的通信包括主机与远程 I/O 之间的通信、多台 PLC 之间的通信、PLC 与其他智能控制设备(如计算机、变频器、数控装置)之间的通信。PLC 与其他智能控制设备一起,可以组成“集中管理、分散控制”的分布式控制系统。

4. PLC 的分类

PLC 产品种类繁多,其规格和性能也各不相同。对 PLC 的分类,通常根据其结构形式的不同、功能的差异和 I/O 点数的多少等进行大致分类。

(1)按结构形式分类

根据 PLC 的结构形式,可将 PLC 分为整体式和模块式两类。

①整体式 PLC。整体式 PLC 是将电源、CPU、I/O 接口等部件都集中装在一个机箱内,具有结构紧凑、体积小、价格低的特点。小型 PLC 一般采用这种整体式结构。整体式 PLC 由不同 I/O 点数的基本单元(又称主机)和扩展单元组成。基本单元内有 CPU、I/O 接口、与 I/O 扩展单元相连的扩展口,以及与编程器或 EPROM 写入器相连的接口等。扩展单元内只有 I/O 和电源等,没有 CPU。基本单元和扩展单元之间一般用扁平电缆连接。整体式 PLC 一般还可配备特殊功能单元,如模拟量单元、位置控制单元等,使其功能得以扩展。

②模块式 PLC。模块式 PLC 是将 PLC 各组成部分,分别做成若干个单独的模块,如 CPU 模块、I/O 模块、电源模块(有的包含在 CPU 模块中)以及各种功能模块。模块式 PLC 由框架或基板和各种模块组成,模块装在框架或基板的插座上。这种模块式 PLC 的特点是配置灵活,可根据需要选配不同规模的系统,而且装配方便,便于扩展和维修,大、中型 PLC 一般采用模块式结构。还有一些 PLC 将整体式和模块式的特点结合起来,构成所谓叠装式 PLC。叠装式 PLC 的 CPU、电源、I/O 接口等也是各自独立的模块,但它们之间靠电缆进行连接,并且各模块可以一层层地叠装。这样,不但系统可以灵活配置,体积还可做得更加小巧。

(2)按功能分类

根据 PLC 所具有的功能不同,可将 PLC 分为低档、中档、高档三类。

①低档 PLC:具有逻辑运算、定时、计数、移位以及自诊断、监控等基本功能,还可有少量模拟量输入/输出、算术运算、数据传送和比较、通信等功能,主要用于逻辑控制、顺序控制或少量模拟量控制的单机控制系统。

②中档 PLC:除具有低档 PLC 的功能外,还具有较强的模拟量输入/输出、算术运算、数据传送和比较、数制转换、远程 I/O、子程序、通信联网等功能,有些还可增设中断控制、PID 控制等功能,适用于复杂控制系统。

③高档 PLC:除具有中档机的功能外,还增加了带符号算术运算、矩阵运算、位逻辑运算、二次方根运算及其他特殊功能函数的运算、制表及表格传送等功能。高档 PLC 具有更强的通信联网功能,可用于大规模过程控制或构成分布式网络控制系统,从而实现工厂自动化。

(3)按 I/O 点数分类

根据 PLC 的 I/O 点数的多少,可将 PLC 分为小型、中型和大型三类。

①小型 PLC:I/O 点数<256 点,单 CPU,8 位或 16 位处理器。

②中型 PLC:I/O 点数 256~1 024 点,双 CPU。

③大型 PLC:I/O 点数>1 024 点,多 CPU,16 位、32 位处理器。

5. PLC 的特点

PLC 具有以下鲜明的特点:

①使用方便,编程简单。采用简明的梯形图、逻辑图或语句表等编程语言,而无须计算机知识,因此系统开发周期短,现场调试容易。另外,可在线修改程序,改变控制方案而不拆动硬件。

②功能强,性能价格比高。一台小型 PLC 内有成百上千个可供用户使用的编程元件,具有很强的功能,可以实现非常复杂的控制功能。它与相同功能的继电器系统相比,具有很高的性价比。PLC 可以通过通信联网,实现分散控制,集中管理。

③硬件配套齐全,用户使用方便,适应性强。PLC 产品已经标准化、系列化、模块化,配备

有品种齐全的各种硬件装置供用户选用,用户能灵活方便地进行系统配置,组成不同功能、不同规模的系统。PLC 的安装接线也很方便,一般用接线端子连接外部接线。PLC 有较强的带负载能力,可以直接驱动一般的电磁阀和小型交流接触器。硬件配置确定后,可以通过修改用户程序,方便快速地适应工艺条件的变化。

④可靠性高,抗干扰能力强。传统的继电器控制系统使用了大量的中间继电器、时间继电器,由于触点接触不良,容易出现故障。PLC 用软件代替大量的中间继电器和时间继电器,仅剩下与输入和输出有关的少量硬件元件,接线可减少到继电器控制系统的 1/10~1/100,因触点接触不良造成的故障大为减少。

PLC 采取了一系列硬件和软件抗干扰措施,具有很强的抗干扰能力,平均无故障时间达到数万小时,可以直接用于有强烈干扰的工业生产现场,PLC 已被广大用户公认为最可靠的工业控制设备之一。

⑤系统的设计、安装、调试工作量少。PLC 用软件功能取代了继电器控制系统中大量的中间继电器、时间继电器、计数器等器件,使控制柜的设计、安装、接线工作量大大减少。

PLC 的梯形图程序一般采用顺序控制设计法来设计,这种编程方法很有规律,很容易掌握。对于复杂的控制系统,设计梯形图的时间比设计相同功能的继电器系统电路图的时间要少得多。

PLC 的用户程序可以在实验室模拟调试,输入信号用小开关来模拟,通过 PLC 上的发光二极管可观察输出信号的状态。完成了系统的安装和接线后,在现场的统调过程中发现的问题一般通过修改程序就可以解决,系统的调试时间比继电器系统少得多。

⑥维修工作量小,维修方便。PLC 的故障率很低,且有完善的自诊断和显示功能。PLC 或外部的输入装置和执行机构发生故障时,可以根据 PLC 上的发光二极管或编程器提供的信息迅速查明故障的原因,用更换模块的方法可以迅速排除故障。

二、PLC 的系统结构

SIMATIC S7-300、1500 系列 PLC 均属于通用型的 PLC,如图 3-1 所示,具有模块化无风扇结构、易于实现分布式的配置以及易于掌握等特点,在工业领域中实现各种控制任务,得到广泛的应用。

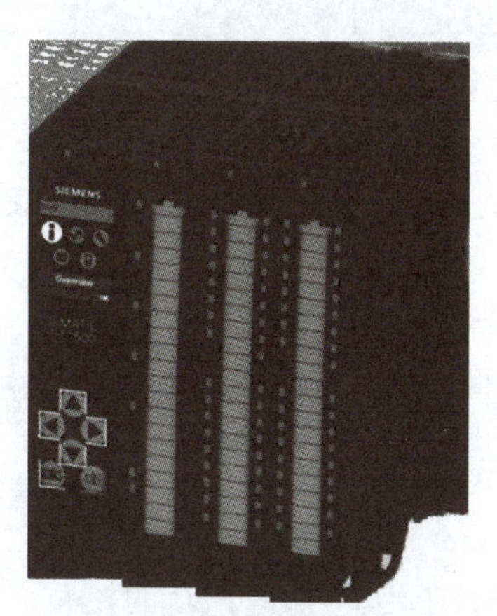

图 3-1　S7-300、1500 系列 PLC

S7-300、1500 为标准模块式结构化 PLC,各种模块相互独立,采用标准导轨安装,配置灵活、安装简单、维护容易、扩展方便。根据控制要求的不同可选用不同型号和不同数量的模块，各种模块可广泛进行组合和扩展。其主要模块包括：电源模块、CPU 模块、信号模块、特殊功能模块等等。

用户可以使用集成在 CPU 模块中的系统功能和系统功能块，从而显著地减少了所需的用户存储器容量。S7-300 有 350 多条指令，其编程软件功能强大，使用方便，可以使用多种编程语言。

CPU 用智能化的诊断系统连续监控系统的功能是否正常，记录错误和特殊系统事件（例如扫描超时、更换模块等）。有过程报警、日期时间中断和定时中断等功能。

S7-300 采用紧凑的模块结构，各种模块都安装在机架上。机架上可以安装电源、CPU、接口模块，以及最多 8 个信号模块。S7-1500 功能更加强大，最多可扩展 32 个模块。

系统背板总线集成在每个模块的背面，通过 U 型总线连接器将每一个模块背面的总线连接在一起。安装时先将总线连接器（见图 3-2）插在 CPU 模块上，然后将 CPU 模块固定在导轨上，最后依次安装各个模块。

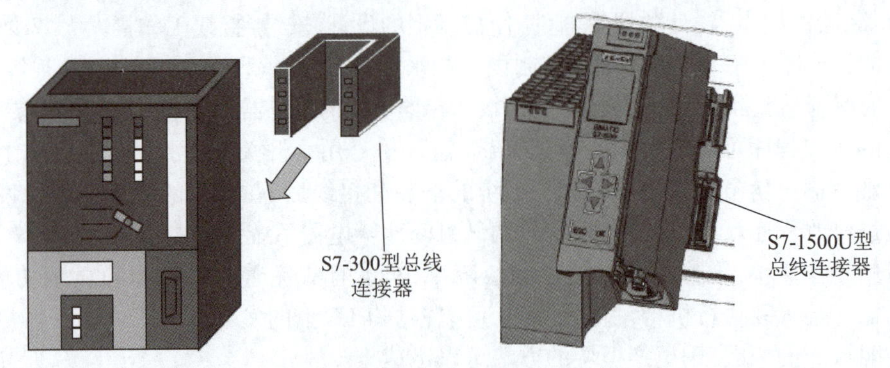

图 3-2　总线连接器

S7-300 由以下模块组成，如图 3-3 所示。

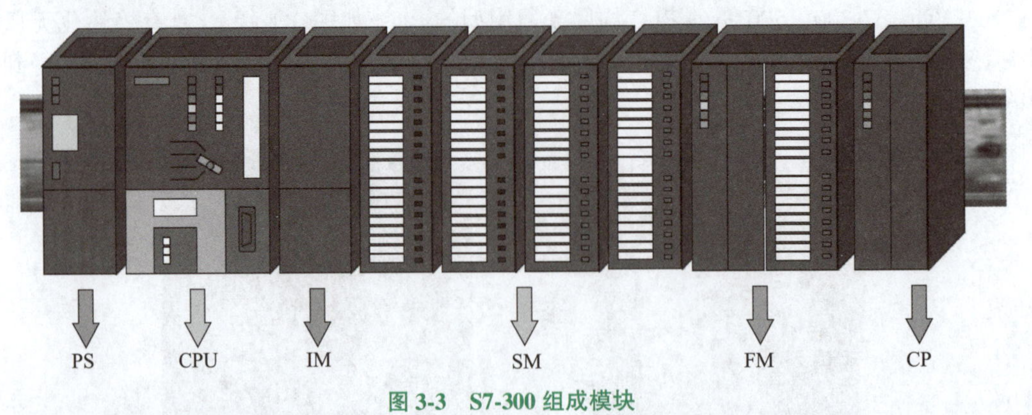

图 3-3　S7-300 组成模块

第 1 槽是 PS 电源模块，把市电转换成直流 24 V 电源供给 PLC 系统使用。在 S7-300 系统中是可选项。

第 2 槽是 CPU 模块，它是 PLC 的核心部件，控制着所有部件的操作，同时也为背部 U 型总线提供直流 5 V 电源。

第 3 槽是 IM 接口模块，用于实现中央机架与其他扩展机架之间的通信。

第 4~11 槽可以插最多 8 个信号模块(SM)、功能模块(FM)、通信处理模块(CP)。

信号模块 SM,包括数字量输入模块,数字量输出模块,模拟量输入模块,模拟量输出模块四种。每一个信号模块都有端板,把端板打开,在内部接线。信号模块是 PLC 控制最重要的模块。

功能模块 FM,主要完成对实时性和存储容量要求很高的控制任务,如高速计数、位置控制、闭环控制等。

通信处理模块 CP,用于 PLC 之间、PLC 与其他设备之间的通信。

信号模块中的数字量输入模块和数字量输出模块是使用最多的设备,我们又称之为 I/O 模块。I/O 模块采用光电隔离,实现了 PLC 的内部电路与外部电路的电气隔离,减小了电磁干扰。I/O 接口分输入接口和输出接口两类。

其中输入接口作用是把外部信号转换为内部信号传给 PLC 主机。

输出接口作用是将 PLC 主机传来的内部信号转换成外部信号。

如图 3-4 所示,输入接口分为直流输入和交流输入两种,其中交流输入对于直流输入增加了整流电路。

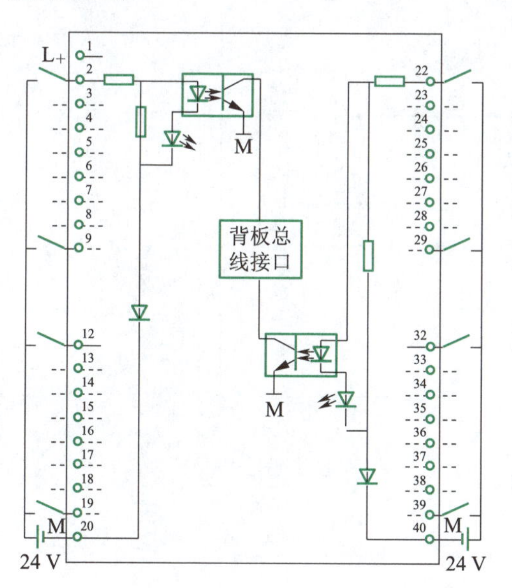

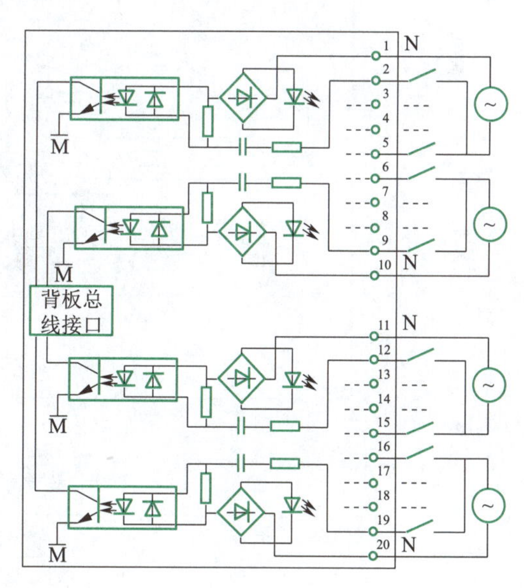

图 3-4　输入接口分类

如图 3-5 所示,输出接口分为晶体管输出型、晶闸管输出型和继电器输出型三种。

几种输出模块的特性比较如下:

晶体管输出型:适用于直流负载,频率快、负载性能差。

晶闸管输出型:适用于交流负载,频率慢、负载性能好。

继电器输出型:适用于交、直流负载,频率较慢,属机械元件,故障率相对较高,寿命较短,应用方便、广泛。

三、PLC 系统硬件接线

1. 电源接线

电源接线如图 3-6 所示,首先将 220 V 交流电接入 PS 电源模块的对应接线端,之后将电

源模块的 24 V 直流电从接线端接入 CPU 模块。对应 L+为 24 V 正极，M 为 24 V 负极。如果使用信号模块，还需要给使用的对应模组接入 24 V 直流电，一般由外接开关电源提供。

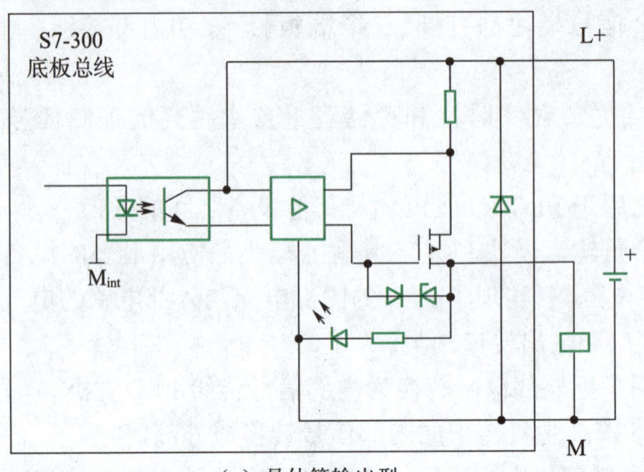

（a）晶体管输出型

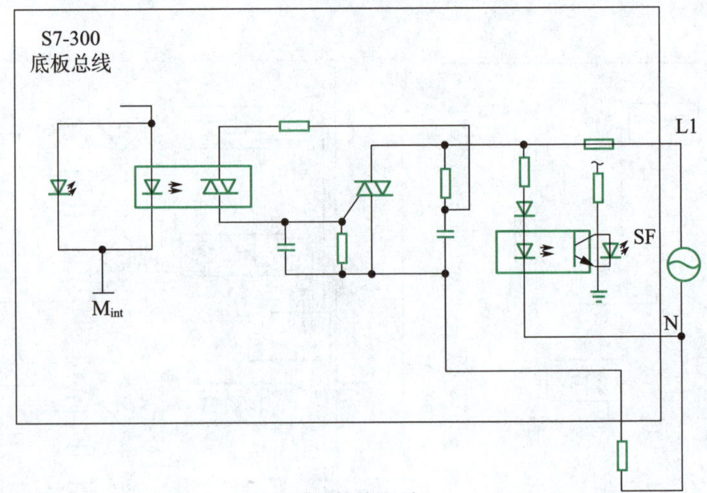

（b）晶闸管输出型

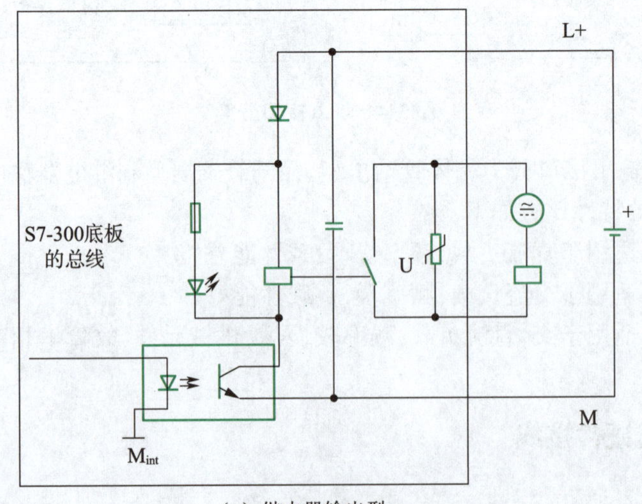

（c）继电器输出型

图 3-5　输出接口分类

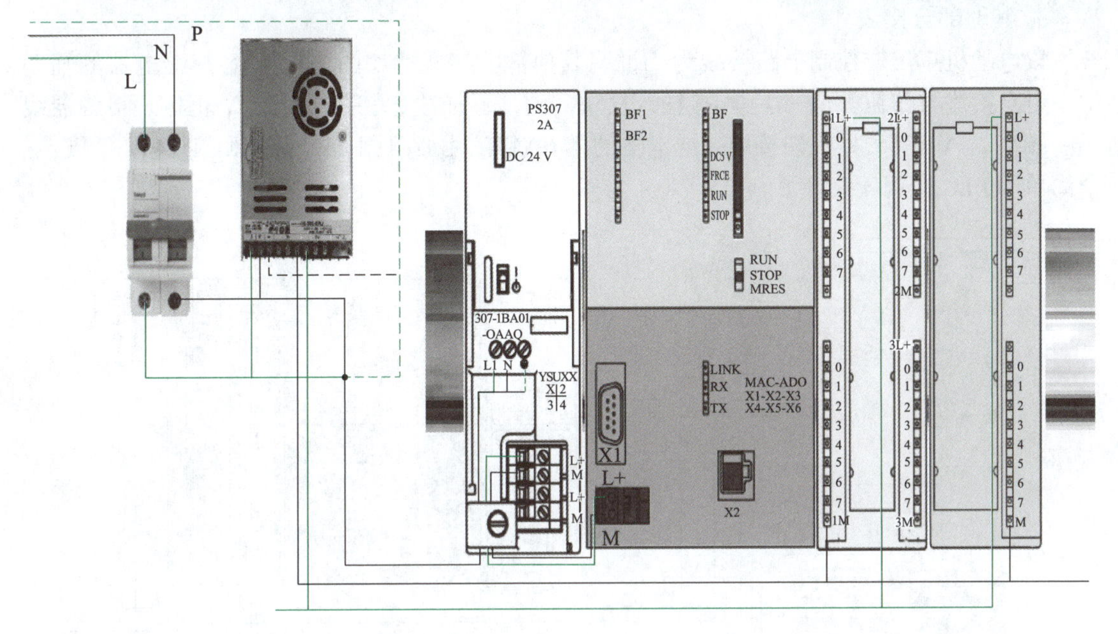

图 3-6　电源接线

2. 信号模块接线

这里以数字量输入模块连接按钮为例，如图 3-7 所示，按钮的一边接输入模块对应端子上，另一边接 24 V 正极。以数字量输出模块连接中间继电器线圈为例，中间继电器线圈的一端接输出模块对应端子上，另一端接 24 V 的负极。

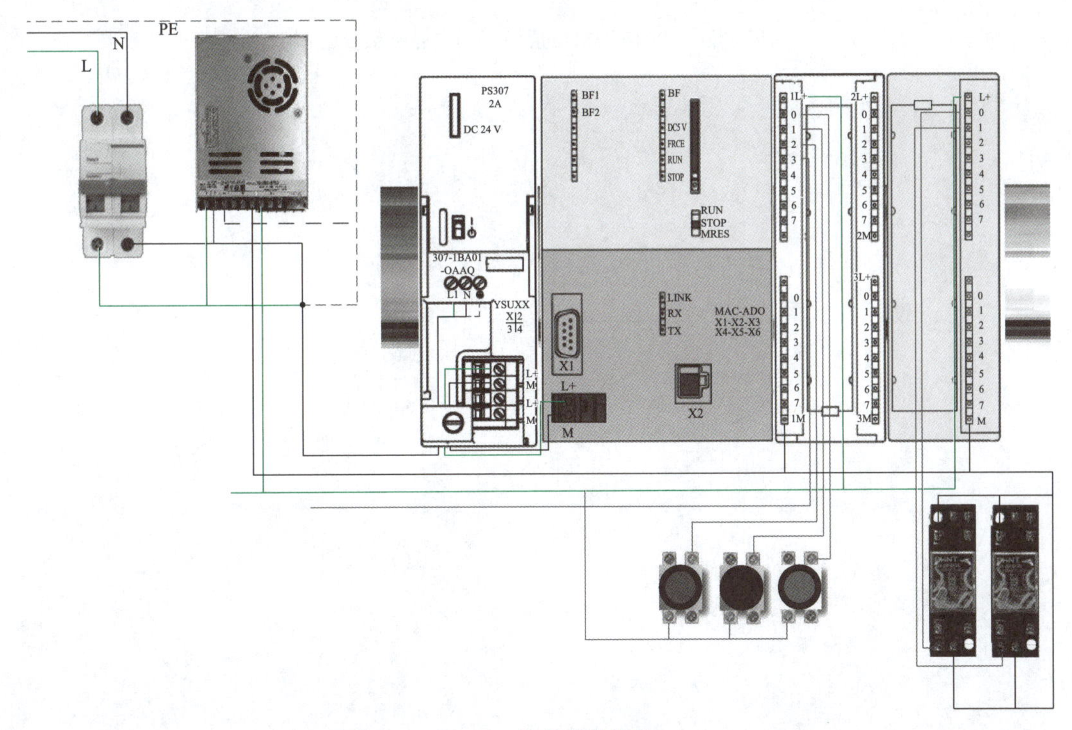

图 3-7　信号模块接线

3. 其他部分接线

以电动机正反转控制电路接线为例说明其他部分接线。如图 3-8 所示，热继电器的辅助常闭触点接法与按钮类似，其一端接输入模块的对应端子上，另一端接 24 V 正极。接触器线圈一端接 24 V 正极，另一端接中间继电器的常开触点，由常开触点另一端回到 24 V 负极，一个简单的 PLC 实例就接好了。

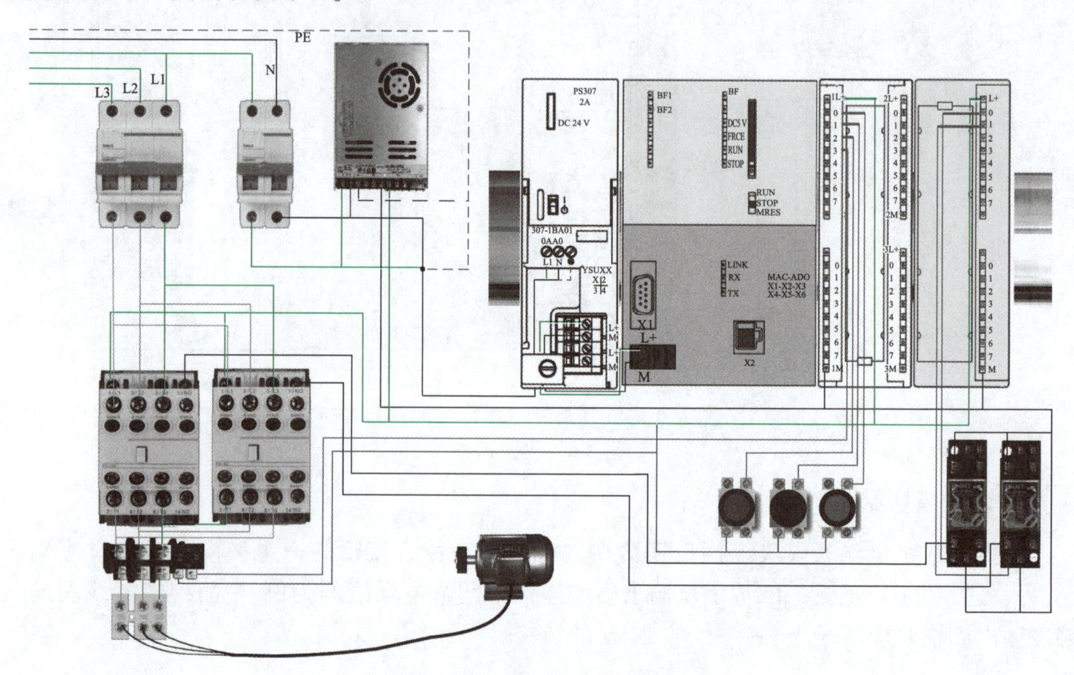

图 3-8　电动机正反转控制电路接线

任务工单一

课程名称		专业			
任务名称		班级		姓名	
任务要求	1. 在实物图中,将电路图中对应的元件符号一一标出 2. 按照电路图(或实物图),对硬件进行接线 3. 下载测试程序进行验证				

一、工具器材

①设备:

②工具:

③仪表:

二、任务实施

1. 在实物图中,将电路图中对应的元件符号一一标出

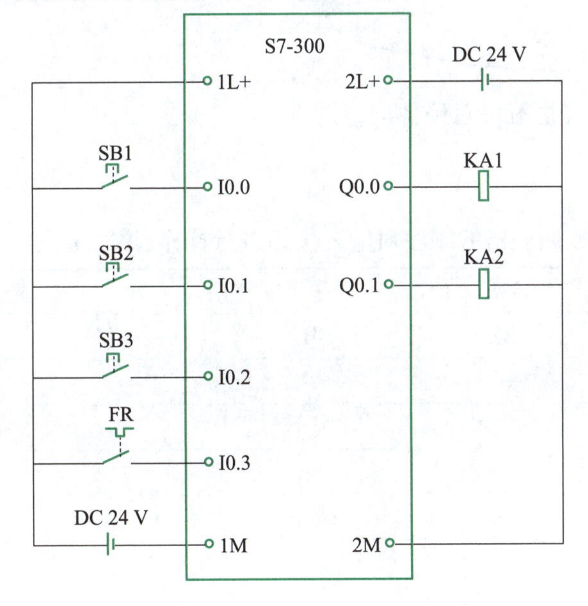

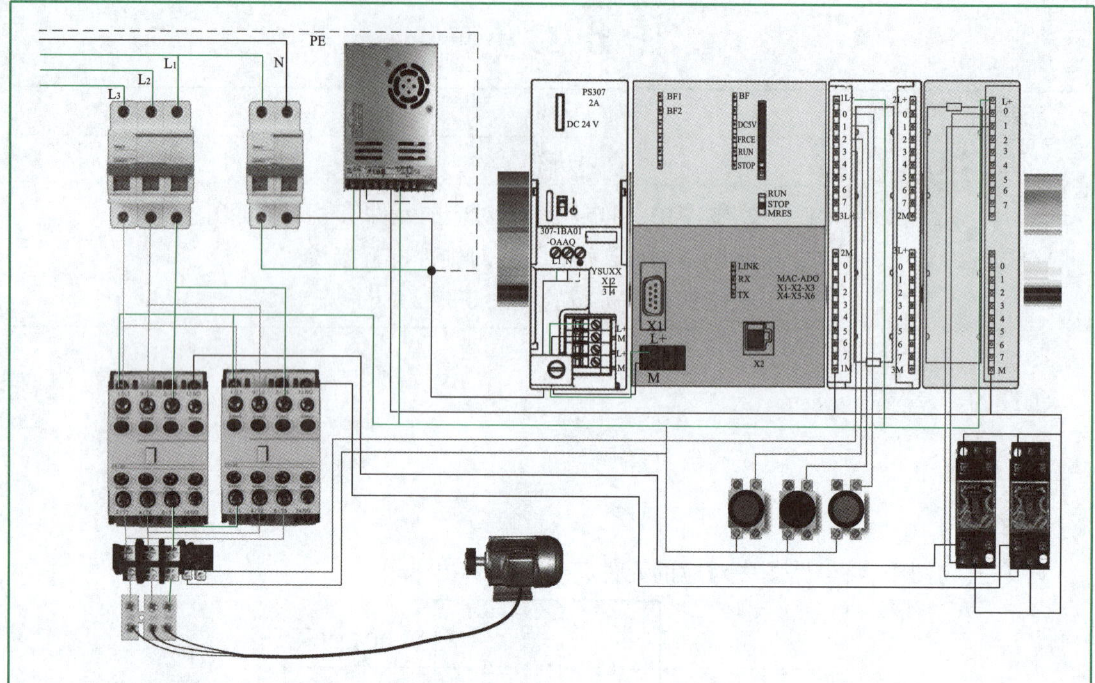

2. 按照电路图(或实物图),对硬件进行接线

3. 下载测试程序,按照表格的顺序对输入按钮进行操作,填写输出状态

输入			输出	
SB1	SB2	SB2	KM1	KM2
按下	—	—		
—	—	按下		
—	按下	—		
—	—	按下		

4. 心得与收获

任务二　STEP 7 软件的应用

任务提出

掌握 PLC 的编程首先要学习软件的使用，西门子 PLC 的软件应用较为复杂，学习软件应用是十分重要的，本任务主要是学习 PLC 编程软件的应用。

学习目标

知识目标

(1) 掌握 STEP 7 与博图 TIA 软件功能。

(2) 掌握在 STEP 7 软件中硬件组态的方法。

(3) 掌握在 STEP 7 软件中编写程序的方法。

技能目标

(1) 能够利用 STEP 7 与博图 TIA 软件组态硬件。

(2) 能够利用 STEP 7 软件进行程序编写。

(3) 能够完成程序的下载与调试。

素质目标

通过学习 PLC 的软件应用，培养学生的逻辑思维能力和勇于创新的精神。

知识链接

一、STEP 7 编程软件

1. 软件介绍

STEP 7 是可用于 S7-300/400 系列 PLC 的编程软件，西门子称之为标准工具。其主要编程语言有三种：梯形图(LAD)、语句表(STL)、功能块图(FBD)，最常用的是 LAD。实际上 STEP 7 的功能已经远远地超出了编程软件的范畴，STEP 7 可以用于对整个控制系统(包括 PLC、远程 I/O、HMI、驱动装置和通信网络等)进行组态、编程和监控，它主要有以下功能：

①组态硬件，即在机架中放置模块，为模块分配地址和设置模块的参数。

②组态通信连接，定义通信伙伴和连接特性。

③使用编程语言编写用户程序。

④下载和调试用户程序，以及启动、维护、文档建档、运行和故障诊断等功能。

2. 创建项目

双击计算机桌面上的 STEP 7 图标，打开 SIMATIC Manager(SIMATIC 管理器)。打开 STEP 7 后，将会出现“STEP 7 向导”，取消项目向导，执行菜单命令”File”，使用”New Project”对话框创建项目，如图 3-9 所示。可以创建用户项目、库或多重化项目。

在“Name”文本框中输入新项目的名称，“Storgae Location”是默认的保存新项目的文件夹。单击“Browse”按钮，可以设置保存新项目的文件夹。单击“OK”按钮后返回 SIMATIC 管理器，生成一个空的新项目。

用鼠标右键单击管理器中新项目的图标，用出现的快捷菜单中的命令插入新对象，选择“SIMATIC 300 Station”，则站点插入成功，如图 3-10 所示。

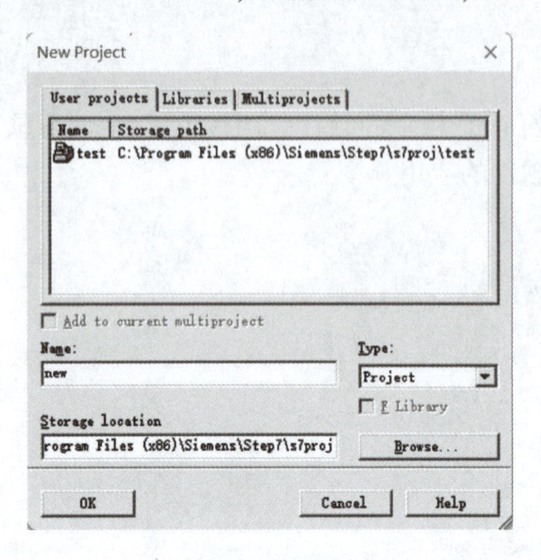

图 3-9　新建项目

图 3-10　插入站点及硬件组态

3. 硬件组态

打开硬件组态工具 HW Config，双击 S7-300 的导轨(Rail)，生成一个机架，如图 3-11 所示。在机架中组态 PLC 控制系统所需要的硬件模块，在软件中进行组态时需与实际工程硬件模块相同。具体硬件组态过程如下：

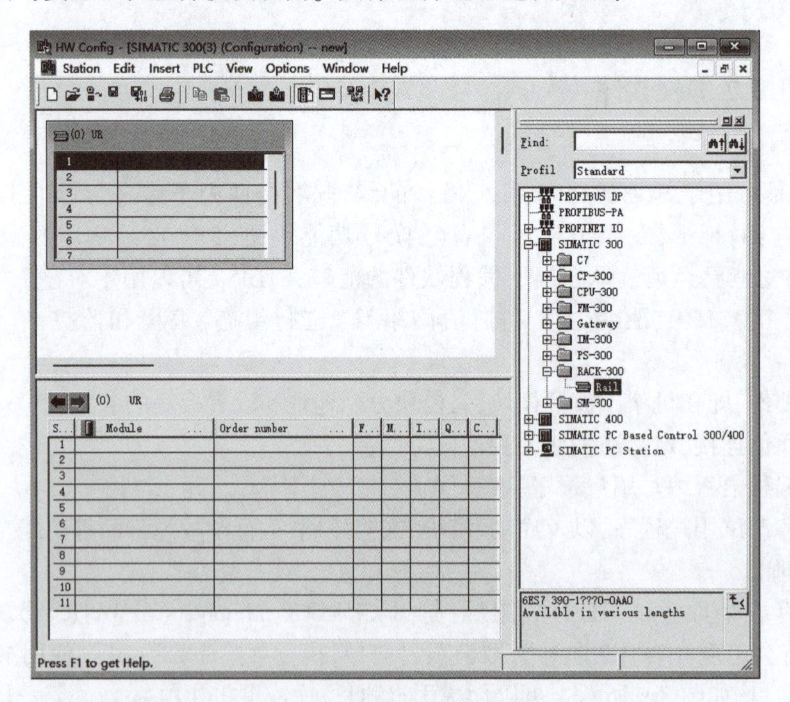

图 3-11　硬件组态

在硬件目录中选择需要的模块，将它们插入到机架中指定的槽位。以在 1 号槽配置电源模块为例，若实际硬件系统所有电源为“PS 307 5A”，用鼠标打开硬件目录中的文件夹 SIMATIC 300→PS-300，单击其中的电源模块“PS 307 5A”，下面窗口中列出详细信息，如订货号等信息，订货号需与实际组态模块相同。此时硬件组态窗口的机架中允许放置该模块的 1 号槽变为绿色，其他插槽为灰色。用鼠标左键按住该模块不放，移动鼠标，将选中的模块“拖”到机架的 1 号槽，或选中槽号双击所要添加模块。如图 3-12 所示。

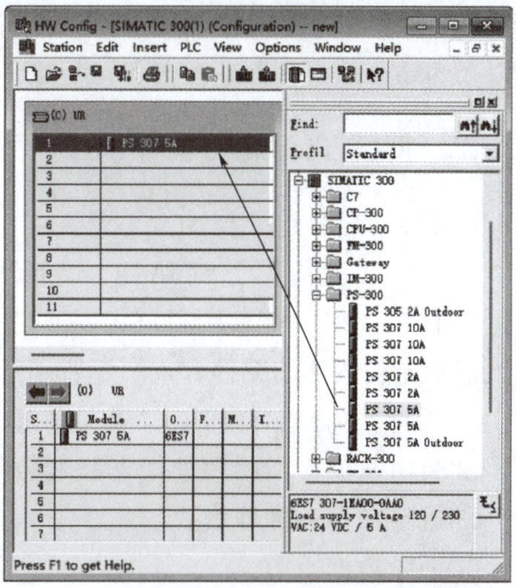

图 3-12　插入机架及模块

通常 1 号槽放电源模块，2 号槽放 CPU，3 号槽放接口模块（使用多机架安装，单机架安装则保留），4 到 11 号则安放信号模块（SM）、功能模块（FM）、通信模块（CP）等。

用上述的方法，选中文件夹 SIMATIC 300→CPU-300 中的 CPU 313C-2DP 模块，将它插入 2 号槽。因为没有接口模块，3 号槽空着不用。打开硬件目录中的文件夹 SIMATIC 300→SM-300，用上述方法，将 16 点的 DI 模块和 16 点的 DO 模块分别放置在 4 号槽和 5 号槽。将 8 点的 AI 模块和 4 点的 AO 模块分别放置在 6 号槽和 7 号槽（见图 3-13）。

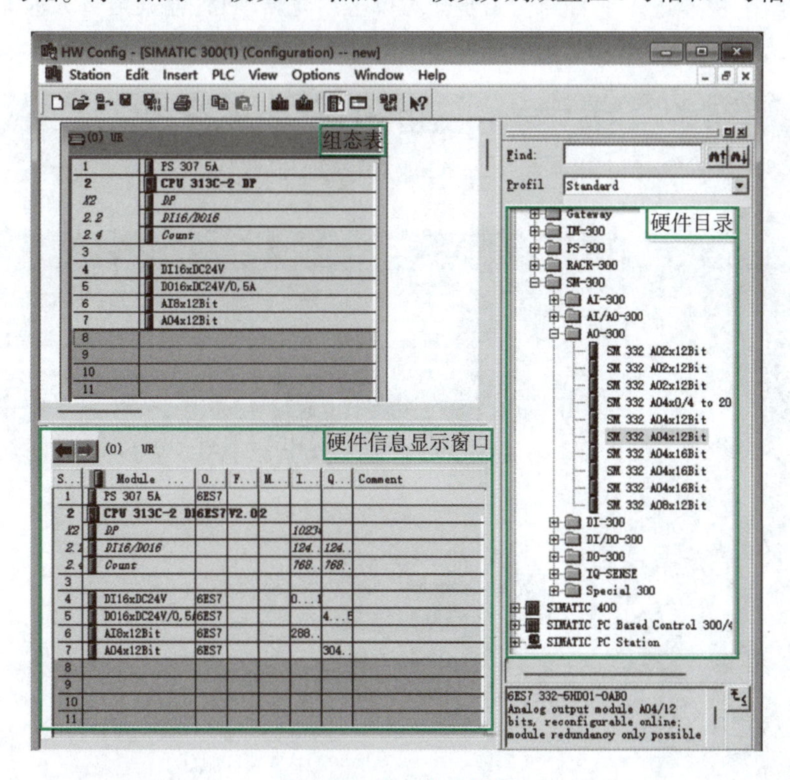

图 3-13　插入信号模块

双击某个模块，可以用打开的模块属性对话框设置模块的参数。

组态结束后，单击工具栏上的“Save and Compile”对组态信息进行编译。编译成功后，在

SIMATIC 管理器右边显示块的窗口中,可以看到保存硬件组态信息和网络组态信息的“系统数据”。可以在 SIMATIC 管理器中将它下载到 CPU,也可以在 HW Config 中将硬件组态信息下载到 CPU。

二、博图 TIA 编程软件

1. 软件介绍

TIA Portal 是可用于 SIMATIC S7-1500/1200/400/300 站创建可编程逻辑控制程序的软件,可使用梯形逻辑图、功能块图和语句表。它是 SIEMENS SIMATIC 工业软件的组成部分。TIA 以其强大的功能和灵活的编程方式广泛应用于工业控制系统,总体说来,它有如下功能特性:

①可通过选择 SIMATIC 工业软件中的软件产品进行扩展。

②为功能模板和通信处理器赋参数值。

③强制和多处理器模式。

④全局数据通信。

⑤使用通信功能块的事件驱动数据传送。

⑥组态连接。

2. 创建项目

双击桌面 TIA Portal V16 图标,打开软件。Portal 视图是面向工作流程的视图,可以通过简单直观的操作,快速进入项目的初始步骤。单击创建新项目,输入项目名称即可创建新项目,打开项目视图进入软件界面,如图 3-14 所示。

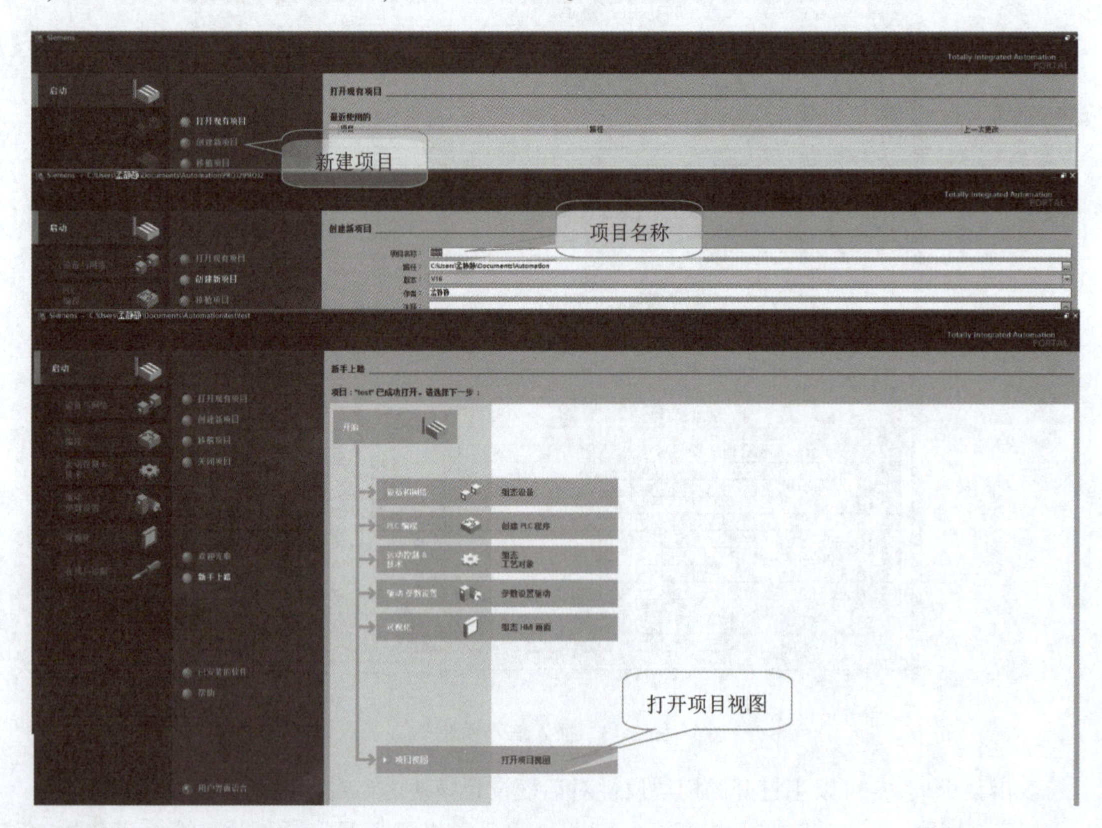

图 3-14　TIA Portal 创建项目

3. 硬件组态

打开项目视图，在项目树下双击“添加新设备”，可选择控制器、HMI及PC系统。此处可选择S7-300CPU，若是实际项目组态，此处添加设备应与硬件设备一致，同时可对设备进行命名，然后单击“确定”。在新建项目下出现新添加PLC，在设备组态中可通过硬件目录组态其余模块，如机架、PS、CPU、IM、DI、DO、AI、AO、通信模块等多种类型模块。每个槽号可插入对象与STEP7中一致。如图3-15所示插入数字量输入输出及模拟量输入输出模块，将16点的DI模块和16点的DO模块分别放置在4号槽和5号槽。将8点的AI模块和4点的AO模块分别放置在6号槽和7号槽。

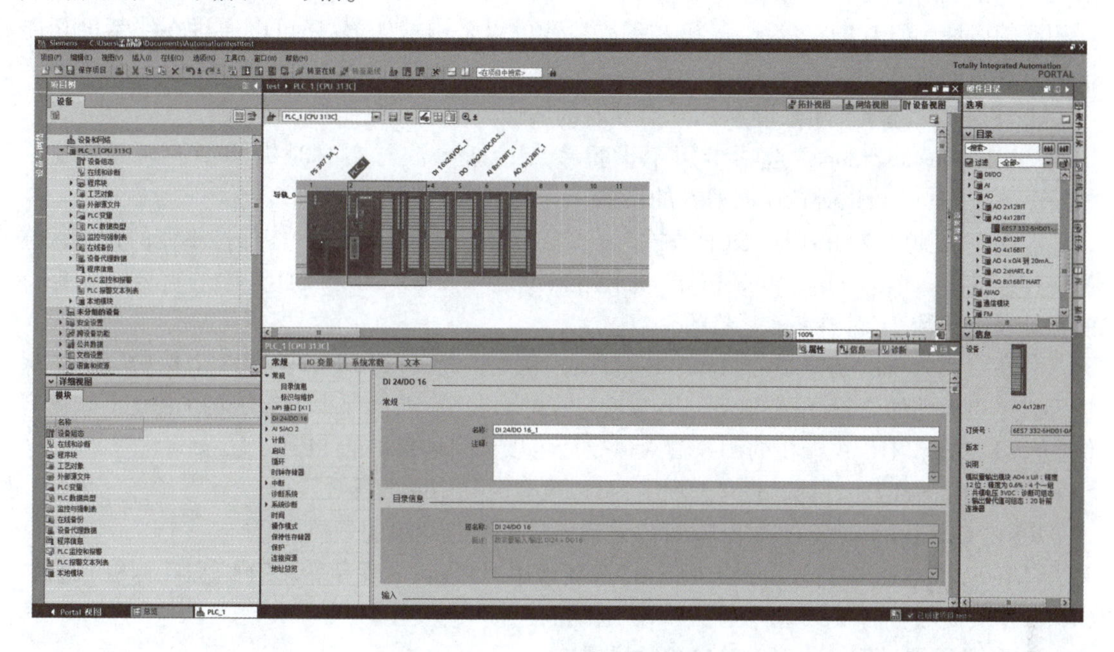

图3-15　TIA Portal硬件组态

在设备组态中，双击设备视图中各模块，下方出现该模块对应的属性信息，可在此位置查看或修改模块属性。

三、PLC中的I/O地址分配

西门子系列PLC的数字量（或称开关量）I/O点地址由地址标识符、地址的字节部分和位部分构成，一个字节由0~7这8位组成。例如I3.2是一个数字量输入点的地址，小数点前面的地址表示字节部分，小数点后面的“2”表示它是字节中的第2位。I3.0~I3.7组成一个输入节IB3。

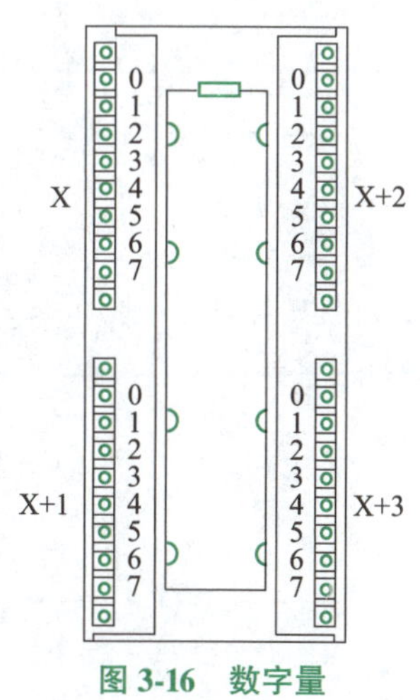

图3-16　数字量I/O模块

对信号模块组态时，根据模块所在的机架号和槽号，按上述的原则自动地分配模块的默认地址。硬件组态窗口下面的硬件信息显示窗口中的“I地址”列和“Q地址”列分别是模块的输入和输出的起始和结束字节地址。例如图3-16中数字量输入模块的地址为IB0和IB1，数字量输出模块的地址为QB4和QB5。

模块内各 I/O 点的位地址与信号线接在模块上的哪一个端子有关。图 3-16 是 32 点数字量 I/O 模块，其起始字节地址为 X，每个字节由 8 个 I/O 点组成。图中标出了各 I/O 字节的位置，以及字节内各点的位置。有关的手册和模块面板背后给出了信号模块内部的地址分配图。

四、CPU 模块的参数设置

1. CPU 参数设置简介

选中 SIMATIC 管理器中的某个站点，双击右边窗口中的“Hardware”图标，打开 HW Config 工具。双击机架中的 CPU 模块所在的行，打开 CPU 属性对话框。打开任意选项卡便可以设置相应的属性。CPU 的参数很多，绝大多数参数可以采用默认值，还可以通过在线帮助功能了解各参数的意义。

①“Startup”选项卡用来设置 PLC 启动时的属性。S7-300 只能暖启动。

②“Diagnostics/Clock”选项卡用于设置系统诊断参数与实时时钟同步的模式。使用“Correction factor”可以补偿实时时钟的误差。

③在电源掉电或 CPU 从“RUN 模式”进入“STOP 模式”之后，其内容保持不变的存储区称为保持存储区。“Retentive Memory”选项卡用来设置从 MBO，TO 和 CO 开始的需要断电保持的存储器字节数、定时器和计数器的个数。

④在“Protection”选项卡的“Protection level”区（见图 3-17），可以选择 3 个保护等级。保护等级 1 是默认的设置，没有口令。不知道口令的人员，只能读保护等级 2 的 CPU，不能读写保护等级 3 的 CPU。被授权的用户输入口令后可以读写被保护的 CPU。

⑤在“Time-of-Day Interrupts”选项卡，可以设置时间中断的参数。

⑥在“Cyclic Interrupts”选项卡，可以设置循环中断组织块的参数。

⑦在 S7-300 CPU 的“Communication”选项卡中，可以设置保留给 PG（编程计算机）通信、OP（操作员面板）通信、S7 基本通信和 S7 通信的连接个数。

2. 参数设置举例——时钟脉冲参数设置

时钟脉冲是可供用户程序使用的占空比为 1 : 1 的方波信号。在 CPU 属性选项卡中选择“Cycle/Clock Memory”（周期/脉冲存储器），如图 3-18 所示。

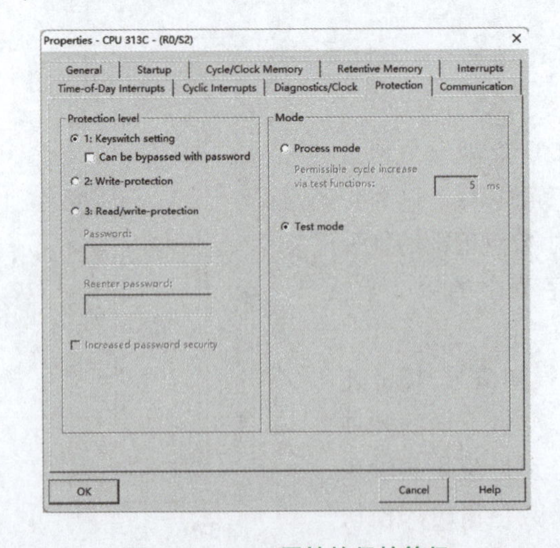

图 3-17　CPU 属性的保护等级

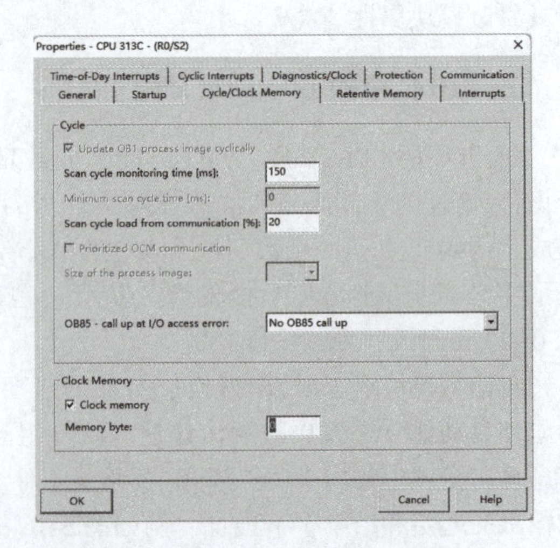

图 3-18　“周期/时钟存储器”选项卡

为了使用时钟脉冲,需要单击图中“Cycle/Clock Memory”选项卡的“Clock Memory”左边的小正方形复选框,框中出现一个“√”,表示选中(激活)了该选项。然后设置时钟存储器字节的地址为8,即设置MB8为时钟存储器字节。

按【F1】键,打开在线帮助信息。帮助文件中的绿色字符链接含有更多的帮助信息。单击绿色的“时钟存储器”,可以看到有关它的信息。单击其中绿色的“周期性”,可以看到表3-1中的时钟存储器各位对应的时钟脉冲周期和频率。

表3-1　时钟存储器各位对应的时钟脉冲周期和频率

位	7	6	5	4	3	2	1	0
周期/s	2	1.6	1	0.8	0.5	0.4	0.2	0.1
频率	0.5	0.625	1	1.25	2	2.5	5	10

3. 在STEP 7的在线帮助功能中查找CPU参数含义

用鼠标选中菜单中的某个条目,或者打开对话框中的某个选项卡,按计算机的F1键便可以得到与它们有关的在线帮助。单击对话框中的“Help”按钮,也可以得到打开的选项卡的在线帮助。

执行菜单命令“Help”→“Content”,打开STEP 7的帮助信息,左边的“目录”选项卡列出了帮助文件的目录,可以借助目录浏览器寻找需要的帮助主题。“索引”选项卡窗口提供了按字母顺序排列的主题关键词,双击某一关键词,将显示有关的帮助信息。在“搜索”选项卡键入要查找的关键字如“CPU”,单击“列出主题”按钮,双击列出的某一主题,将显示有关“CPU”的帮助信息。

五、用户程序编写

用手动创建项目的方法创建一个名为“电动机起停控制”的项目,电源模块选用PS 307 5A,CPU选择型号为CPU 313C-2 DP的紧凑型CPU模块,注意修改默认的输入、输出地址起始编号均为0。

1. 定义符号表

每个输入和输出都有一个由硬件配置预定义的绝对地址。该地址是直接指定的,如I0.0为绝对地址。该绝对地址可以用用户所选择的任何符号名替换。

在程序中可以使用绝对地址访问变量,但是简单程序输入、输出并不多,因此可以凭借记忆知道地址所对应的功能,使用绝对地址编程就可以。复杂程序则会使程序阅读和理解非常不便,所以编程之前编辑符号表是个良好的习惯。用符号表定义的符号可供所有的逻辑块使用。

选中SIMATIC管理器左边窗口的“S7Program”,双击右边窗口的“Symbols”,打开符号编辑器,如图3-19所示,开始输入符号、地址、数据类型和注释,数据类型不需输入可自动生成,注释可有可无。有时符号编辑器会自动生成几行符号,可以在下一行开始添加用户自定义符号。

单击某一列的表头,可以改变符号表的排序。例如单击“地址”列表头,该单元出现向上三角形,表中各行按地址升序排列。符号表中的符号可以从Word,Excel等软件中的表格中直接复制粘贴。多个项目或站点符号表之间也可以多行复制粘贴。

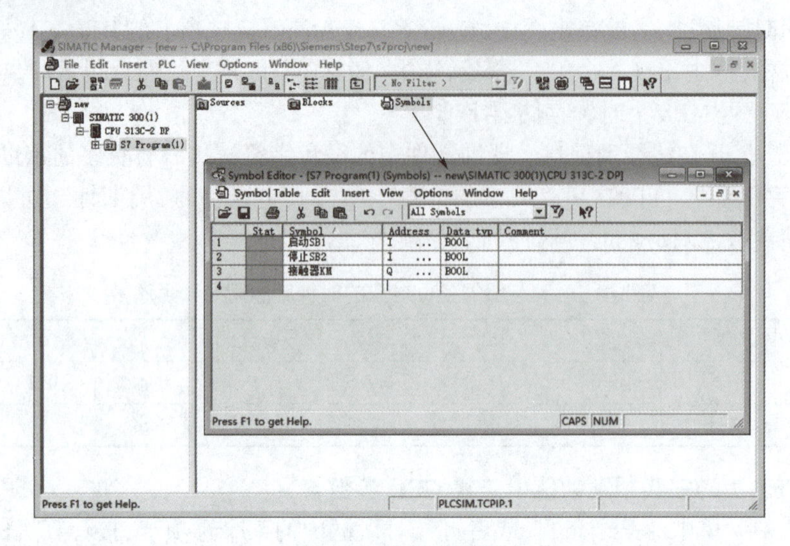

图 3-19 定义符号表

在符号表中执行菜单命令“查看”→“过滤”，出现过滤器对话框，可以用过滤器来有选择地显示部分符号，例如在过滤器的“地址”属性中，“I*”表示只显示所有输入，“I*.*”表示只显示指定输入位，“I2.*”表示只显示 IB2 中的位等。

单击“保存”按钮，保存已经完成的输入或修改，然后关闭符号表窗口。

2. 在 OB1 中创建梯形图程序

选中 SIMATIC 管理器左边窗口的“Blocks”，双击右边窗口的“OB1”，弹出组织块属性图，选择创建语言“LAD”，然后单击“OK”按钮，打开的 LAD/STL/FBD 编程窗口如图 3-20 所示。

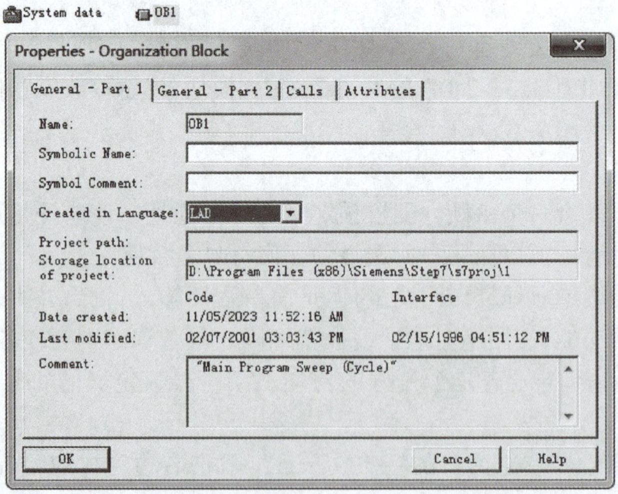

图 3-20 LAD/STL/FBD 编程窗口

如图 3-21 所示编程界面中左边的窗口是指令目录，也称为编程元素。编程界面中编辑程序的上方窗口是变量声明表，在变量声明表中可以生成变量和设置变量的参数。下部是程序编辑窗口，在该区域编写用户程序。执行菜单命令“视图”→“LAD”、“STL”和“FBD”可以将编程语言切换为梯形图、语句表和功能块图，这里选择“LAD”梯形图语言。

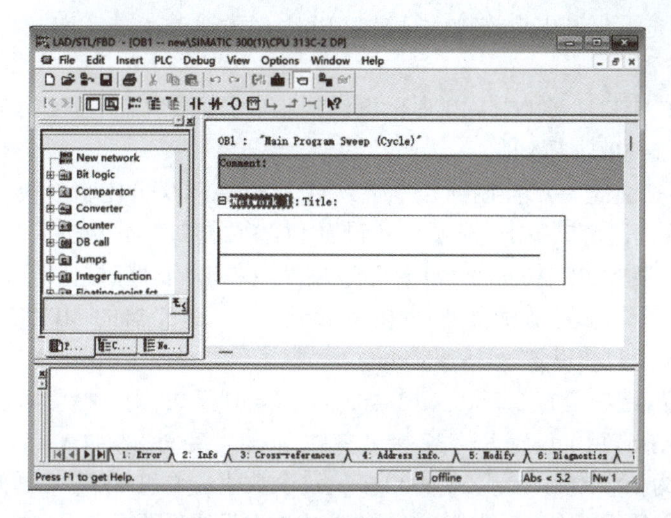

图 3-21　编程界面

用户可以在程序段号右边加上程序段的标题，在程序段号下面为程序段加上注释。

单击工具条中的触点按钮、或线圈按钮，将在矩形光标所在位置放置触点或线圈。单击按钮，可以生成分支电路或并联电路。用鼠标左键选中双箭头表示的触点的端点，按住左键不放，将自动出现与端点连接的线，拖到希望并允许放置的位置时，放开左键，该触点便被连接到指定的位置。

单击放置好的触点或线圈的红色问号，输入该元件的绝对地址或符号地址。

单击按钮可以在编程区插入新的程序段。在程序编辑区单击鼠标右键可以执行“插入程序段”“插入符号”等操作。STEP 7 的鼠标右键功能是很强的，用右键单击窗口的某一对象，在弹出的快捷菜单中将会出现与该对象有关的常用命令，建议在使用软件过程中熟悉和使用右键功能。

另外，在编程过程中还可以添加或补充符号表中的符号，执行菜单命令“Option”→“Symbols”可以打开符号编辑器。

电动机起停控制的梯形图如图 3-22 所示。启停控制还可以用置位复位指令实现，在后面任务将会讲解。建议在下载程序之前，一定要先保存好 OB1 块。

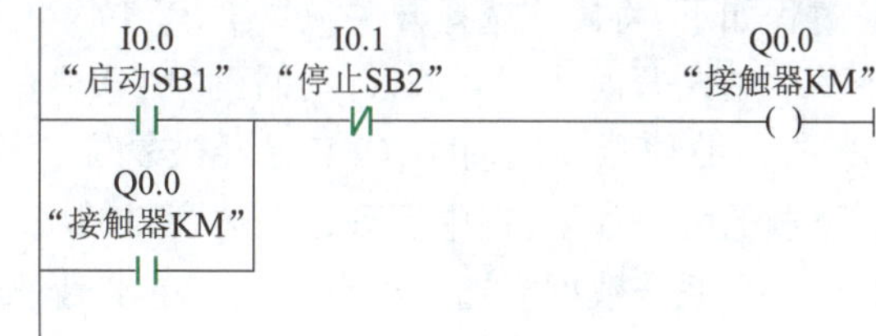

图 3-22　电动机起停控制梯形图

六、下载与调试

1. 建立在线连接

打开 STEP 7 的 SIMATIC 管理器时，建立的是离线窗口，看到的是计算机硬盘上的项目信息。STEP 7 与 CPU 成功建立连接后，将会生成在线窗口，显示通信得到的 CPU 上的项目结构。

为了测试前面我们所完成的电动机起停控制项目，必须将程序和模块信息下载到 PLC 的 CPU 模块。要实现编程设备与 PLC 之间的数据传送，首先应正确安装 PLC 硬件模块，然后用编程电缆（如 USB-MPI 电缆、PROFIBUS 总线电缆）将 PLC 与 PG/PC 连接起来。这里演示用

通信硬件 MPI/PC 适配器和电缆连接计算机与 PLC，然后通过在线（ONLINE）的项目窗口访问 PLC 的方法。

①设置 PG/PC 接口通过 PC/MPI 通信电缆通信时，硬件只需用通信电缆的接口连接 PC 的 COM 口和 PLC 的 MPI 口即可。

单击“开始”→“设置”→“控制面板”命令，用鼠标左键双击控制面板中的“设置 PG/PC 接口”图标，或从管理器窗口单击“选项”→“设置 PG/PC 接口”命令，进入 RS-232 和 MPI 接口参数设置对话框。选择“PC Adapter（MPI）”选项、然后单击“属性”按钮。

单击“MPI”选项卡设置适配器 MPI 接口参数，由于适配器的 MPI 口的波特率固定为 37. 5 kbit/s，所以这里只能设置为 187. 5 kbit/s。注意不要修改 CPU 上 MPI 口波特率的出厂认值（在“网络设置”选项下）。如果是 PC Adapter（Auto）模式，则选择“地址：0”“超时：30 s”。

单击“本地连接”选项卡设置 RS-232 接口参数，正确连接 PC 的 COM 口（RS-232），设置 RS-232 的通信波特率为 19 200 bit/s 或 38 400 bit/s，这个数值必须和 MPI/PC 适配器上设置的数值相同（拨动开关后必须重新上电后方能生效）。完成以上设置后即可实现计算机与 PLC 通信了。

②单击 SIMATIC 管理器工具条对应的在线按钮，将打开在线窗口，窗口最上面的标题栏将出现浅蓝色背景。如果选中管理器左边窗口的“Blocks”，则右边的窗口将会列出 CPU 集成的大量的系统功能块（SFB）、系统功能（SFC）、当前 CPU 的系统数据和用户编写的块。在线窗口显示的是 PLC 中的内容，而离线窗口显示的是计算机中的内容。

打开在线窗口后，可以用 SIMATIC 管理器工具条中的按钮和按钮，或者用管理器的“Windows”菜单来切换在线窗口和离线窗口。

2. 下载与上传

首先打开电源开关，再将 CPU 模式选择开关打到“STOP”状态。

下载用户程序之前将 CPU 中的用户存储器复位，以保证 CPU 内没有旧的程序。存储器复位将完成以下工作：删除所有的用户数据（不包括 MPI 参数分配），进行硬件测试与初始化。复位过程如下：将模式选择开关从“STOP”位置打到“MRES”位置，指示 STOP 的 LED 灯慢速闪烁两次后松开模式开关，它自动回到“STOP”位置。再将模式开关打到“MRES”位置，指示 STOP 的 LED 灯快速闪动时，CPU 已经被复位。复位完成后模式重新置于“STOP”位置。

下载的方法如下：选中管理器左边窗口的“Blocks”对象，单击工具条上的按钮，将下载所有的块和系统数据。选中站点对象后单击按钮，可以下载整个站点，包括硬件组态信息、网络组态信息、逻辑块和数据块。也可以只选中管理器右边窗口中的部分块，然后用按钮下载它们。

对块编程或组态硬件和网络时，可以在当时的主窗口中，用工具条上的按钮下载当前正在编辑的对象。建议在下载之前，首先保存块或组态信息。

在 STEP7 中生成一个空的项目，执行菜单命令“PLC”→“将站点上传到 PC”，选中要上传的站点，单击“确定”按钮，将上传站点上的系统数据和块。上传的内容保存在打开的项目中，该项目原来的内容将被覆盖。

3. 验证结果

将 PLC 主机上的模式选择开关拨到 RUN 位置，运行指示灯点亮，表明程序开始运行，有关的设备将显示运行结果。按下启动按钮后松开，现场的接触器 KM 得电，触点闭合，电动机单向运转并连续；按下停止按钮，接触器 KM 失电，电动机停转。

任务工单二

课程名称		专业			
任务名称		班级		姓名	
任务要求	1. 新建项目 2. 按给定内容进行硬件组态 3. 按给定内容进行程序编写 4. 下载并调试程序，查看运行结果				

一、工具器材

①设备：

②工具：

③仪表：

二、任务实施

1. 新建项目并硬件组态

新建名为“NEW”的项目，并按下表中的内容进行硬件组态：

插槽	模块	订货号	固件
1	PS 307 10A	6ES7 307-1KA00-0AA0	
2	CPU 313-2 DP	6ES7 313-6CE01-0AB0	V2. 0
3	DI	6ES7 321-1BH01-0AA0	
4	DO	6ES7 322-8BH00-0AB0	

2. 编写如下程序

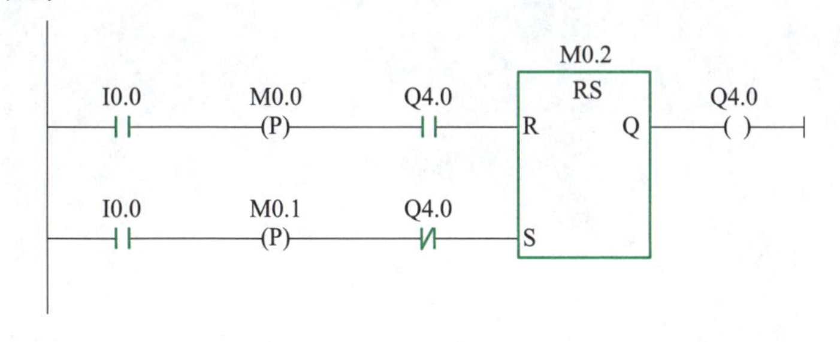

3. 编译、下载、调试程序，在下表中填写程序功能

输入 I0.0 操作	输出 Q0.0 动作
第一次按下 I0.0	
第二次按下 I0.0	
第三次按下 I0.0	
第四次按下 I0.0	

4. 心得与收获

任务三　认识 PLC 控制系统中常见故障

任务提出

在 S7-300 系统使用过程中,会遇到各种各样的故障,如果我们遇到这类的故障,应该如何判断故障原因,又如何处理呢?在本任务中,将归纳学习过程中能够遇到的 PLC 控制系统中常见的各种故障,并对其原因进行分析讲解。

学习目标

知识目标

(1)了解 PLC 常见故障现象。

(2)掌握 PLC 常见故障原因。

(3)掌握解决 PLC 常见故障的方法。

技能目标

(1)能够对 PLC 常见故障进行诊断。

(2)能够对 PLC 常见故障进行处理。

素质目标

通过了解 PLC 的常见故障,培养学生理论联系实际的能力。

扫一扫

输入指示灯不亮

知识链接

故障的现象多种多样,为了便于理解,在此整理出了十种常见故障,并将其归纳成五个大类,可通过扫描二维码以视频动画的形式查看具体内容。

扫一扫

输入接口常通

一、输入模块故障

1. 输入指示灯不亮

PLC 接输入设备时,对输入设备操作,无论按钮是否按下,指示灯都不亮,即输入指示灯不亮故障。

可能是输入模块电源线路故障,也可能是外部线路或元件损坏,或对应输入端口损坏。如果该模块所有指示灯均不亮,则为模块本身损坏。

扫一扫

输出指示灯常亮

2. 输入接口常通

PLC 接输入设备时,无论按钮是否按下,输入指示灯都常亮,即输入接口常通故障。可能是输入元件故障或输入线路短路,也可能是输入端口损坏。

二、输出模块故障

扫一扫

输出指示灯不亮

1. 输出指示灯常亮

PLC 接输出设备时,程序中 Q0.0 输出线圈并没有接通,但输出接口 Q0.0 指示灯常亮,即输出指示灯常亮故障。

扫一扫

输出指示灯正常,外部元件不动作

对于继电器输出型的模块,可能是输出接口损坏。

2. 输出指示灯不亮

PLC 接输出设备时,程序中 Q0.0 输出线圈已经接通,但输出模块上的 Q0.0 的指示灯不亮,即输出指示灯不亮故障。

原因如下:①内部程序输出地址重复。②输出模块电源或线路故障。③输出接口损坏。④指示灯损坏,接口功能正常。

3. 输出指示灯正常,外部元件不动作

PLC 接输出设备时,程序中 Q0.0 未接通,输出指示灯不亮,外部元件不动作。当程序中 Q0.0 接通后,指示灯点亮,外部元件不动作,即为外部元件不动作故障。

在输出线圈接通的情况下,使用万用表测量输出接口电压输出正常,则可能是外部元件或线路故障。

扫一扫

电源故障

三、电源故障

系统上电后,如果电源模块指示灯不亮,可能是交流 220 V 电源损坏或电源线路损坏。如果电源模块输入 220 V 正常,CPU 模块没有电,CPU 指示灯不亮,则可能是电源模块输出线路故障,或者是电源模块损坏。如果电源模块输出给 CPU 模块的直流 24 V 电源正常,CPU 上的 DC 5 V 指示灯熄灭,则 CPU 直流 5 V 没有输出,CPU 模块损坏。

扫一扫

STOP 指示灯慢闪故障

四、系统故障

1. STOP 指示灯慢闪故障

系统上电后,STOP 指示灯慢闪,此为 STOP 指示灯慢闪故障。一般在 MMC 卡被插入或拔出时出现,需要进行复位存储器操作。

扫一扫

CPU 报警指示灯点亮

2. CPU 报警指示灯点亮

系统上电后,如果 SF 红色指示灯点亮,可能是系统处于 RUN 模式时卸下或插入了模块,如果 CPU 型号带“-2DP”,BF 红色指示灯点亮,则是总线故障。如果 CPU 型号不带“-2DP”,BF 红色指示灯点亮,则是备用电池电压过低,如果 DC 5 V 绿色指示灯不亮,则是背板总线电源故障。

扫一扫

地址错误故障

五、其他故障

1. 地址错误

PLC 上电后,按下按钮,指示灯正常,执行结果不正确。可能是硬件组态地址分配与编程用地址不一致,此类故障为地址错误故障。地址错误故障也可能是修改地址后没有下载,或者是 M 区内存地址使用重复等原因引起的。

扫一扫

通信故障

2. 编程 PG 与 CPU 不能通信

向 PLC 下载程序时,单击“下载”按钮后,弹出错误窗口,“在线:到适配器的通信链接损坏。”,即为编程 PG 与 CPU 不能通信故障。可能是软件中 PG/PC 接口设置错误,或者是适配器或通信电缆故障,也可能是 MMC 卡损坏。

任务工单三

<table>
<tr><td>课程名称</td><td></td><td>专业</td><td colspan="3"></td></tr>
<tr><td>任务名称</td><td></td><td>班级</td><td></td><td>姓名</td><td></td></tr>
<tr><td>任务要求</td><td colspan="5">PLC 控制系统常见故障识别</td></tr>
<tr><td colspan="6">一、工具器材
①设备：
②工具：
③仪表：
二、任务实施
1. 识别 PLC 输入模块故障

2. 识别 PLC 输出模块故障

</td></tr>
</table>

3. 描述实训台 PLC 故障现象

4. 根据故障现象判断故障类型

5. 心得与收获

任务四　电动机正反转控制电路的实现

任务提出

在生产过程中,往往要求电动机能够实现正反两个方向的运动,如起重机吊钩的上升与下降,机床工作台的前进与后退等等。如图 3-23 所示为数控机床工作台。本任务主要研究通过 PLC 控制来实现电动机正反转运动。

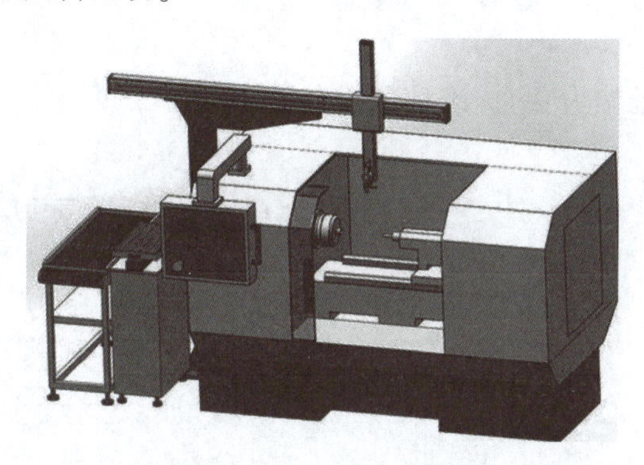

图 3-23　数控机床工作台

学习目标

知识目标

(1)掌握 PLC 硬件组态方法。

(2)掌握触发器指令的应用。

(3)掌握仿真软件应用。

技能目标

(1)能够完成硬件组态。

(2)能够正确使用编程软件。

(3)能够完成项目的编程与调试。

素质目标

通过 PLC 硬件组态与指令的学习,培养学生的创造性思维。

知识链接

一、位逻辑指令介绍

位逻辑指令使用两个数字 1 和 0。这两个数字构成二进制系统的基础,这两个数字称为二进制数字或位。对于触点和线圈而言,1 表示已激活或已励磁,0 表示未激活或未励磁。根据布尔逻辑将信号状态进行运算,其结果称为“逻辑运算结果”(RLO),逻辑运算结果的状态为 1 或 0。

1. 触点与线圈

在梯形图程序中，通常使用类似继电器控制电路中的触点符号及线圈符号来表示 PLC 的位元件，被扫描的操作数则标注在触点符号的上方。

(1)常开触点

常开触点对应的地址位为 1 时，该触点闭合，反之该触点断开。常开触点使用的是 I、Q、M、L、D、T、C。

如图 3-24 所示，满足下列条件之一时，将会通过能流：输入端 I0.0 和 I0.1 的信号状态为“1”时，或输入端 I0.2 的信号状态为“1”时。

(2)常闭触点

常闭触点对应的地址位为 0 时，该触点闭合，反之该触点断开。常闭触点使用的是 I、Q、M、L、Q、T、C。

如图 3-25 所示，满足下列条件之一时，将会通过能流：输入端 I0.0 和 I0.1 的信号状态为“1”时，或输入端 I0.2 的信号状态为“0”时。

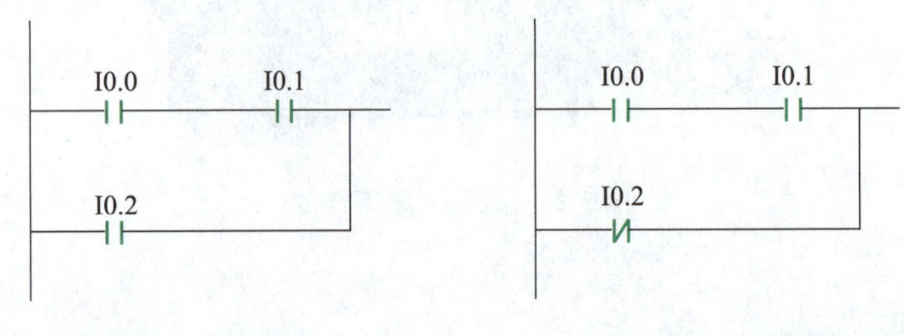

图 3-24　常开触点　　　图 3-25　常闭触点

(3)输出线圈

输出线圈与继电器控制电路中的线圈一样，如果驱动线圈的触点电路接通时，有能流流过线圈，对应的地址位为 1 状态，反之对应的地址位为 0 状态。线圈应放在程序段的最右边。输出线圈使用的操作数是 Q、M、L、D。

如图 3-26 所示，满足下列条件之一时，输出端 Q4.0 的信号状态将是“1”：输入端 I0.0 和 I0.1 的信号状态为“1”时；或输入端 I0.2 的信号状态为“0”时。

满足下列条件之一时，输出端 Q4.1 的信号状态将是“1”：输入端 I0.0 和 I0.1 的信号状态为“1”时，或输入端 I0.2 的信号状态为“0”时且输入端 I0.3 的信号状态为“1”时。

(4)能流取反┤NOT├

如图 3-27 所示，满足下列条件之一时，输出端 Q4.0 的信号状态将是“0”：输入端 I0.0 的信号状态为“1”时，或当输入端 I0.1 和 I0.2 的信号状态为“1”时。

(5)中线输出指令

中线输出是一种中间赋值元件，用该元件指定的地址来保存它左边电路的逻辑运算结果(RLO 位或能流的状态)。中间标有“#”的中线输出线圈与其他触点串联，就像一个插入的触点一样。注意：中线输出只能放在梯形图的中间，不能放在最左或最右边。

如图 3-28 所示，M0.0 存放的是 I1.0 和 I1.1 相与的逻辑运算结果。

M1.1 存放的是 I1.0、I1.1、I2.2、I1.3 相与的逻辑运算结果。

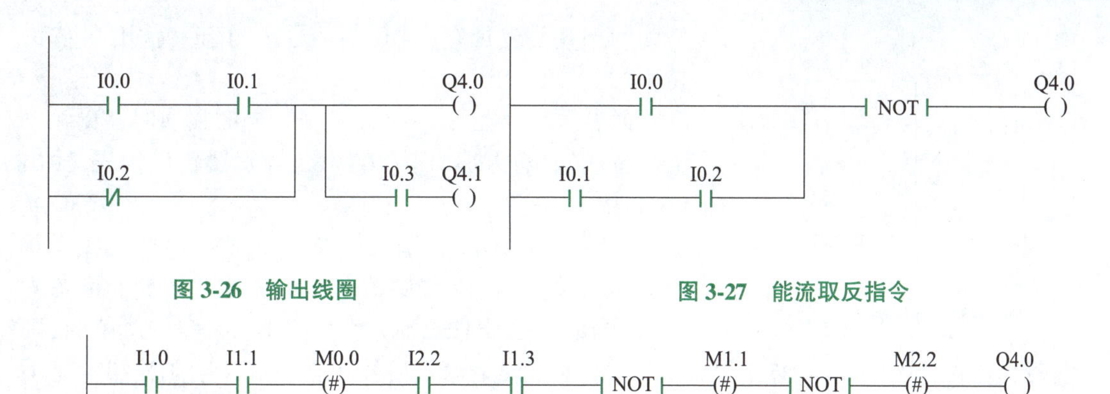

图 3-26　输出线圈

图 3-27　能流取反指令

图 3-28　中线输出指令

M2.2 存放的是前面多位的逻辑运算结果取反。

(6)置位(S)

如果 RLO 为“1”,指定的地址被设定为状态“1”,而且一直保持到它被另一个指令复位为止。

如图 3-29 所示,满足下列条件之一时,输出端 Q4.0 的信号状态将是“1”:输入端 I0.0 和 I0.1 的信号状态为“1”时,或输入端 I0.2 的信号状态为“0”时。如果 RLO 为“0”,输出端 Q4.0 的信号状态将保持不变。

(7)复位(R)

如果 RLO 为“1”,指定的地址被复位为状态“0”,而且一直保持到它被另一个指令置位为止。

如图 3-30 所示,满足下列条件之一时,将把输出端 Q4.0 的信号状态复位为“0”:输入端 I0.0 和 I0.1 的信号状态为“1”时,或输入端 I0.2 的信号状态为“0”时。如果 RLO 为“0”,输出端 Q4.0 的信号状态保持不变。

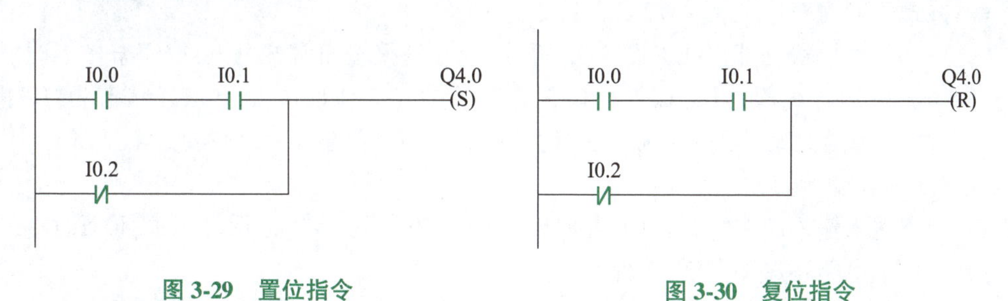

图 3-29　置位指令

图 3-30　复位指令

2. 触发器指令

触发器有置位输入和复位输入,根据输入端的 RLO=1,对存储器位进行置位或复位。

①RS 触发器。如果两个输入信号同时为“1”状态,置位、复位操作后执行的优先,因此 RS 触发器是“置位优先型”触发器。

②SR 触发器。如果两个输入信号同时为“1”状态,置位、复位操作后执行的优先,因此 SR 触发器是“复位优先型”触发器。

触发器指令中包括两种,SR 和 RS 触发器,S 为置位端,当 S 端信号为“1”时,输出端 Q 保

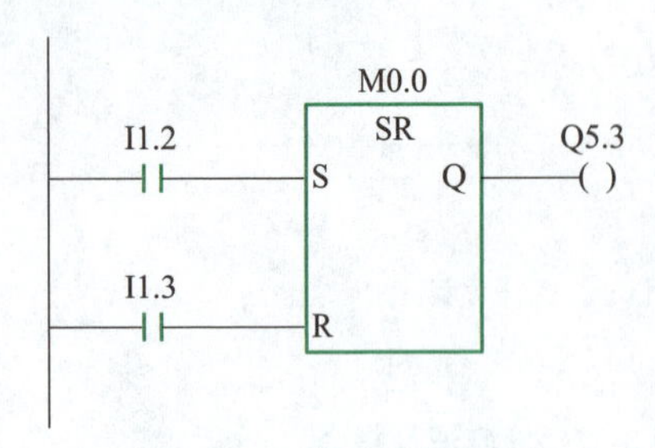

图 3-31　SR 触发器指令

持为“1”；R 为复位端，当 R 端信号为“1”时，输出端 Q 保持为“0”。

两者区别为当 S 端和 R 端信号同时接通时，SR 触发器复位优先，输出端 Q 为“0”；RS 触发器置位优先，输出端 Q 为“1”。

如图 3-31 所示，当输入信号 I1.2 状态为“1”，I1.3 状态为“0”时，则置位存储器位 M0.0，输出 Q5.3 状态为“1”。当输入信号 I1.2 状态为“0”，I1.3 状态为“1”时，则复位存储器位 M0.0，输出 Q5.3 状态为“0”。如果两个输入信号状态均为“0”，则输出状态不变。如果两个输入信号均为“1”时，则执行复位指令，复位 M0.0，Q5.3 输出状态将为“0”。

二、PLC 输入元件接线方法

1. 过程映像寄存器

在每次扫描循环开始时，CPU 读取数字量输入模块的外部输入电路状态，并将它们存入过程映像输入表中。

用户程序访问 PLC 的输入和输出地址区时，不是去读写数字量模块信号中信号的状态，而是直接访问 CPU 的过程映像寄存器。这种访问方式可以保证在整个循环扫描周期内，过程映像输入的状态始终一致。在一个扫描周期内，过程映像寄存器中各信号状态不变，直到下一个循环周期刷新，访问速度比直接访问信号模块快得多。

2. PLC 输入信号状态

PLC 外部输入信号如按钮、开关等可以接常开触点也可以接常闭触点。以按钮为例分析其不同接线方法，将按钮接入到输入信号后，当 PLC 内部映像寄存器中的地址为“0”时，其对应的位地址常开触点断开，常闭触点闭合。当 PLC 内部映像寄存器中的地址为“1”时，其对应的位地址常开触点闭合，常闭触点断开。现分析当 PLC 外部接线方式不同时对应 PLC 内部状态的变化。

扫一扫

外部输入信号状态

信号模块外部接线如图 3-32 所示，I0.0 外接按钮常开触点，按钮未按下时，无信号送入 PLC 内部，当前 CPU 中映像寄存器中对应地址位 I0.0 信号状态为“0”；I0.1 外接按钮常闭触点，按钮未按下时，就将 24 V 信号送入 PLC 内部，当前 CPU 中映像寄存器中对应的位地址 I0.1 状态为“1”。

信号状态送入输入映像寄存器中，此时输入信号 I0.0 为“0”，指示灯熄灭；I0.1 为“1”，指示灯点亮。自锁电路程序如图 3-32 所示。

按下启动按钮，外部线路接通，I0.0 信号状态为“1”，I0.1 状态不变。因此输入映像寄存器中 I0.0、I0.1 状态都为“1”，外部信号模块指示灯均点亮。程序中 I0.0 接通，输出 Q0.0 接通。

松开启动按钮，外部线路断开，I0.0 信号状态为“0”，I0.1 状态不变。因此输入映像寄存器中 I0.0 状态变为“0”，外部信号模块指示灯熄灭。程序中 I0.0 断开，输出 Q0.0 持续接通。

按下停止按钮，I0.1 外部线路断开，I0.1 信号状态为“0”，I0.0 状态不变。因此输入映像寄存器中 I0.0、I0.1 状态都变为“0”，外部信号模块指示灯熄灭。程序中 I0.1 断开，输出 Q0.0 断电。

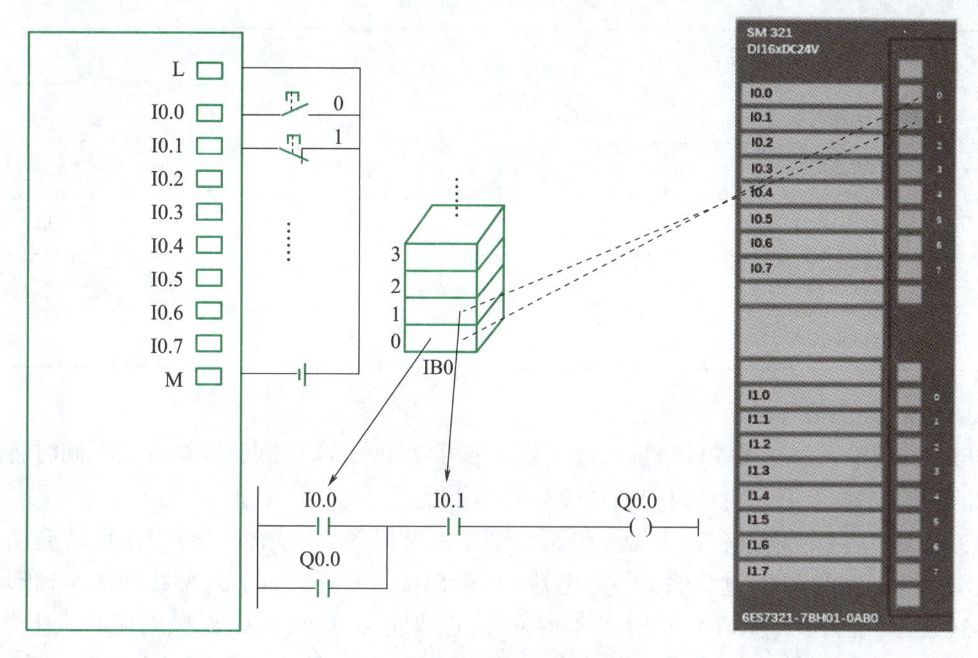

图 3-32　PLC 外部接线

在企业设备中通常将急停按钮和用于安全保护的限位开关的常闭触点接入 PLC 输入模块。如果外部接入按钮或限位开关的接常开触点,当元件损坏或线路断线时,无法停止设备,起不到保护作用。因此,保护元件在实际应用中必须接常闭触点。

将急停按钮常闭触点接入 PLC 输入模块,编写程序时,用在自锁电路中,使用位地址常开触点作为停止控制。

扫一扫

SR 触发器实现电动机自锁

三、电动机正反转控制的实现

1. 工具准备

①设备:S7-300 313C CPU 模块、电源模块、西门子接触器、按钮盒两套、电动机运动控制装置一套。

②工具:常用电工工具一套(螺丝刀、剥线钳、压线钳、尖嘴钳等)。

③仪表:数字万用表。

2. 控制要求分析

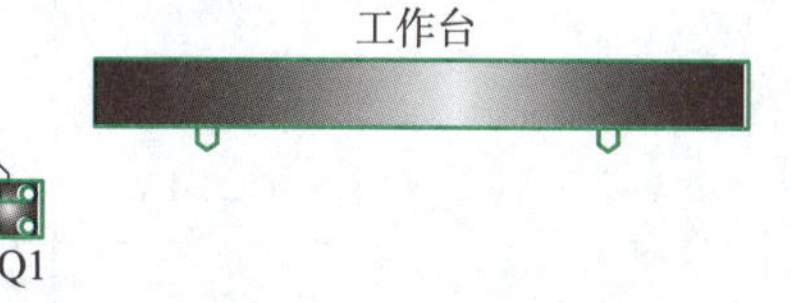

图 3-33　工作台运动示意图

电动机正反转控制要求:按下正转启动按钮,电动机正转;按下停止按钮,电动机停止。按下反转启动按钮,电动机反转;按下停止按钮,电动机停止。如图 3-33 所示为工作台运动示意图,控制要求设有必要的安全保护。

分析控制要求对输入输出地址进行分配,其中正转启动按钮、反转启动按钮、停止按钮和过载保护均属于输入信号,而控制电动机正转反转的线圈属于输出信号,因此将 I/O 地址按表 3-2 进行分配。

表 3-2　IO 地址分配

输入信号		输出信号	
名称	地址	名称	地址
正转启动按钮	I0. 0	电动机正转线圈	Q0. 0
反转启动按钮	I0. 1	电动机反转线圈	Q0. 1
停止按钮	I0. 2		
过载保护	I0. 3		

3. PLC 外部信号接线

PLC 外部输入信号接线可以接入常开触点也可以接入常闭触点，接线方式不同时将采用不同的编程方式，以下分别对两种不同情况进行分析。

①PLC 控制系统中所有输入触点类型全部采用常开触点。输入信号中正反转起动按钮 SB1、SB2、停止按钮 SB3、过载保护热继电器 FR 全部接入常开触点。外部接线图及梯形图如图 3-34 所示。当 SB3、FR 不动作时，其对应的 PLC 地址 I0. 2、I0. 3 不接通，对应的地址位当前值为“0”，其常开触点断开，常闭触点闭合。因此在梯形图中使用其常闭触点串联电路，确保外部器件不动作时，为启动电路做好准备，按下 SB1，I0. 0 接通，电动机正转电路对应线圈 Q0. 0 吸合，接通正转启动电路。

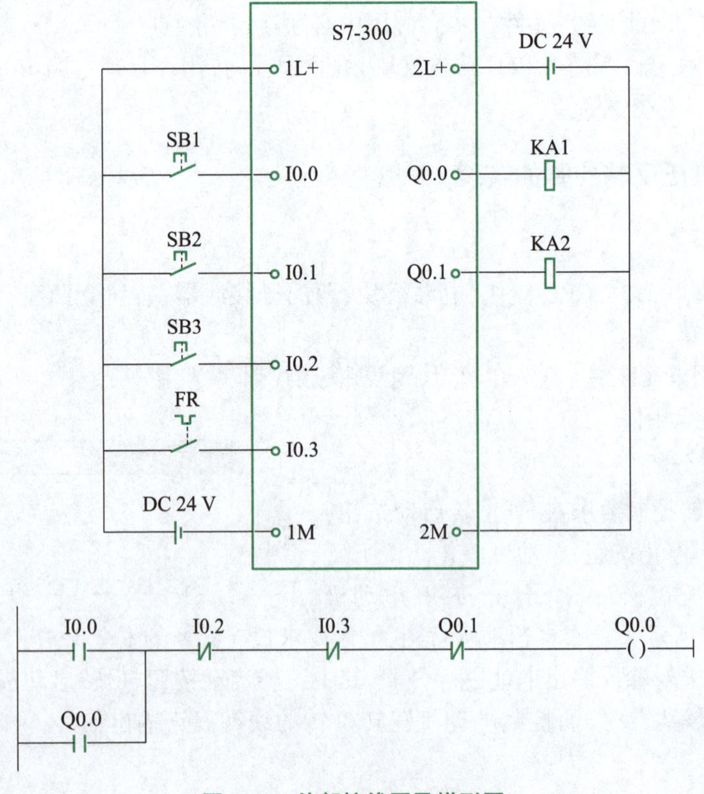

图 3-34　外部接线图及梯形图

②PLC 控制系统中所有输入触点类型不全部采用常开触点。输入信号中过载保护继电器 FR 及停止按钮 SB3 外部接常闭触点,其余接入常开触点。接线图及设计梯形图如图 3-35 所示。当 SB3、FR 不动作时,其对应的 PLC 地址 I0.2、I0.3 已经接通,对应的地址位当前值为“1”,其常开触点闭合,常闭触点断开。因此在梯形图中使用其常开触点串联电路,确保外部器件不动作时,为启动电路做好准备。按下 SB1,I0.0 接通,电动机正转电路对应线圈 Q0.0 吸合,接通正转启动电路。

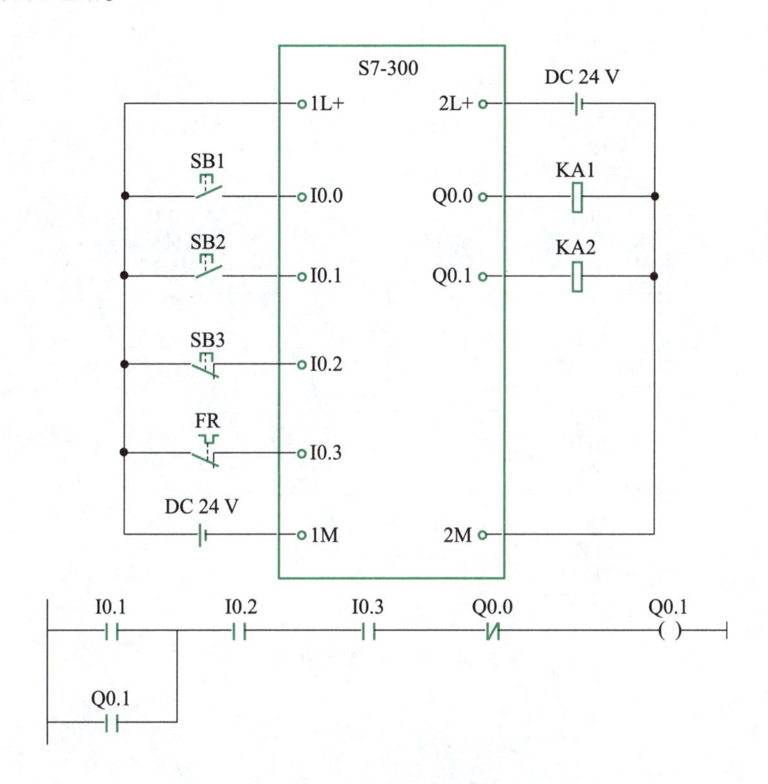

图 3-35　外部接线图及梯形图

4. 程序编写

打开编程软件,新建项目并插入硬件,在主程序 OB1 中编写程序,本例中停止按钮及热过载保护外部接线接入常闭触点,程序如图 3-36 所示。

程序分析:停止按钮与热过载保护均采用常闭触点接线,因此 PLC 送电后其当前位状态为“1”,程序中常闭触点已经断开,在 SR 触发器中此时复位端无信号输入。当接通正转启动按钮后,SR 触发器将输出置位为“1”,电动机实现正转运行;按下停止按钮后,将输出复位,电动机停机。接通反转启动按钮后,SR 触发器将电动机反转置位为“1”,电动机实现反转运行,按下停止按钮后,电动机停机。通过编程实现了电动机正反转控制。

仿真调试程序运行情况:在软件中模拟程序运行过程完成仿真调试。通过现场实际接线进行程序测试,完成控制要求全过程。

综上,完成一个完整任务的过程为:分析控制要求,根据控制要求进行 I/O 地址分配,确定外部接线图,根据 I/O 地址分配及外部接线图编写程序,对程序进行仿真调试及在线调试。

扫一扫

电动机正反转仿真调试

扫一扫

电动机正反转现场调试

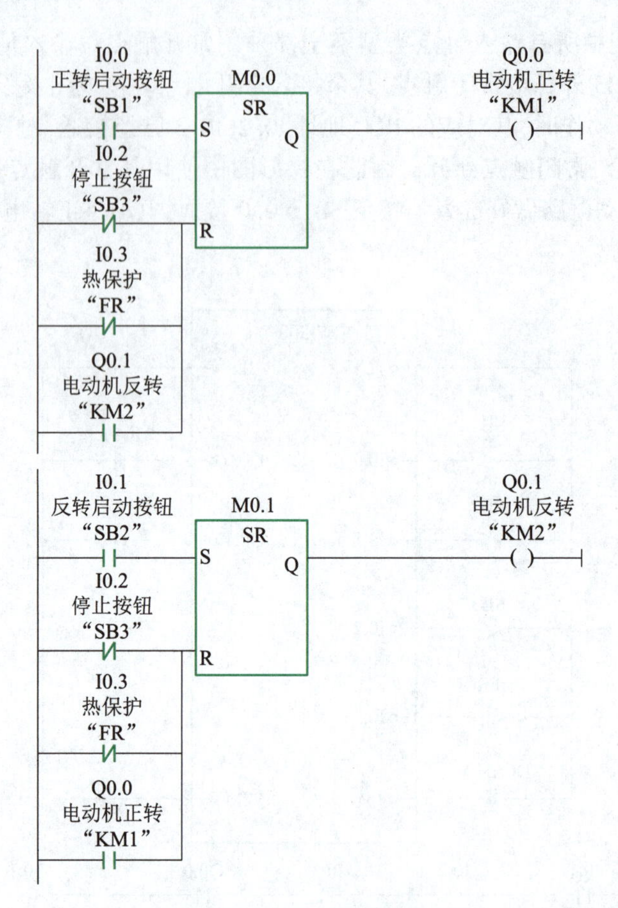

图 3-36　电动机正反转程序

任务工单四

<table>
<tr><td>课程名称</td><td></td><td>专业</td><td colspan="3"></td></tr>
<tr><td>任务名称</td><td></td><td>班级</td><td></td><td>姓名</td><td></td></tr>
<tr><td>任务要求</td><td colspan="5">1. 按下启动按钮 SB1 后，电动机驱动工作台运动
2. 工作台运动到极限位置时，由行程开关 SQ1 或 SQ2 检测并发出停止前进指令，同时自动发出返回指令。
3. 只要不按停止按钮 SB2，工作台将继续这种自动往复运动。
4. 工作台驱动电动机通过热继电器做过载保护。
工作台
SQ1　SQ2</td></tr>
</table>

一、工具器材

①设备：

②工具：

③仪表：

二、任务实施

1. I/O 地址分配表

输入信号		输出信号	
名称	地址	名称	地址

2. 画出 PLC 外部接线图

3. 程序设计

4. 心得与收获

任务五　PLC 输入元件故障诊断及维修

任务提出

为了学习企业设备的故障维修过程,本任务以汽车生产现场的真实设备为背景,来介绍设备常见电气故障的诊断与维修方法。以汽车发动机生产现场的典型传输设备 4GC 三代缸体传输辊道为例来介绍故障诊断与维修,如图 3-37 所示。本任务涉及故障诊断与维修部分均以此设备控制过程为例进行阐述。

图 3-37　4GC 三代缸体传输辊道

4GC 三代缸体传输辊道是汽车发动机生产现场的典型传输设备,它是连接清洗机和压装试漏机的一段自动传输辊道,用来将清洗机清洗完成的发动机缸体,传输至下一设备压装试漏机,进行碗形塞的压装和试漏检测。

整个辊道由 1#转台、直线辊道、2#转台三部分组成。每个部分传输工件用的滚轮均由电动机驱动滚轮旋转来实现。

整个辊道分为手动控制和自动控制两个部分。两个转台用来实现发动机缸体的旋转,以达到传输的目的。转台的旋转由气缸控制,能够实现两个转台 0°和 90°两个方向的位置转换。

发动机缸体进入 1#转台是 90°位置,从 90°旋转至 0°是顺时针旋转,因此 1#转台由于缸体进入和输出的方向不同,驱动滚轮的电动机需要有正反转功能。

发动机缸体进入 2#转台是 0°位置,从 0°旋转至 90°位置是逆时针方向旋转,因此缸体进入和输出的方向相同,2#转台滚轮为单向旋转。

工件经清洗机辊道以 90°方向进入 1#转台,1#转台电动机正转带动滚轮正向旋转,工件到位后,旋转气缸动作,带动 1#转台顺时针方向旋转至 0°位置;此时 1#转台电动机反转带动滚轮反向旋转,同时直线辊道启动,将工件传输至直线辊道;当直线辊道检测到工件已到位,则 1#转台滚轮反向运行停止,旋转气缸动作带动 1#转台旋转回 90°位置;同时检测 2#转台无工件,即启动 2#转台电动机正转带动滚轮正向旋转,将工件以 0°方向传输至 2#转台;2#转台检测工件到位后,逆时针方向旋转至 90°位置,同时启动 2#转台滚轮正向旋转和压装机辊道,将工件传输至压装机工位。

4GC 三代缸体传输辊道,其控制系统由西门子 S7-300 系列 PLC 组成,控制系统如图 3-38 所示。

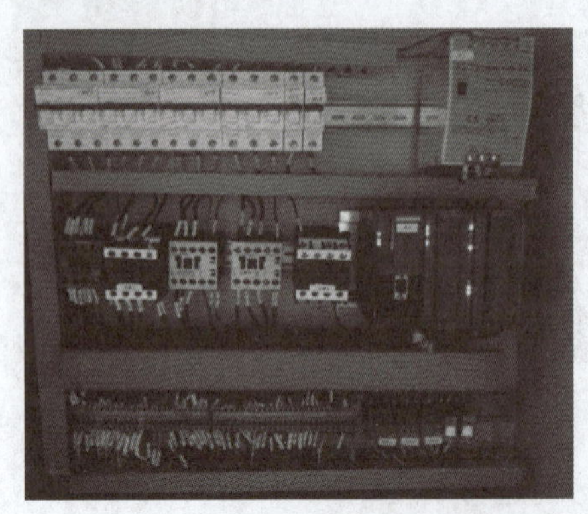

图 3-38　4GC 三代缸体传输辊道控制系统

4GC 三代缸体传输辊道，其控制系统按钮站如图 3-39 所示。

图 3-39　控制系统按钮站

在实际生产设备的 PLC 控制系统中，输入元件或线路故障是比较常见和典型的。分析其原因并掌握常用的处理方法是十分必要的。现在以企业现场设备的一个实际故障为例，来认识和了解此类故障的诊断与维修过程。

该设备在运行过程中，突然出现 1#转台工件送料到位后，1#转台驱动滚轮旋转的电动机正转停止，工件旋转到 0°位置，此时 1#转台滚轮不能启动反转，且直线辊道电动机也无法启动，不能将工件送出至直线辊道的故障。本次任务主要分析输入元件故障并进行维修。

学习目标

知识目标

(1) 掌握输入元件故障的分析方法。

(2) 掌握输入元件故障的诊断方法。

技能目标

(1) 能够结合故障现象正确分析故障原因。

(2) 能够正确判断和处理输入元件故障。

素质目标

通过判断与处理出入元件的故障，培养学生分析问题的能力，养成良好的职业素养。

知识链接

一、转台控制分析

1. 设备背景

以 4GC 三代缸体传输辊道设备为背景,来介绍 PLC 外围输入元件故障的分析与处理方法。4GC 三代缸体传输辊道的 1#转台,因进料和出料方向相反,因此驱动滚轮的电动机采用正反转控制,控制程序使用触发器指令完成电动机正反转的程序设计。

①1#转台的动作时序如图 3-40 所示。

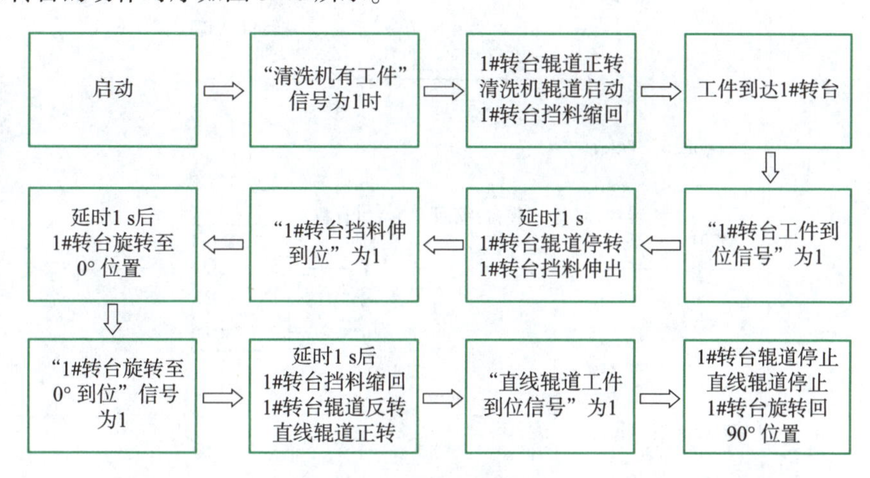

图 3-40　1#转台动作时序图

②1#转台的控制程序如图 3-41 所示。

③1#转台控制用 I/O 地址分配表见表 3-3。

表 3-3　1#转台控制用 I/O 地址分配表

输入元件名称	输入元件地址	输出元件名称	输出元件地址
启动按钮	I0. 0	1#转台电动机正转输出	Q0. 0
手动	I0. 2	1#转台电动机反转输出	Q0. 1
自动	I0. 3	中间滚道电动机输出	Q0. 2
急停按钮	I0. 4	1#转台旋转气缸线圈	Q0. 7
1#转台电动机正转启停按钮	I0. 5	1#转台挡料伸缩线圈	Q1. 0
1#转台电动机反转启停按钮	I0. 6		
直线辊道电动机启停按钮	I0. 7		
1#转台旋转按钮	I1. 2		
1#转台旋转至 90 度到位	I2. 0		
1#转台旋转至 0 度到位	I2. 1		
1#转台工件到位	I2. 2		
直线滚道工件到位	I2. 3		
清洗机有工件信号	I3. 2		

Network 5：Title：

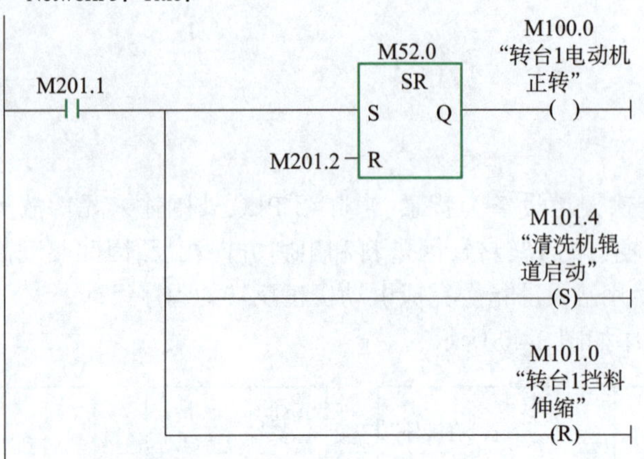

Network 6：Title：

T.1
“转台1有料
延时”
I2.0
“转台1伸出
到位”
I2.1
“转台1缩回
到位”
I2.2
“转台1有料
信号”
M201.1
S_ODT
S Q
S5T#1S TV BI …
… R BCD …

Network 7：Title：

M101.0
“转台1挡料
伸缩”
M201.2
(S)

Network 8：Title：

T.2
“转台1挡料
伸到位延时”
M101.0
“转台1挡料
伸缩”
I2.5
“转台1挡料
伸到位”
M201.2
S_ODT
S Q
S5T#1S TV BI …
… R BCD …

Network 9：Title：

M100.7
“转台1缩回”
M201.3
(R)

图 3-41

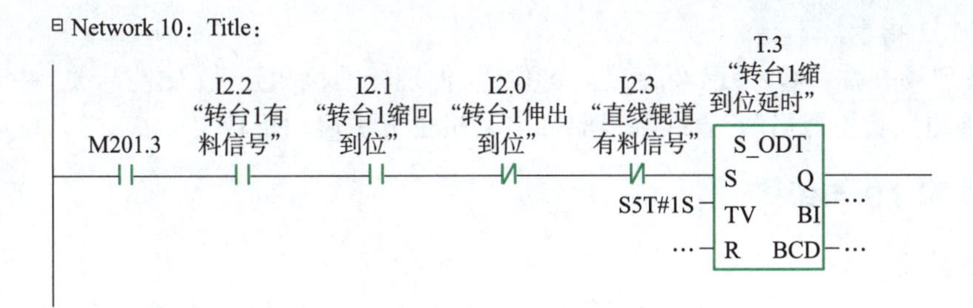

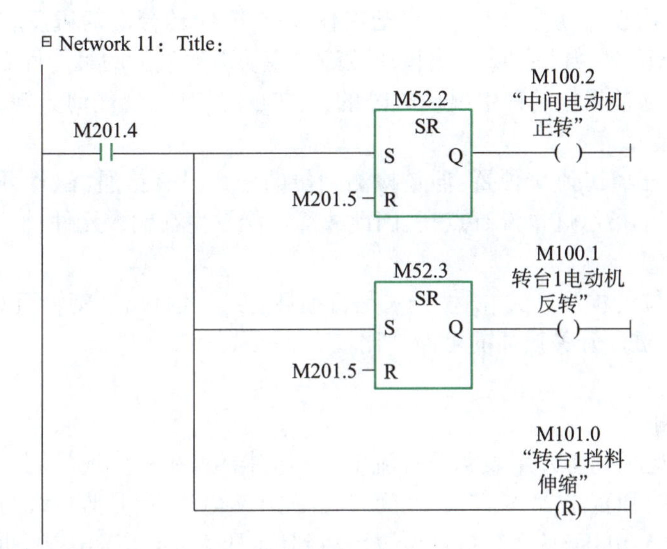

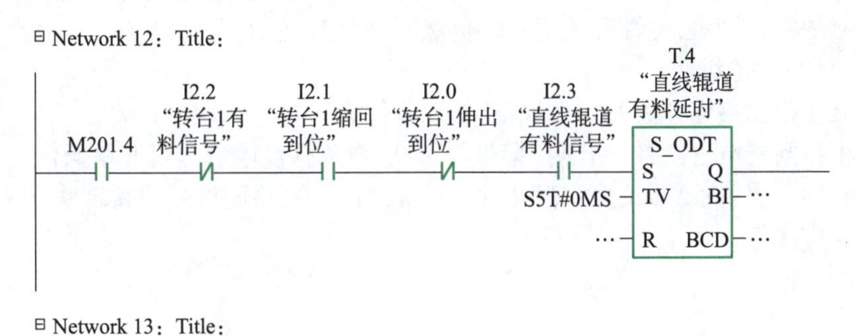

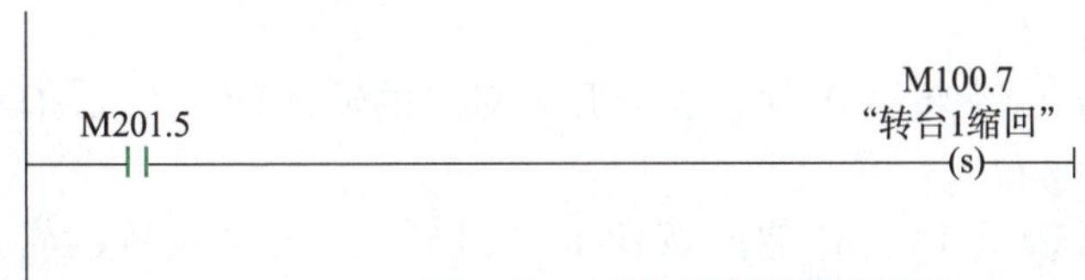

图 3-41　1#转台动作控制程序

2. 故障现象描述

输入元件故障现象描述

维修人员到现场查看控制柜中 PLC 控制系统未见异常，电源模块、CPU 模块也未见异常，无任何报警指示。

将设备切换至手动工作模式，按下 1#转台电动机反转启停按钮(I0.6)。1#转台滚轮反向运行动作正常；按下直线辊道电动机启停按钮(I0.7)，直线辊道正向运行正常。

在 PLC 控制柜中检查 1#转台旋转至 0°到位的检测开关，其输入地址 I2.1 接口没有接通，输出接口 Q1.2 指示灯不亮。

到设备现场查看,1#转台已经旋转至 0°位置,但现场的检测开关(磁性开关)并未接通,因此 1#转台辊道反转不能启动,直线辊道驱动电动机也无法启动正转。

二、故障分析与维修

1. 故障分析

在自动工作模式下,现在的故障现象是工件旋转至 0°到位后,1#转台反向运行(Q0.1)和直线辊道正向运行(Q0.2)均没有动作,但在手自动工作模式下 1#转台电动机反转可以正常动作,直线辊道正向运行也正常,因此排除输出模块故障和模块电源故障的可能性。

因为 1#转台控制系统是在工作过程中出现故障的,且 PLC 没有出现任何异常故障现象,因此排除软件故障的可能性。

现场查看 1#转台工件已经转到 0°位置,但是检测到位的开关没有接通(磁性开关指示灯不亮),对应的输入接口 I2.1 指示灯也没有点亮,因此故障可能发生在输入元件、输入线路、输入接口等方面。

首先判断旋转至 0°到位的检测开关、磁性开关是否损坏,因为气缸已经旋转至 0°到位,但磁性开关指示灯不亮,因此磁性开关损坏的可能性比较大。

2. 故障维修

扫一扫

输入元件故障维修

(1)故障检测

维修人员到达现场将万用表调至直流电压相应挡位,在故障现场用万用表测量磁性开关的棕色线和直流 24 V 零线,之间有直流 24 V 电压,但是蓝色线与直流 24 V 零线之间没有 24 V 电压,且气缸机械位置已经到位,开关没有窜动迹象,拆解开关并用磁块贴近开关,磁性开关指示灯仍然不亮,综合以上现象,初步判断磁性开关损坏。

(2)故障维修

①根据磁性开关的型号规格,领取备件。

②控制柜拉闸断电,挂"禁止合闸"警告牌,并验电确保没电后方可开始操作。

③更换磁性开关:将原开关接线拆开,拆下原磁性开关,将同型号的新磁性开关安装到位,将线路一一对应接好。

(3)通电试车

①取下"禁止合闸"警告牌。

②设备控制系统合闸送电。

③在控制柜中查看 1#转台旋转至 0°到位检测开关对应的输入接口 I2.1 指示灯点亮,输入信号正常。

④在手动工作模式下,按下 1#转台伸缩按钮 I1.2,1#转台从 0°位置旋转至 90°位置,I2.1 指示灯熄灭,再次按下 1#转台伸缩按钮 I1.2,1#转台从 90°位置旋转至 0°位置,I2.1 指示灯再次点亮。

⑤将设备各部分均调整至初始位置。

⑥将工作模式切换至自动模式,按下启动按钮。设备正常运行。

⑦操作工人试运行设备,确认设备精度,设备交付使用。

⑧维修任务完成后,维修人员收好笔记本电脑、万用表及工具,清理维修现场。

整个维修过程结束。

任务工单五

<table>
<tr><td>课程名称</td><td></td><td>专业</td><td colspan="3"></td></tr>
<tr><td>任务名称</td><td></td><td>班级</td><td></td><td>姓名</td><td></td></tr>
<tr><td>任务要求</td><td colspan="5">1. PLC 输入元件故障诊断
2. 判断 PLC 输入元件故障
3. 维修 PLC 输入元件故障</td></tr>
</table>

一、工具器材

①设备：

②工具：

③仪表：

二、任务实施

1. 描述 PLC 输入元件故障现象

2. 分析 PLC 输入元件故障

3. 描述实训台 PLC 故障现象

4. 根据故障现象进行分析判断并维修故障

5. 心得与收获

习题

一、填空题

1. S7-300 每个机架最多能安装________个模块、功能模块或通信处理器模块，最多可以使用________个扩展机架。电源模块在中央机架最________边的 1 号槽，CPU 模块只能在________号槽，接口模块只能在________号槽。

2. 数字量输入模块某一外部输入电路接通时，对应的过程输入映像输入位为________状态，梯形图中对应的常开触点________，常闭触点________。

3. 若梯形图中某一过程输出映像输出位 Q 的线圈“断电”，对应的过程输出映像输出位为________状态，再写入输出模块阶段之后，继电器型输出模块对应的硬件继电器线圈________，其常开触点________，外部负载________。

二、简答题

1. S7-300 的紧凑型 CPU 有什么特点？有哪些集成的硬件和集成的功能？
2. 怎样设置保存项目的默认的文件夹？
3. 怎样设置时钟存储器？时钟存储器哪一位的时钟脉冲周期为 100 ms？
4. 数字量输出模块有哪几种类型？他们各有什么特点？
5. STEP 7 创建项目的步骤是什么？
6. STEP 7 中创建项目有几种方式？
7. CPU 时钟寄存器界面包括哪些内容？
8. 常开触点的指令符号、作用是什么？
9. 常闭触点的指令符号、作用是什么？
10. 输出线圈的指令符号、作用是什么？
11. 线圈形式的置位、复位指令与触发器有什么区别？

三、实例应用

1. 有一盏彩灯 HL，用一个开关控制它的亮灭，请用不同的指令来编写程序，并且调试正确。

2. 有一水池，通过启动按钮 SB1 启动一台水泵从水池抽水，如果水池满，通过停止按钮 SB2 停止水泵抽水。

要求：

①完成输入输出信号地址分配；

②完成硬件组态和 I/O 地址分配；

③画出接线图；

④编写控制程序并调试控制程序。

3. 某双向运转的传送带采用两地控制，当传送带上的工件到达终端的指定位置后，自动停止运转，在传送带的两端均有启动按钮和停止按钮，并且均有工件检测传感器，编写程序并调试正确。

4. 楼上、楼下各有一只开关（SB1、SB2），用于共同控制一盏照明灯 HL1，要求两只开关均可对灯的状态（亮或灭）进行控制。试用 PLC 来实现上述控制要求。

项目四 边沿检测指令的应用

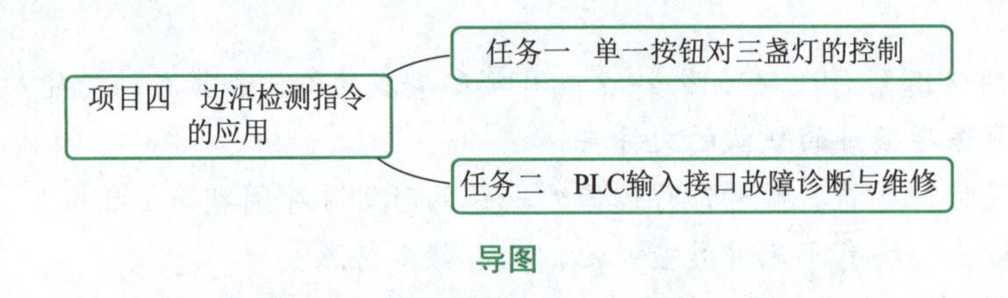

导图

任务一　单一按钮对三盏灯的控制

任务提出

边沿检测指令应用广泛，掌握边沿检测指令可实现更精确和复杂的控制。STEP 7 中有两类跳变沿检测指令，一种是对 RLO 的跳变沿检测的指令，另一种是对触点的跳变沿直接检测的梯形图方块指令。它们分别称为 RLO 跳变沿检测指令和触点信号跳变沿检测指令。本任务主要通过 PLC 控制利用边沿指令来实现单一按钮对三盏灯的控制。第一次按下启动按钮，1#指示灯点亮；第二次按下启动按钮，2#指示灯以 1 Hz 频率闪亮；第三次按下启动按钮，3#指示灯以 2 Hz 频率闪亮；第四次按下启动按钮，三个灯均熄灭。

学习目标

知识目标

(1)掌握边沿检测指令的功能。

(2)掌握边沿检测指令的编程方法。

技能目标

(1)能够正确使用边沿检测指令。

(2)能够分析控制要求并编程调试。

素质目标

通过正确使用边沿检测指令及对编程方法的学习，培养学生锲而不舍的精神。

知识链接

一、概念介绍

1. RLO

RLO 为逻辑运算结果。在西门子 PLC 中,状态字的位 1 称为逻辑操作结果 RLO(Result of Logic Operation)。该位存储逻辑指令或算术比较指令的结果。在逻辑串中,RLO 位的状态能够表示有关信号流的信息。RLO 的状态为 1,表示有信号流(通);为 0,表示无信号流(断)。

2. 边沿介绍

边沿分为上升沿和下降沿,如图 4-1 所示。

上升沿:从 0 到 1 的瞬间称为上升沿。

下降沿:从 1 到 0 的瞬间称为下降沿。

二、边沿检测指令

1. RLO 边沿检测指令

如图 4-2 所示,I1. 0 和 I0. 1 的触点组成的串联电路由断开变为接通时,上升沿检测指令"P",检测到左边的 RLO 由"0"变为"1",即检测到上升沿,能流只在该扫描周期内流过检测元件,即 M8. 0 线圈仅在这一扫描周期内接通,检测元件地址即 M1. 0 为边沿存储位,用来储存上一次循环的 RLO。

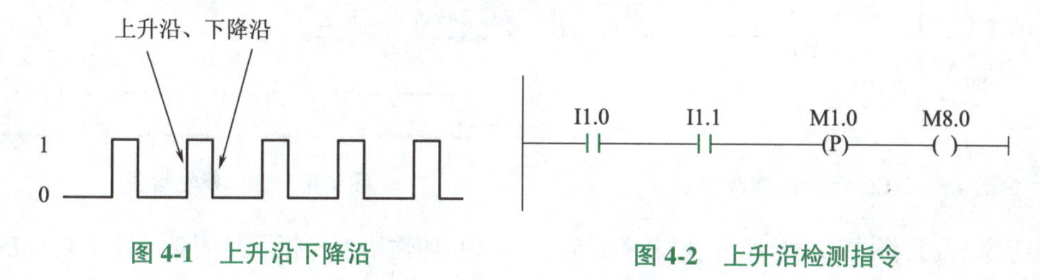

图 4-1　上升沿下降沿　　图 4-2　上升沿检测指令

如图 4-3 所示,I1. 0 和 I0. 1 的触点组成的串联电路由接通变为断开时,上升沿检测指令"N",检测到左边的 RLO 由"1"变为"0",即检测到下降沿,能流只在该扫描周期内流过检测元件,即 M8. 1 线圈仅在这一扫描周期内接通。检测元件地址即 M1. 1 为边沿存储位,用来储存上一次循环的 RLO。

2. 信号边沿检测指令

POS 是单个地址位的信号上升沿检测指令,如图 4-4 所示,I0. 1 常开触点接通,且 I0. 2 由"0"变为"1",即检测位出现上升沿,输出 M8. 2 线圈接通一个扫描周期,M0. 0 为边沿存储位,用来储存上一个周期的 I0. 2 的状态。

NEG 是单个地址位的信号下降沿检测指令,如图 4-5 所示,I0. 1 常开触点接通,且 I0. 3 由"1"变为"0",即检测位出现下降沿,输出 M8. 3 线圈接通一个扫描周期,M0. 0 为边沿存储位,用来储存上一个周期的 I0. 3 的状态。

练习:设计故障信息显示电路,若故障信号出现,故障指示灯以 1 Hz 频率闪烁,操作人员按下复位按钮,如果故障已经消失,则指示灯熄灭;如果故障没有消失,指示灯转为常亮,直至故障消失。

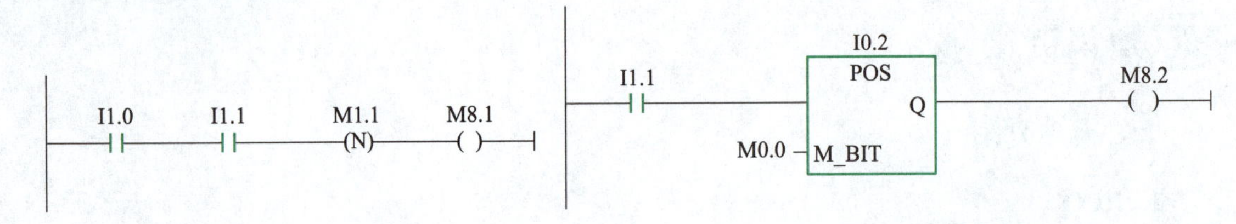

图 4-3　下降沿检测指令　　　　图 4-4　POS 上升沿检测指令

分配 IO 地址，输入信号有两个，分别是故障信号和复位信号。故障信号：I0. 0；复位按钮：I0. 1。输出信号控制指示灯：Q4. 0。

故障显示电路需要设置 CPU 属性如图 4-6 所示，在 CPU 属性中设置 MB1 为时钟存储器字节，其中 M1. 5 提供周期为 1 s 的时钟脉冲。

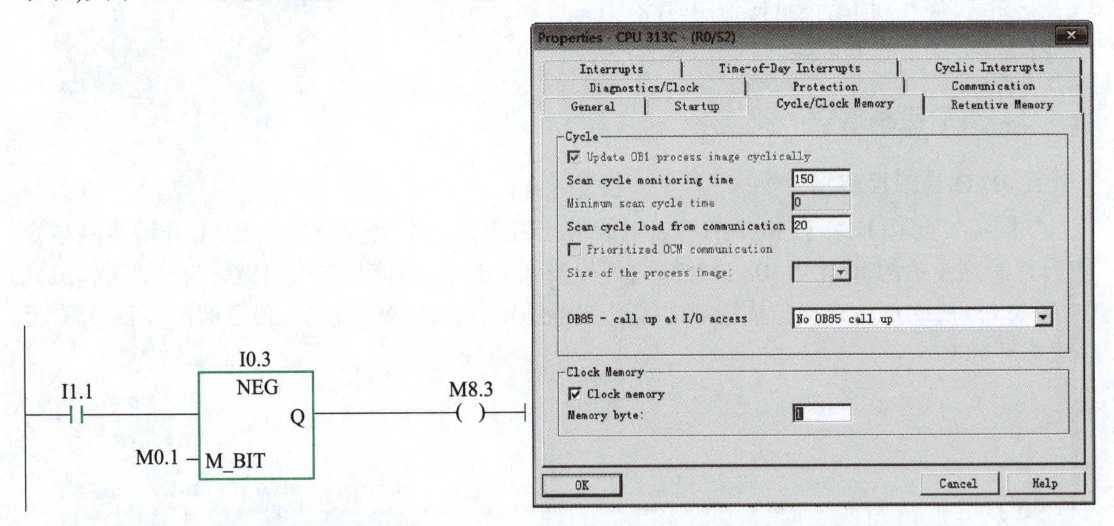

图 4-5　NEG 下降沿检测指令　　　　图 4-6　CPU 属性设置

出现故障时，将故障信号锁存，串联 M1. 5(1 s 时钟)使输出控制指示灯闪烁。按下复位按钮复位故障锁存信号，通过故障信号 I0. 0 控制指示灯状态。故障信号报警参考程序如图 4-7 所示。

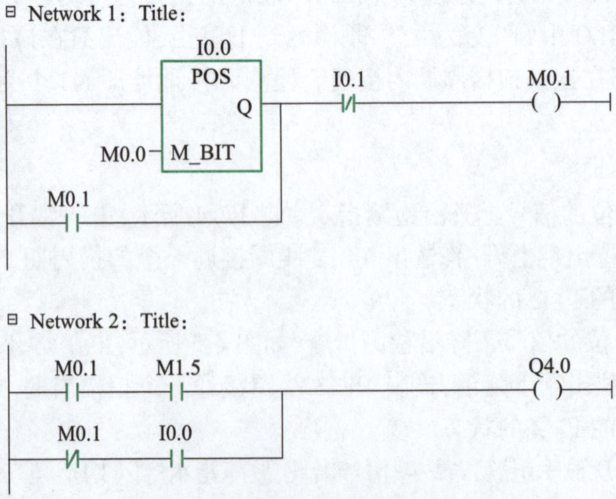

⊟ Network 1：Title：

I0.0　POS　Q　I0.1　M0.1　M0.0　M_BIT　M0.1

⊟ Network 2：Title：

M0.1　M1.5　Q4.0　M0.1　I0.0

图 4-7　故障信号报警参考程序

任务工单六

<table>
<tr><td>课程名称</td><td></td><td>专业</td><td colspan="3"></td></tr>
<tr><td>任务名称</td><td></td><td>班级</td><td></td><td>姓名</td><td></td></tr>
<tr><td>任务要求</td><td colspan="5">1. 第一次按下启动按钮,1#指示灯点亮
2. 第二次按下启动按钮,2#指示灯以 1 Hz 频率闪亮
3. 第三次按下启动按钮,3#指示灯以 2 Hz 频率闪亮
4. 第四次按下启动按钮,三个灯均熄灭
5. 再次按下启动按钮,1#指示灯又点亮,如此循环……</td></tr>
</table>

一、工具器材

①设备:

②工具:

③仪表:

二、任务实施

1. I/O 地址分配表

输入信号		输出信号	
名称	地址	名称	地址

2. 画出 PLC 外部接线图

3. 程序设计

4. 心得与收获

任务二　PLC 输入接口故障诊断与维修

任务提出

在实际生产设备的 PLC 控制系统中，输入模块或某个输入接口损坏是比较常见和典型的，分析其原因并掌握常用的处理方法是十分必要的。现在依然以汽车发动机生产现场的 4GC 三代缸体传输辊道为设备背景（见图 3-39），来介绍 PLC 控制系统输入接口故障的诊断与处理方法。

边沿指令把一个信号分为四种不同的状态：0 状态、1 状态、从 0 到 1 的上升沿、从 1 到 0 的下降沿，能够实现更精确复杂的控制要求，因此在设备控制程序中有大量的应用。汽车发动机生产现场的 4GC 三代缸体传输辊道，其手动控制程序均使用边沿指令，用一个按钮完成执行元件的启、停控制。

维修人员在节假日对该设备进行日常的点检，将设备工作模式切换至手动模式，对设备进行各部分运行情况的检查，当按下并松开 1#转台电动机反转启停按钮时，1#转台电动机反转没有启动运行，反复多次按下并松开 1#转台电动机反转启停按钮，1#转台电动机依然无任何动作。本次任务主要针对输入接口故障进行诊断与维修。

学习目标

知识目标

（1）掌握输入接口故障的分析方法。

（2）掌握输入接口故障的诊断方法。

技能目标

（1）能够结合故障现象正确分析故障原因。

（2）能够正确判断和处理输入接口故障。

素质目标

通过判断和处理输入接口故障，进一步提高学生分析问题解决问题的能力。

知识链接

一、故障描述

1. 设备背景

（1）1#转台手动部分控制程序

1#转台手动部分控制程序如图 4-8 所示。

（2）1#转台手动控制流程

手动控制：将设备工作模式切换至手动模式，设备各部分电动机停止，挡料器、转台无动作，手动指示灯点亮。其控制流程图如图 4-9 所示。

①单按钮。控制 1#转台滚轮驱动电动机的正转与停止。

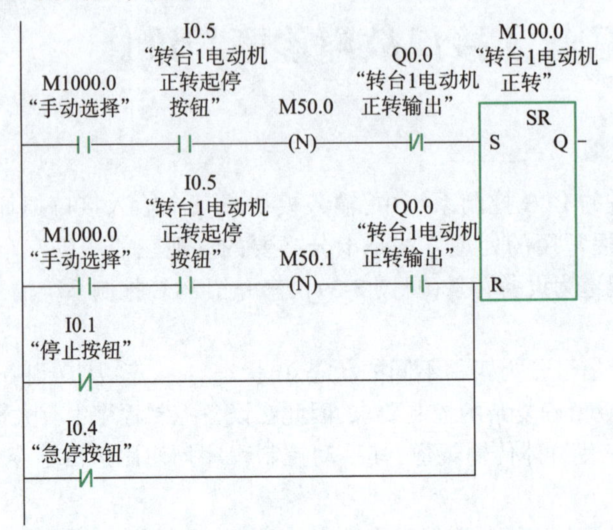

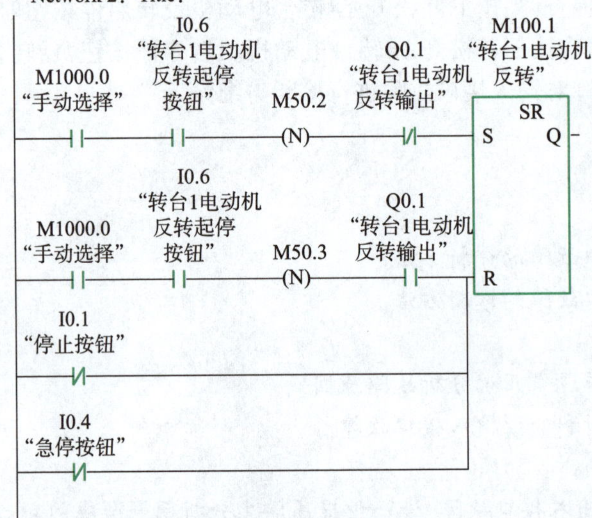

图 4-8　1#转台手动部分控制程序

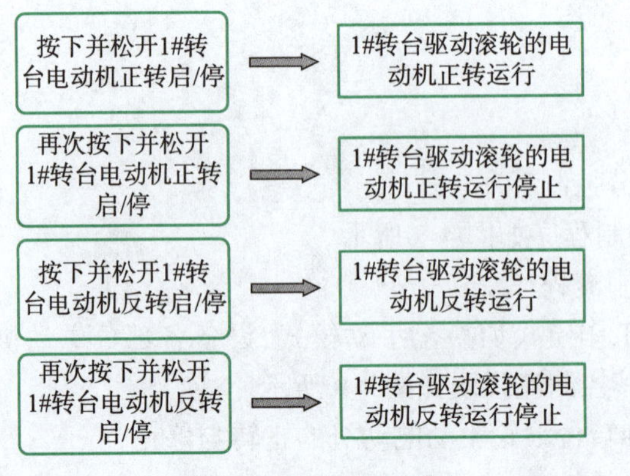

图 4-9　手动控制流程图

②单按钮。控制1#转台滚轮电动机的反转与停止。

③单按钮。控制1#转台的0°和90°位置切换。

(3)1#转台手动控制部分地址分配表

1#转台手动控制部分地址分配表见表4-1。

表4-1　1#转台手动控制部分地址分配表

输入元件名称	输入元件地址	输出元件名称	输出元件地址
启动按钮	I0.0	1#转台电动机正转输出	Q0.0
手动	I0.2	1#转台电动机反转输出	Q0.1
自动	I0.3	直线滚道电动机输出	Q0.2
急停按钮	I0.4	1#转台旋转气缸线圈	Q0.7
1#转台电动机正转启停按钮	I0.5	1#转台挡料伸缩线圈	Q1.0
1#转台电动机反转启停按钮	I0.6		
直线辊道电动机启停按钮	I0.7		
1#转台旋转按钮	I1.2		
1#转台旋转至90°到位	I2.0		
1#转台旋转至0°到位	I2.1		
1#转台工件到位	I2.2		
直线滚道工件到位	I2.3		
清洗机有工件	I3.2		

2. 故障现象描述

(1)维修人员发现现场设备故障

维修人员在节假日对该设备进行日常的点检，将设备工作模式切换至手动模式，对设备进行各部分运行情况的检查，当按下并松开1#转台滚轮驱动电动机正转启停按钮I0.5时，1#转台滚轮驱动电动机正转运行，再次按下并松开1#转台电动机正转启停按钮，1#转台电动机正转运行停止；当按下并松开1#转台电动机反转启停按钮I0.6时，1#转台电动机反转没有启动运行，反复多次按下并松开1#转台电动机反转启停按钮I0.6，1#转台电动机依然无任何动作。

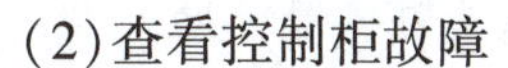

(2)查看控制柜故障

维修人员到现场查看控制柜中PLC控制系统未见异常，电源模块、CPU模块也未见异常，无任何报警指示。

(3)通过设备按钮查看控制柜故障

在设备上反复多次按下并松开1#转台电动机反转启停按钮，查看控制柜中PLC的输入接口I0.6始终不亮。

二、故障分析与维修

1. 故障分析

由于手动模式下，按下1#转台电动机正转启停按钮I0.5时，1#转台电动机正转运行，因此排除输入模块故障和模块电源故障的可能性。

因为1#转台控制系统是在正常工作结束后出现故障的，且PLC没有出现任何异常故障现象，因此排除软件故障的可能性。

在手动工作模式下，PLC 的输入接口 I0.6 始终不亮，且相应的执行元件没有动作，故障显然发生在输入部分。

2. 故障维修

扫一扫

输入接口故障维修

(1)故障检测

首先在线监视程序的运行，查看输入、输出接口的信号状态，维修人员用笔记本电脑在线监控程序的运行，过程如下：

①打来编程器，运行 STEP7 软件并打开设备 PLC 程序；

②连接通信电缆，设定 PG/PC/接口通信参数；

③对比在线与离线程序，保证离线程序与在线程序一致；

④在线监视程序运行，在手动工作模式下，按下 1#转台滚轮驱动电动机反转启停按钮，程序中对应的输入地址 I0.6 没有接通，指示灯也不亮；按下并松开 1#转台电动机正转起停按钮，程序中对应的输入地址 I0.5 通、断正常，I0.5 输入接口指示灯正常通、断。初步判断故障点可能是输入接口 I0.6 损坏或线路故障。

(2)进一步确定故障点

①将万用表调至直流电压挡位；

②在按下不松开 1#转台电动机反转启停按钮的条件下，将红色表笔接对应的输入接口 I0.6 接口端，黑色表笔接输入模块的 M 端，表显电压 DC 24 V，电压正常；松开 1#转台电动机反转起停按钮再测量，DC 24 V 电压消失，说明输入接口 I0.6 的外围线路及元件正常，判断输入接口 I0.6 损坏。

(3)故障维修——更换输入接口

①设备拉闸断电，挂上“禁止合闸”警告牌；

②将损坏的输入接口接线更换至同一个输入模块的备用接口 I1.7 上；

③取下“禁止合闸”警告牌，设备控制系统合闸送电；

④在 SIMATIC 管理器中使用重新接线完成新、旧地址的整体替换；

⑤将 CPU 切换至 STOP 模式；

⑥保存并下载控制程序；

⑦打开符号表，将原输入地址 I0.6 的符号，通过查找和替换修改为新的输入地址 I1.7。

(4)通电试车

①在控制柜中查看 1#转台电动机反转启停按钮对应的输入接口 I1.7 指示灯熄灭，现场按下 1#转台电动机反转启停按钮，输入接口 I1.7 指示灯点亮，松开按钮，输入接口 I1.7 指示灯熄灭，输入信号正常；

②将 CPU 工作模式切换至 RUN；

③手动按下 1#转台电动机反转启停按钮，1#转台电动机反转运行，再次按下 1#转台电动机反转启停按钮，1#转台电动机反转停止运行；

④将设备各部分均调整至初始位置；

⑤将工作模式切换至自动模式，按下启动按钮，启动自动控制。

⑥维修任务完成后，维修人员收好笔记本电脑、万用表及工具，清理维修现场。

整个维修过程结束。

任务工单七

课程名称		专业			
任务名称		班级		姓名	
任务要求	1. 识别 PLC 输入接口故障 2. 判断 PLC 输入接口故障 3. 维修 PLC 输入接口故障				

一、工具器材

①设备：

②工具：

③仪表：

二、任务实施

1. 描述 PLC 输入接口故障现象

2. 分析 PLC 输入接口故障

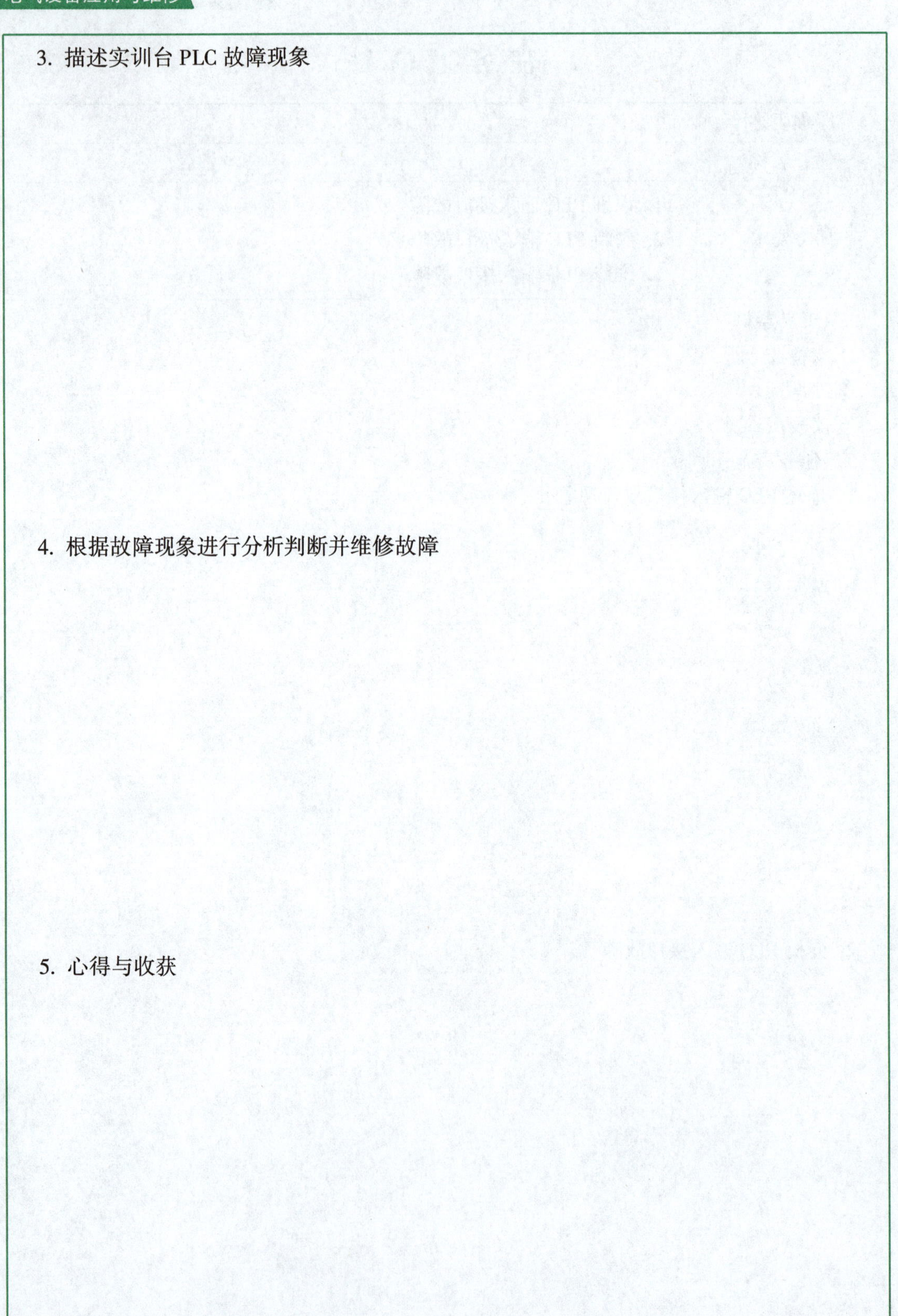

3. 描述实训台 PLC 故障现象

4. 根据故障现象进行分析判断并维修故障

5. 心得与收获

习题

一、填空题

1. RLO 是________________的简称。

2. POS 是________________的简称。

3. NEG 是________________的简称。

二、简答题

1. RLO 上升沿检测的符号和作用分别是什么?

2. RLO 下降沿检测的符号和作用分别是什么?

3. 地址位的信号上升沿检测的符号和作用分别是什么?

4. 地址位的信号下降沿检测的符号和作用分别是什么?

5. 编写程序,在 I0.0 的上升沿将 M110~MW58 清零。

三、实例应用

1. 将三个指示灯接在输出线上,要求:SB0、SB1、SB2 三个按钮任意一个按下时,灯 HL0 亮;任意两个按钮按下时,HL1 亮;三个按钮同时按下时,灯 HL2 亮;没有按钮按下时,所有灯均不亮。试用 PLC 程序来实现上述控制要求。

2. 采用一个按钮控制两台电动机依次顺序启动,控制要求:按下启动按钮 SB1,第一台电动机 M1 启动;松开按钮 SB1,第二台电动机 M2 启动。这样可使两台电动机按顺序启动。按停止按钮 SB2 时,两台电动机同时停止。电动机采用热继电器 FR 作为过载保护,FR 使用常闭触点。

要求:

(1) 完成输入/输出信号器件分析;

(2) 完成硬件组态及 I/O 地址分配;

(3) 画出接线图;

(4) 编写并调试控制程序。

3. 某车库自动卷帘门如图 4-10 所示,用 PLC 控制。用钥匙开关选择大门的控制方式,钥匙开关有三个位置,分别是停止、手动和自动。在停止位置时,不能对大门进行控制,在手动位置时,可用按钮进行开门和关门。在自动位置时,可由汽车司机控制,当汽车到达大门前时,由司机发出开门超声波编码,超声波开关收到正确的编码后,输出逻辑 1 信号,通过可编程控制器控制开启大门。

用光电开关检测车辆的进入,当车辆进入大门过程中,光电开关发出的红外线被挡住,输出逻辑 1,当车辆进入大门后,红外线不受遮挡,输出逻辑 0,此时大门关闭。

试用 PLC 编程来实现上述控制要求。

4. 如图 4-11 所示,传送带一侧装配有两个反射式光电传感器(PEB1 和 PEB2,安装距离小于包裹的长度),用于检测包裹在传送带上的移动方向,并用指示灯 L1 和 L2 指示。其中光电传感器触点为常闭触点,当检测到物体时动作(断开)。用三个常开按钮控制传送带的左向、右向和停车。试用 PLC 编程实现上述控制要求。

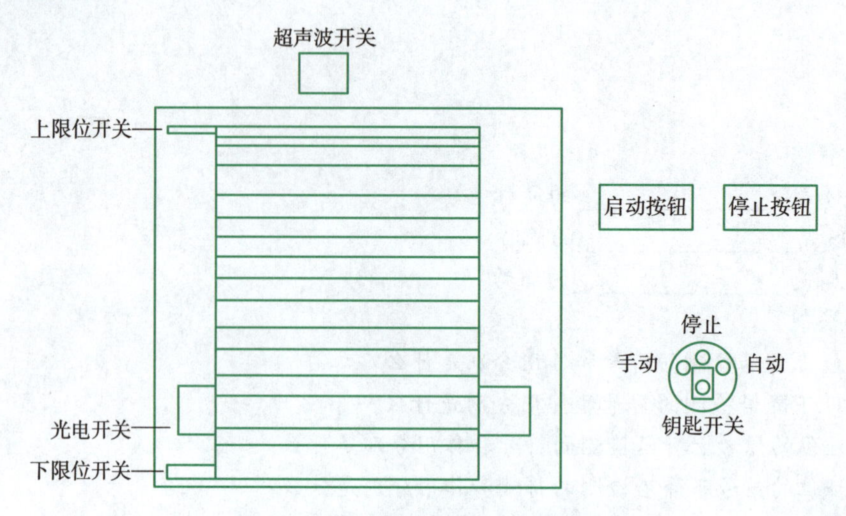

图 4-10　汽车车库自动卷帘门示意图

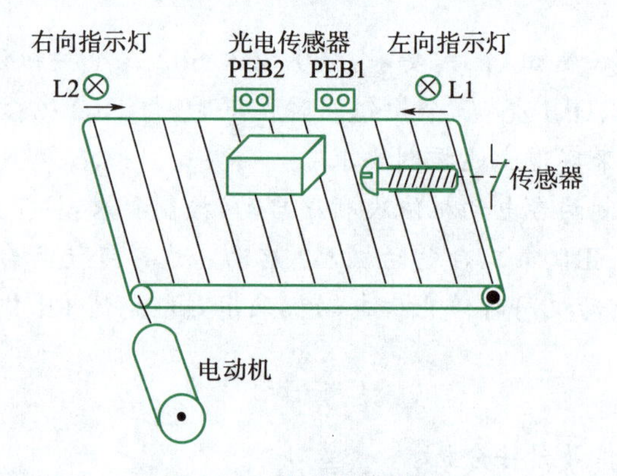

图 4-11　传送带示意图

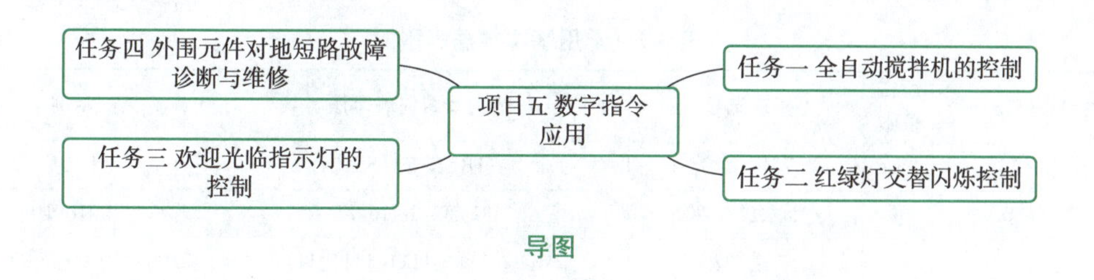

导图

任务一　全自动搅拌机的控制

任务提出

在控制任务中,经常需要各种各样的定时功能。SIMATIC S7 可编程控制器为用户提供了一定数量的具有不同功能的定时器。如全自动搅拌机的控制就需要定时器指令来完成,自动搅拌机的运动过程需要启动电动机正转,运行 3 s 后自动停止,并在 2 s 后自动切换到反转运行。反转运行 3 s 后自动停止,延时 2 s 后再自动切换到正转运行,如此循环往复。

学习目标

知识目标

(1)掌握 STEP 7 中的数据类型。

(2)掌握数据的装载和传递。

(3)掌握五种定时器指令的区别。

(4)掌握定时器指令的编程方法。

技能目标

(1)能够合理使用 STEP 7 中的数据。

(2)能够完成数据的装载和传递。

(3)能合理选择定时器指令。

(4)能正确使用定时器指令完成程序的设计。

素质目标

通过使用定时器指令完成程序的设计,培养学生深度思考的能力及团队合作意识。

知识链接

一、数据类型

数据类型决定数据的属性,在 STEP7 中,数据类型分三大类:基本数据类型、复合数据类型和参数数据类型。其中基本数据类型 12 种,长度不超过 32 位,最小 1 位。复合数据类型,由基本数据复合而成。参数数据类型属于指针类数据,用于传递块号和数据地址等信息。

1. 基本数据类型

基本数据类型定义不超过 32 位,可利用 STEP 7 的基本指令处理。基本数据类型有 12 种,常用基本数据类型见表 5-1。

表 5-1 常用基本数据类型

类型和描述	所占位数	格式选项	范围及数值表示法	示例
BOOL(位)	1	布尔文本	TRUE/FALSE	TRUE
BYTE(字节)	8	十六进制数	B#16#0~B#16#FF	B#16#10
WORD(字)	16	二进制数	2#0~2#1111_1111_1111_1111	2#0001_0000_0000_0000
		十六进制数	W#16#0~W#16#FFFF	W#16#1000
		BCD	C#0~C#999	C#126
		无符号的十进制数	B#(0,0)~B#(255,255)	B#(12,20)
DWORD(双字)	32	二进制数	2#0~2#1111_1111_1111_1111_1111_1111_1111_1111	2#0001_0000_0000_0001_1111_1111_1111_0100
		十六进制数	DW#16#0000_0000~DW#16#FFFF_FFFF	DW#16#0023_0AC5
		无符号十进制数	B#(0,0,0,0)~B#(255,255,255,255)	B#(0,125,25,200)
INT(整数)	16	有符号十进制数	-32 768~32 767	1
DINT(整数 32 位)	32	有符号十进制数	L#2147483648~L#2147483647	L#2

(1)位(BOOL)

位数据的数据类型为 BOOL 型,在软件编程中 BOOL 变量的值 1 和 0 常用英语单词 TURE(真)和 FALSE(假)来表示,对应二进制数中的"1"和"0",常用于开关量的逻辑运算,存储空间为 1 位。位存储单元的地址由字节地址和位地址组成。

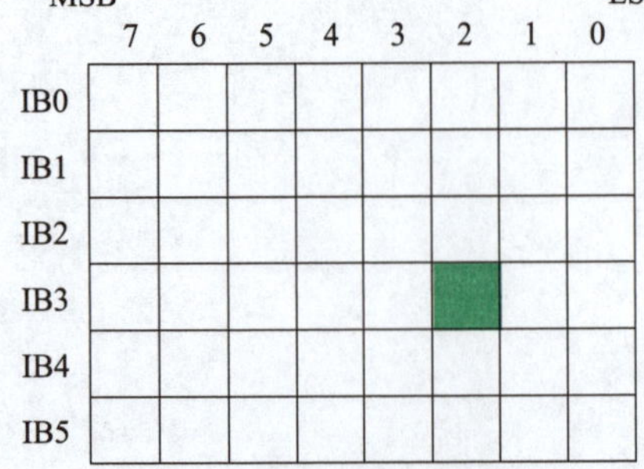

图 5-1 输入映像寄存器地址

例如图 5-1 所示在输入映像寄存器中,I3.2 中的区域标示符"I"表示输入,字节地址为 3,位地址为 2。

(2)字节(BYTE)

8 位二进制数组成一个字节(Byte)。数据格式为 B#16#,B 代表 BYTE,表示数据长度为一个字节(8 位),#16#表示十六进制,取值范围为 B#16#0~B#

16#FF。

如图 5-2 所示，MB100 表示一个字节，其中最低位为 0。即 M100.0，最高位为 7，即 M100.7。

(3)字(WORD)

相邻的两个字节组成一个字，字用来表示无符号数。字的长度为 16 位。如图 5-3 所示，MW100 位一个字，其中编号小的字节 MB100 为高位字节，编号大的字节 MB101 为低位字节。即在字 MW100 中最低位为 M101.0，最高位为 M100.7。

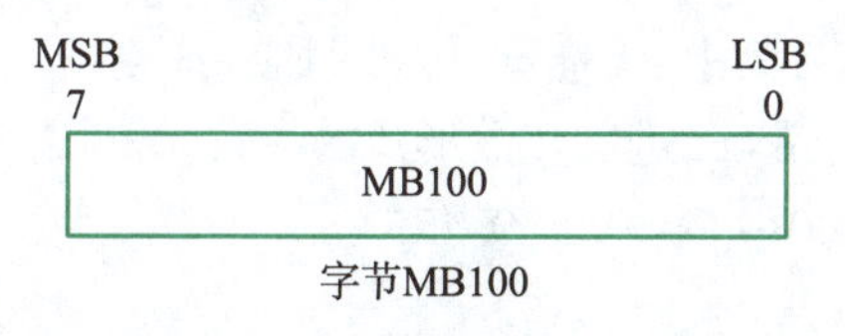

图 5-2　字节 MB100 内部存储位

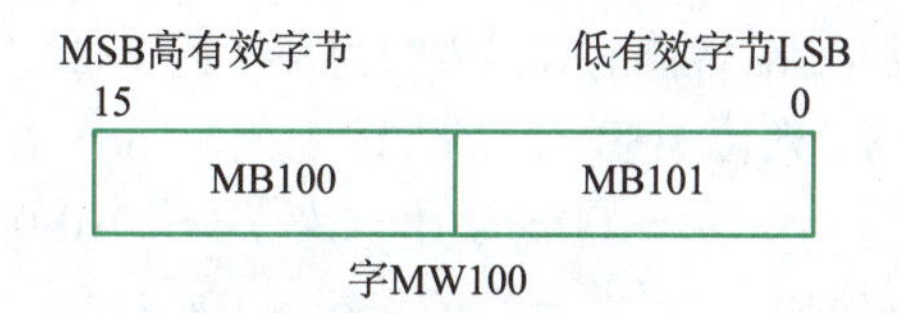

图 5-3　字 MW100 内部字节

(4)双字(DWORD)

相邻的两个字组成一个双字，双字用来表示无符号数，数据长度为 32 位，双字的数据格式与字的数据格式相同，也有四种表示方式。如图 5-4 所示，MD100 位一个双字，包括两个字 MW100，MW102，包含四个字节 MB100，MB101，MB102，MB103，其中编号最小的字节 MB100 为最高位字节，编号最大的字节 MB103 为最低位字节。

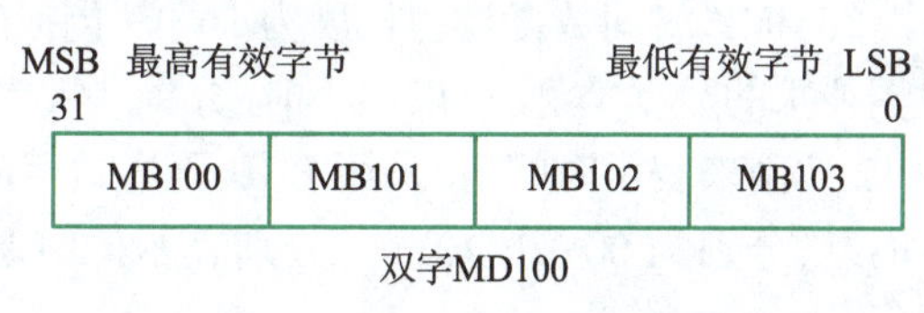

图 5-4　双字 MD 内部字节

(5)整数(INT)

整数数据类型的长度为 16 位。数据格式为带符号数，最高位为符号位，最高位为 0 时为正数，为 1 时为负数。正整数是以原码格式存储的。负整数是以正整数的补码形式存储的。计算机中将负零(1000_0000_0000_0000)定义为-32 768，因此整数的取值范围为-32 768~32 767。

如图 5-5 所示，整数的内部数据分布，+296 用 16 位存放，用 15 位存放 296 数据，最高位用来存放符号位。

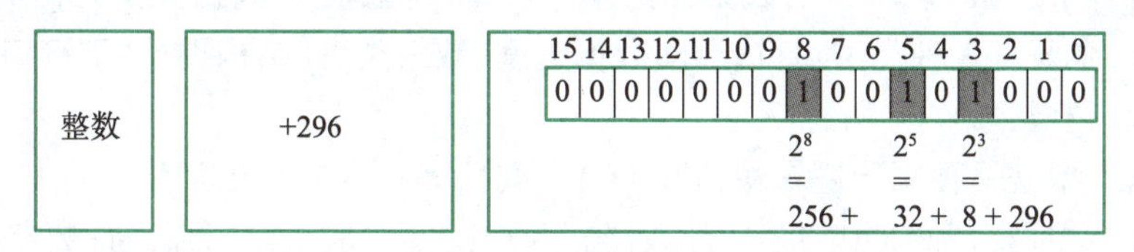

图 5-5　整数的内部位

(6)双整数(DINT)

双整数的数据类型长度为 32 位，数据格式为带符号数，最高位为符号位。用 L#表示双整数。取值范围为 L#-2 147 483 648~L#2 147 483 647。

(7)浮点数(REAL)

浮点数的数据类型长度为 32 位，又叫实数，SIMATIC S7 中的实数(REAL)表示方法如图 5-6 所示，优点是用很小的存储空间(4K)可以表示非常大和非常小的数。其取值范围为 ±3.402 823e+38~±1.1 755 494e-38。

实数用 $1.m\times2^{E}$ 表示，例如 123.4 可表示为 1.234×10^{2}，指数 $E=e-127(1\leqslant e\leqslant254)$ 为 8 位整数。符号位(S)为 0 时表示正值，为 1 时表示负值。

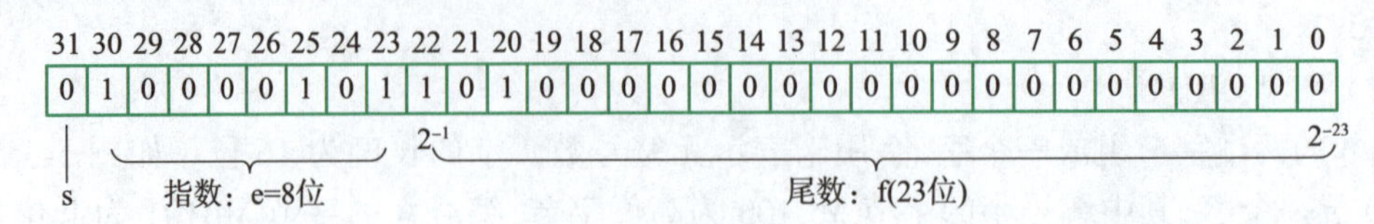

图 5-6　实数表示法

常规 REAL 数值的表示方法为：$s\times(1.f)\times2^{(e-127)}$，其中 s＝符号位，(0 对应+，1 对应-)；f＝23 位尾数，最高有效位 $MSB=2^{-1}$，最低有效位 $LSB=2^{-23}$；e＝二进制整数形式的指数(0<e<255)。

示例：s＝0　e＝1000 0101＝133　f＝1010 0000……＝0.5+0.125+……

$R=+1.625\times2^{133-127}=1.625\times64=104.0$

(8)S5 系统时间

S5TIME 时间数据类型长度为 16 位，包括时基和时间常数两部分。S5TIME 数据类型为定时器要求的数据类型，可以用小时、分钟、秒、毫秒指定，数据格式为 S5T#20S。16 位存储空间中 12 位用来表示时间值，采用 BCD 码格式存放 13、14 两位数据，用来表示时间基准。共有四种时基，分别为 00、01、10、11，分别表示的时基为 10 ms、100 ms、1 s、10 s，定时器字如图 5-7 所示。

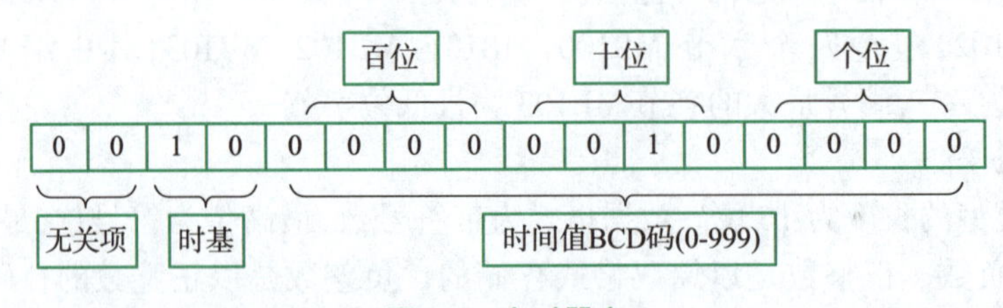

图 5-7　定时器字

如 S5T#20S，采用的时基为 1 s，BCD 码存放的数据为 20，存储时间为 20×1 s＝20 s。

2. 复合数据类型

在 STEP7 中长度超过 32 位的数据称为复合数据类型，复合数据类型是由其他基本数据类型组合而成，主要有六种类型：日期时间数据类型、数组类型、结构类型、字符串类型、用户定义类型、功能块类型。

参数数据类型是一种用于逻辑块(FB、FC)之间传递参数的数据类型。

①TIMER(定时器)和 COUNTER(计数器)：对应的实参应为定时器或计数器的编号。

②BLOCK(块)：制定一个块用作输入和输出，实参应为同类型的块。

③POINTER(指针)：6B 指针类型，用来传递 DB 的块号和数据地址。

二、数据处理指令

1. 数据的装载与传递

装入(L)和传送(T)指令可以在存储区之间或存储区与过程输入、输出之间交换数据。

(1)装入指令 L

装入指令 L 是将被寻址的操作数的内容(字节、字或双字)送入累加器 1 中，数据在累加器 1 中右对齐(低位对齐),未用到的位清零。

(2)传送指令 T

T 指令将累加器 1 中的内容写入目的存储区中,累加器的内容保持不变。

(3)数据装载指令 MOVE

数据装载指令 MOVE,可以装载的数据可以是常数,也可以是存储空间。目标操作数可以是字节、字、双字。如图 5-8 所示,当 EN 信号接通时,可以将常数 5 存放入 MB5 中。

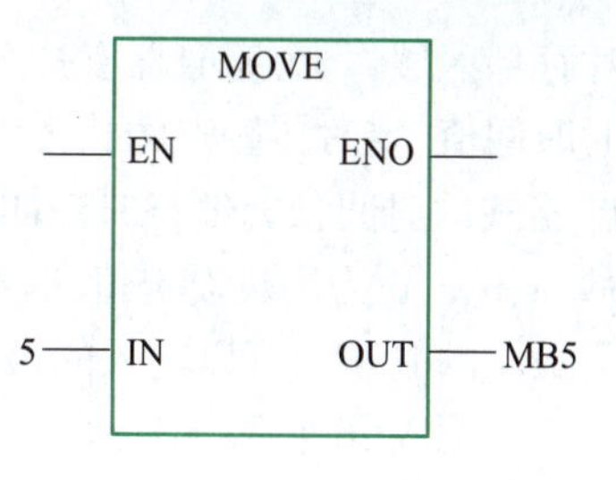

图 5-8　MOVE 传送指令

2. 累加器

S7-300 中有两个 32 位累加器 ACCU1 和 ACCU2。所有数学运算必须通过它进行传递和运算。数据装载时,将数据存放到累加器 1 中,将原累加器 1 中数据放入累加器 2 中。如图 5-9 所示分别展示累加器 1 中存放字节、字、双字的状态。装载数据与目标地址的长度不同时遵循低位优先原则,如图中所示,在将 MD0 中的数据传送到 QB4 中时,则 QB4 中的数据为 MB3。

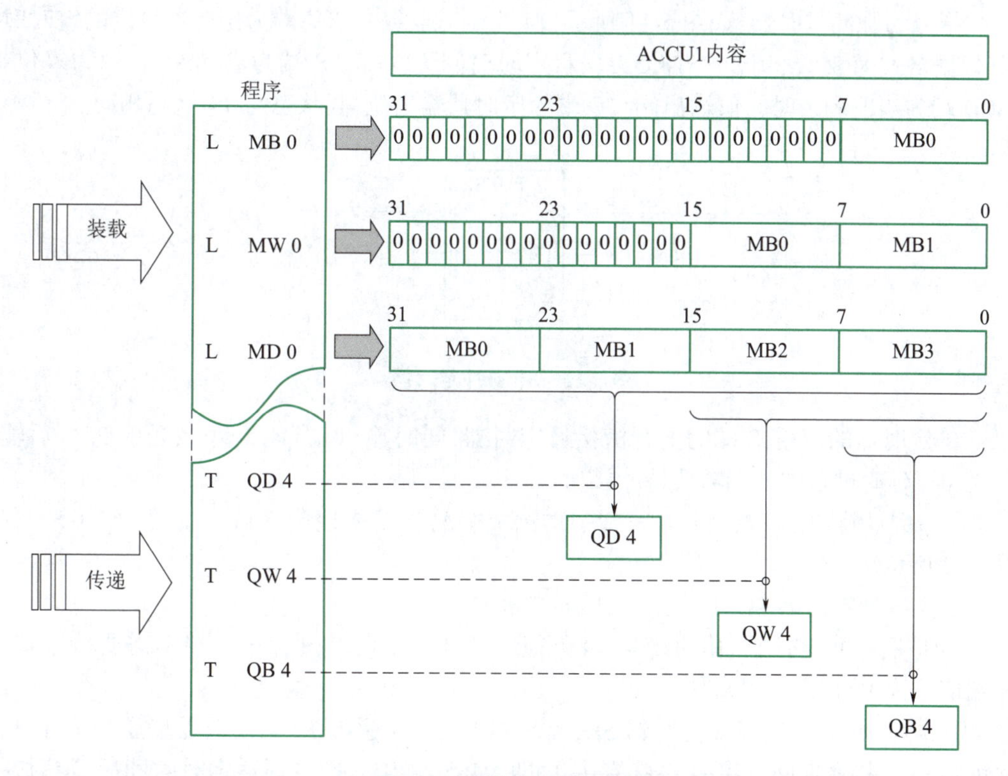

图 5-9　数据的装载与传递

三、定时器指令

在西门子 STEP7 软件中定时器共有 5 类,分别为脉冲定时器 SP、扩展脉冲定时器 SE、接通延时定时器 SD、保持性接通延时定时器 SS、关断定时器 SF。

S7-300 定时器的个数为 128~2 048 个,与 CPU 型号有关。S7-300 CPU 为定时器保留一片存储区域,每个定时器有一个16位的字和一个二进制位。定时器的字用来存放它当前的定时时间值,定时器触点的状态由它的位状态决定。定时器的预置值在梯形图中必须使用“S5T#”格式的时间预置值,S5T#aHbMcSdMS,其中,H表示小时,M表示分钟,S表示秒,MS表示毫秒,a、b、c、d为用户设定值,时基为CPU自动选择的,选择原则是在满足定时范围要求的条件下最小的时基。可以输入的最大时间值是9,990 s或2H_46M_30S。

如图5-10所示,S5T#43s200ms表示的时间常数,还可以是存储区:输入输出区、标志字、数据字。

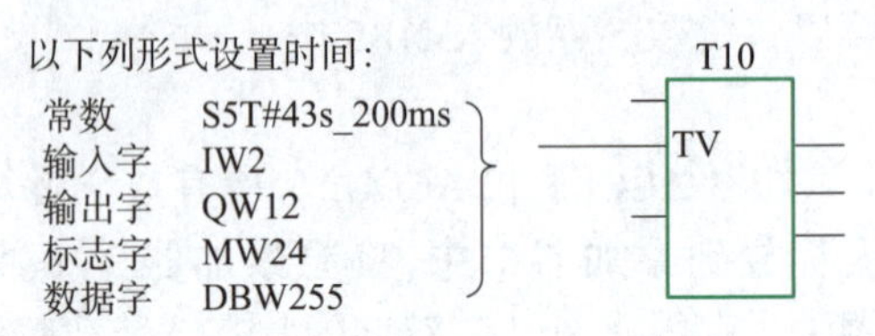

图5-10 定时器中时间值的设置

1. 脉冲定时器SP(Pulse Timer)

SP指令为脉冲定时器,如图5-11所示,T4为定时器编号,TV端为定时器设定的定时时间值,其数据格式为S5T#,例如S5T#35s,表示定时时间为35 s。S端为启动端,R端为复位端。BI、BCD端为当前剩余时间值输出端。Q端为定时器输出位,其状态与T4状态相同。

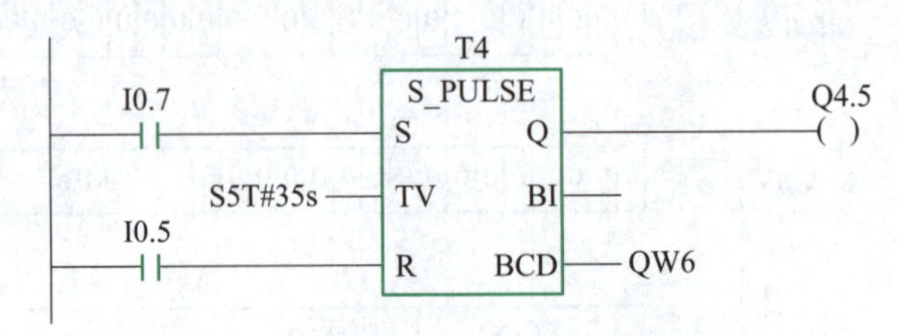

图5-11 SP脉冲定时器

SP的定时器的应用:S端的上升沿接通定时器,同时输出端Q4.5为1,延时35 s后输出Q4.5为0。延时过程中S端需要持续接通。

应用举例:用脉冲定时器设计一个周期振荡电路,振荡周期为5 s,占空比为3∶5。程序如图5-12所示。

2. 扩展脉冲定时器SE(Extended Pulse Timer)

SE为扩展脉冲定时器,其功能与sp类似。区别在于延时过程中s端不需要持续接通。当R端信号为1时,定时器复位。

如图5-13所示,扩展脉冲定时器SE,当S端来到一个上升沿时,定时器接通开始计时,计时时间为35 s,接通期间输出Q端状态为1,即Q4.5输出为1,当到达定时时间后,定时器断电,输出Q4.5为0。任意时刻R端接通时,定时器立即复位。

应用举例:按动启动按钮S1(I0.0),电动机M(Q4.0)立即启动,延时5 min以后自动关闭。启动后按动停止按钮S2(I0.1),电动机立即停机。其控制程序如图5-14所示。

3. 接通延时定时器SD(On_Delay Timer)

SD为通电延时定时器,S端上升沿接通定时器,定时器开始计时,到达计时时间后接通输出端Q4.5。只要S端信号一直接通,输出一直为1时。当S端为0或R端信号为1时,定时器复位。如图 5-15 所示，当 I0.7 接通后，定时器 T4 开始计时，计时时间为 35 s，达到 35 s 后，输出端 Q4.5 输出为 1。只要 I0.7 不断电，输出一直保持 1，任意时刻按下 I0.5 定时器复位。

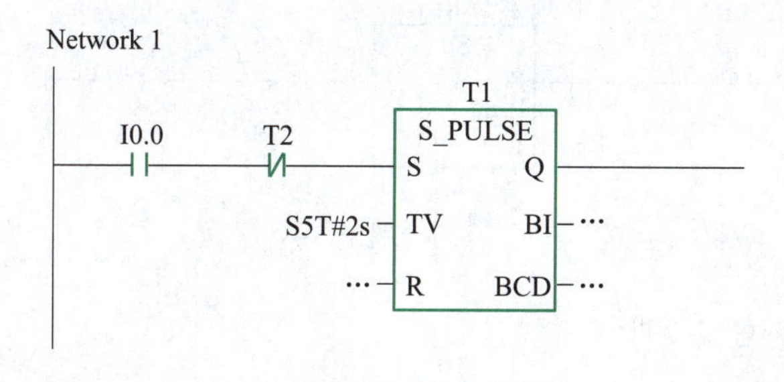

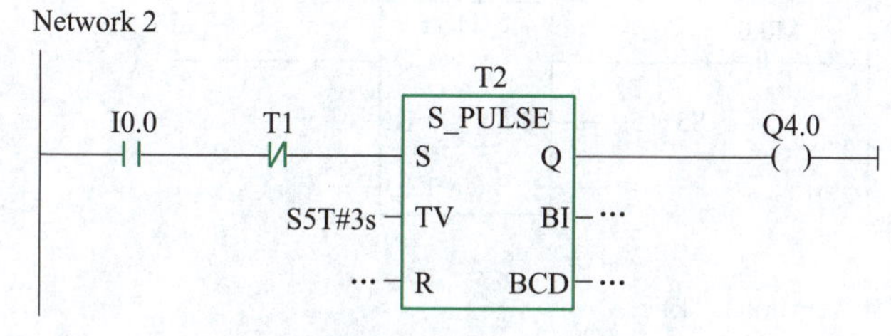

图 5-12　周期振荡电路程序

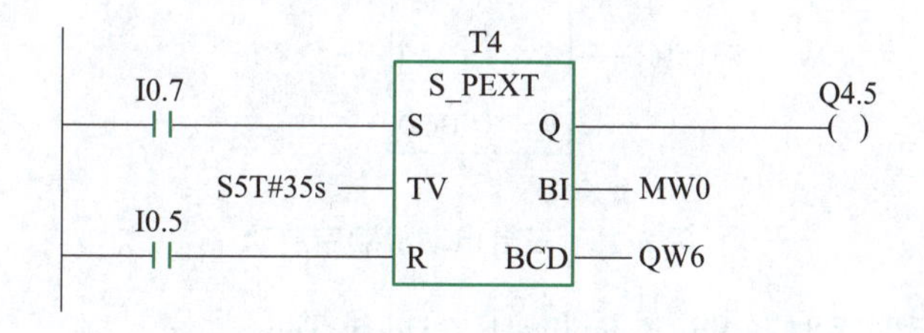

图 5-13　扩展脉冲定时器

图 5-14　电动机延时停机控制程序

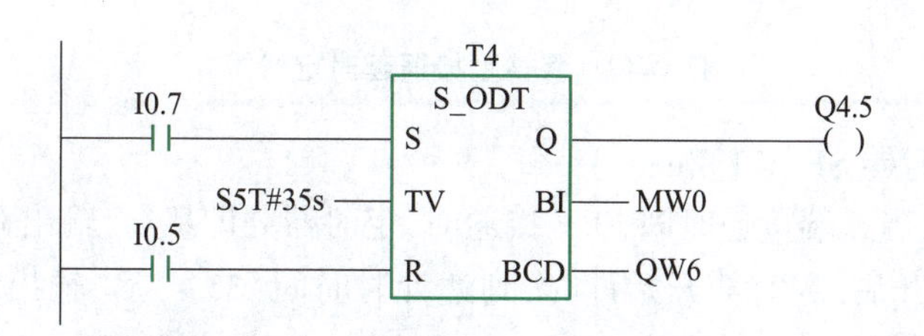

图 5-15　接通延时定时器

应用举例：有三台电动机 M1、M2、M3（Q0.0～Q0.2），按下启动按钮（I0.0）后 M1 启动，延时 5 s 后 M2 启动,再延时 16 s 后 M3 启动。按下停止按钮(I0.1),所有电动机停止运行。控制程序如图 5-16 所示。

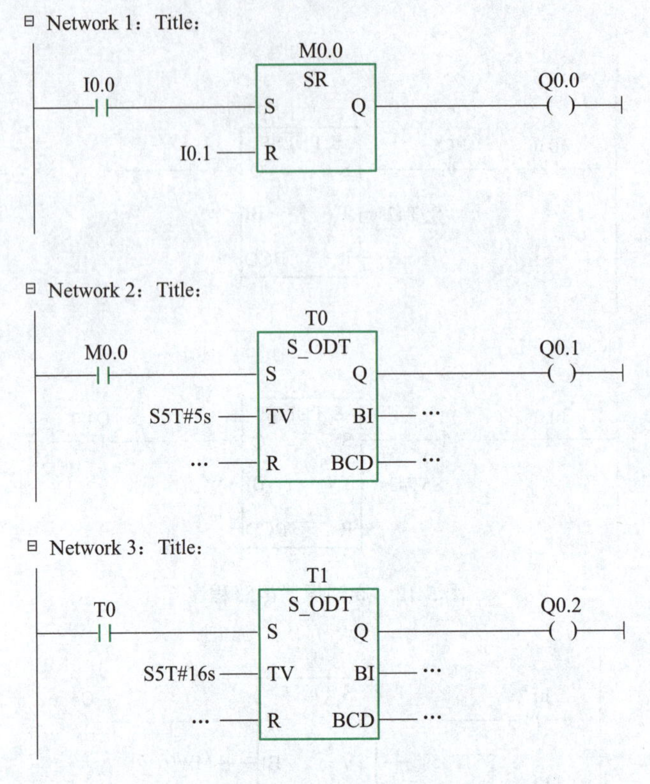

图 5-16　三台电动机顺序启动

4. 保持型接通延时定时器 SS(Retentive On_Delay Timer)

SS 为保持型接通延时定时器,如图 5-17 所示,当 S 端到来一个上升沿即 I0.7 到来一个上升沿时接通定时器计时,到达计时时间(35 s)后输出 Q4.5 变为 1。只有 R 端为 1 即 I0.5 接通时才能复位定时器,因此 SS 定时器必须用复位信号清空定时器。

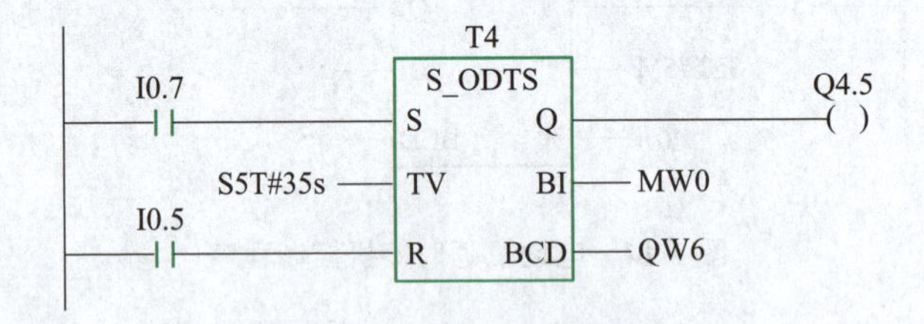

图 5-17　保持型接通延时定时器

5. 断电延时定时器 SF(Off_Delay Timer)

如图 5-18 所示,当 S 端接通时即 I0.7 接通时,定时器立即接通,输出 Q4.5 为 1,当 S 端信号断开后即 I0.7 断开后,定时器开始计时,到达计时时间(35 s)后,输出 Q4.5 变为 0。当 R 端信号为 1 时,定时器复位。

某些主机设备在运行时,需要风扇冷却,停机后风扇应延时一段时间后才断电,可以用断电延时定时器来方便地实现这一功能。

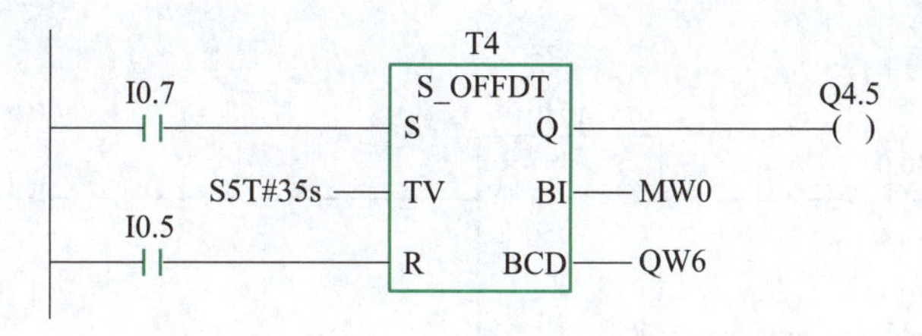

图 5-18　断电延时定时器

四、顺启逆停控制

某传输带由两个传送带组成,按物流要求按下启动按钮 S1 时,皮带电动机 M1 首先启动,延时 5 s 后皮带电动机 M2 自动启动;如果按停止按钮 S2,则 M2 立即停止,延时 10 s 后,M1 自动停止。传输带示意图如图 5-19 所示。

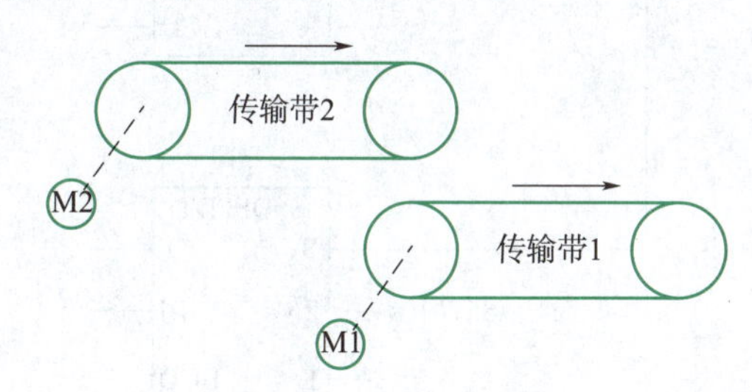

图 5-19　传输带示意图

图 5-20 所示为 PLC 的外部接线图,启动按钮地址为 I0. 0,停止按钮地址为 I0. 1,1#传送带地址为 Q0. 0,2#传送带地址为 Q0. 1。

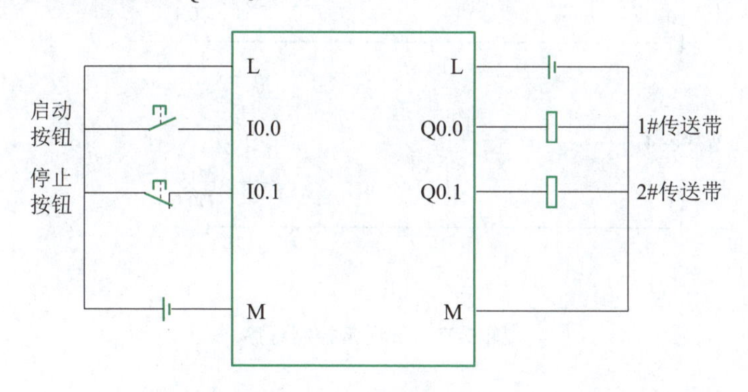

图 5-20　PLC 的外部接线图

传输带控制的梯形图如图 5-21 所示,用接通延时定时器和断电延时定时器完成程序控制。按下启动按钮,辅助继电器 M0. 0 置位为 1,M0. 0 接通,T0 接通,延时定时器开始计时,同时断电延时定时器 T1 接通为 1,此时 Q0. 0 状态为 1,1#传送带启动运行。到达 T0 接通延时定时器的延时时间 5 s 后,T0 接通为 1,此时 Q0. 1 状态为 1,即 2#传送带延时 5 s 后启动运行。当按下停止按钮 I0. 1 后,M0. 0 复位,状态为 0。此时接通延时定时器 T0 断电复位,T0 状态为 0,同时 Q0. 1 状态为 0,即 2#传送带停止运行。断电延时定时器 T1 接收到下降沿信号,开始计时 10 s,10 s 后延时复位其对应的常开触点,即 10 s 后 T1 常开触点断开,也就是 1#传送带延时 10 s 后断开。实现了两个传送带顺序启动逆序停止的控制。

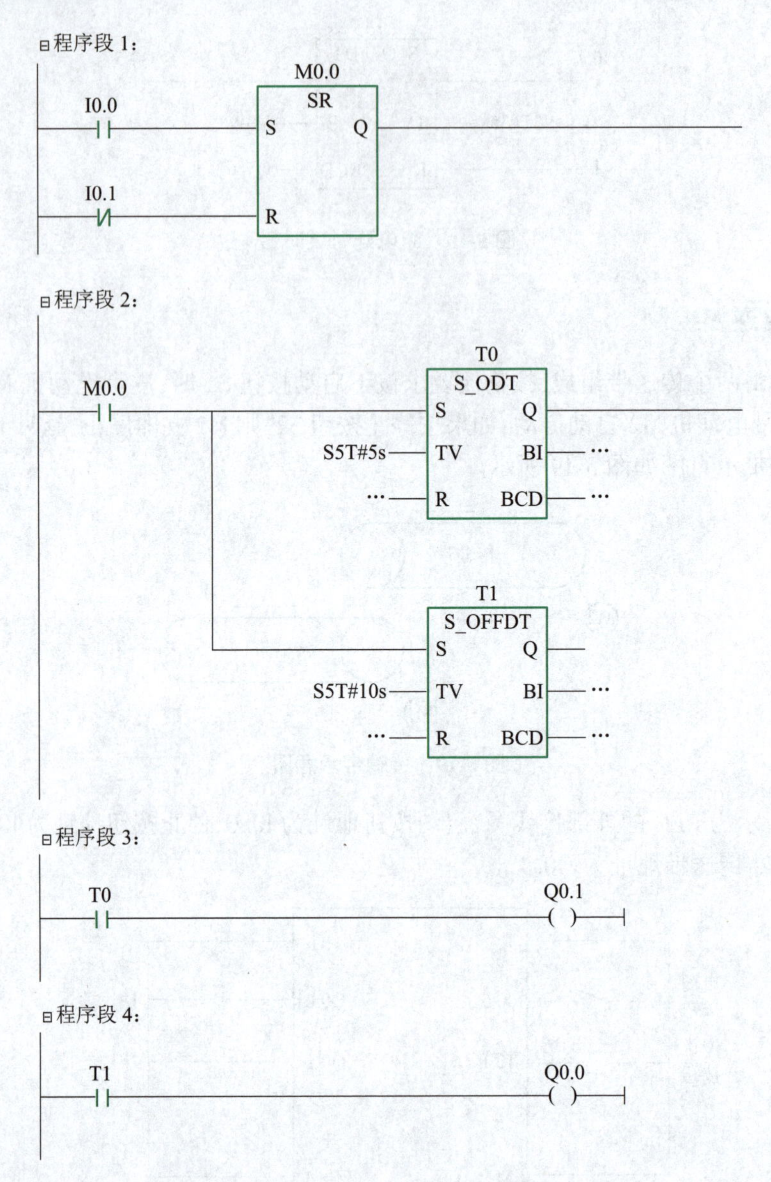

图 5-21　传送带控制程序

任务工单八

<table>
<tr><td>课程名称</td><td></td><td>专业</td><td colspan="3"></td></tr>
<tr><td>任务名称</td><td></td><td>班级</td><td></td><td>姓名</td><td></td></tr>
<tr><td>任务要求</td><td colspan="5">1. 按下启动按钮启动电动机正转,运行 3 s 后自动停止,并在 2 s 后自动切换到反转运行
2. 反转运行 3 s 后自动停止,延时 2 s 后再自动切换到正转运行,如此循环往复
3. 要求控制系统设有必要的安全保护</td></tr>
</table>

一、工具器材

①设备:

②工具:

③仪表:

二、任务实施

1. I/O 地址分配表

输入信号		输出信号	
名称	地址	名称	地址

2. 画出 PLC 外部接线图

3. 程序设计

4. 心得与收获

任务二　红绿灯交替闪烁控制

任务提出

在控制任务中，有时也需要用到比较、计数的功能。SIMATIC S7 可编程控制器为用户提供了一定数量的具有不同功能的计数器。在自动控制中，通常通过完成循环的次数来结束自动运行程序，本次任务需要通过编程完成红绿灯交替闪烁的控制。

学习目标

知识目标

(1)掌握 STEP 7 中的比较指令。

(2)掌握比较指令的编程方法。

(3)掌握 STEP 7 中的计数器的应用。

(4)掌握计数器指令的编程方法。

技能目标

(1)能正确应用比较指令完成程序设计。

(2)能合理选择计数器指令。

(3)能正确使用计数器指令完成程序的设计。

素质目标

通过使用计数器指令完成程序设计，培养学生积极主动的动手能力和一丝不苟的学习态度。

知识链接

一、比较指令

用于比较累加器 1 与累加器 2 中的数据大小，被比较的两个数的数据类型应该相同。如果比较的条件满足，则 RLO 为 1，否则为 0。比较指令分为“I”比较整数、“D”比较长整数、“R”比较浮点数三大类。比较的条件为：

==	IN1 等于 IN2
<>	IN1 不等于 IN2
>	IN1 大于 IN2
<	IN1 小于 IN2
>=	IN1 大于等于 IN2
<=	IN1 小于等于 IN2

1. 整数比较指令

整数比较指令见表 5-2。

表 5-2 整数比较指令

STL 指令	LAD 指令	FBD 指令	说明	STL 指令	LAD 指令	FBD 指令	说明
= =I	CMP==I IN1 IN2	CMP==I IN1 IN2	整数 相等 （EQ_I）	<I	CMP < I IN1 IN2	CMP < I IN1 IN2	整数 小于 （LT_I）
<>I	CMP < >I IN1 IN2	CMP < >I IN1 IN2	整数 不等 （NE_I）	>=I	CMP > =I IN1 IN2	CMP > =I IN1 IN2	整数 大于或等于 （GE_I）
>I	CMP > I IN1 IN2	CMP > I IN1 IN2	整数 大于 （GT_I）	<=I	CMP < =I IN1 IN2	CMP < =I IN1 IN2	整数 小于或等于 （LE_I）

2. 长整数比较指令

长整数比较指令见表 5-3。

表 5-3 长整数比较指令

STL 指令	LAD 指令	FBD 指令	说明	STL 指令	LAD 指令	FBD 指令	说明
= =D	CMP==D IN1 IN2	CMP==D IN1 IN2	长整数 相等 （EQ_D）	<D	CMP < D IN1 IN2	CMP < D IN1 IN2	长整数 小于 （LT_D）
<>D	CMP < >D IN1 IN2	CMP < >D IN1 IN2	长整数 不等 （NE_D）	>=D	CMP > =D IN1 IN2	CMP > =D IN1 IN2	长整数 大于或等于 （GE_D）
>D	CMP > D IN1 IN2	CMP > D IN1 IN2	长整数 大于 （GT_D）	<=D	CMP < =D IN1 IN2	CMP < =D IN1 IN2	长整数 小于或等于 （LE_D）

3. 实数比较指令

实数比较指令见表 5-4。

表 5-4 实数比较指令

STL 指令	LAD 指令	FBD 指令	说明	STL 指令	LAD 指令	FBD 指令	说明
= =R	CMP==R IN1 IN2	CMP==R IN1 IN2	实数 相等 （EQ_R）	<R	CMP < R IN1 IN2	CMP < R IN1 IN2	实数 小于 （LT_R）
<>R	CMP < >R IN1 IN2	CMP < >R IN1 IN2	实数 不等 （NE_R）	>=R	CMP > =R IN1 IN2	CMP > =R IN1 IN2	实数 大于或等于 （GE_R）
>R	CMP > R IN1 IN2	CMP > R IN1 IN2	实数 大于 （GT_R）	<=R	CMP < =R IN1 IN2	CMP < =R IN1 IN2	实数 小于或等于 （LE_R）

练习：某搅拌池中，用三台水泵控制水位高度。若水位高于 2 m，启动一台水泵；若水位高于 3 m，启动两台水泵；若水位高于 5 m，启动三台水泵并发出高报警信号（其中存储水位的数值存放于 MD0 中）。其控制程序如图 5-22 所示。

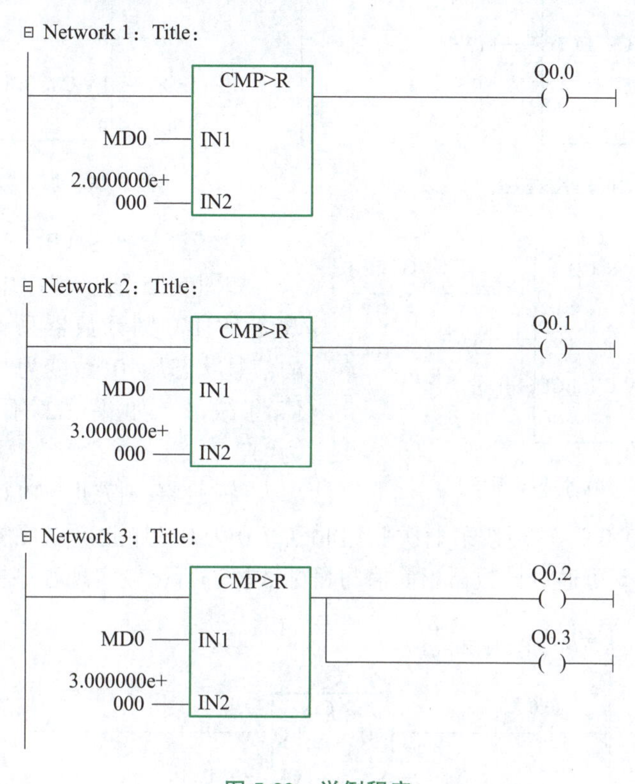

图 5-22　举例程序

二、计数器指令

在 CPU 中保留一块存储区作为计数器计数值存储区，每个计数器有一个保存当前计数器值的字和一个计数器状态位。用计数器地址（C 和计数器号，如 C0、C1）来访问当前计数器值和状态位，计数器字中的第 0～11 位是当前计数器的 BCD 码，计数范围是 0～999，预置值输入格式为“C#10”，预置值也可以为存储空间，如“MW0”。S7 中的计数器用于对 RLO 正跳沿计数。S7 中有三种计数器：S_CUD（加/减计数器）、S_CU（加计数器）、S_CD（减计数器）。

1. 加/减计数器 S_CUD

如图 5-23 所示程序中，如果 I0.2 从“0”改变为“1”，则计数器预置为 5。如果 I0.0 的信号状态从“0”改变为“1”，则计数器 C0 的值将增加 1。如果 I0.1 从“0”改变为“1”，则计数器 C0 的值减少 1。MW4 中存放当前计数器值，十六进制数格式；MW6 中存放当前计数器值，BCD 码格式。如果 C0 的值不等于零，则 Q4.0 为“1”。

2. 加计数器 S_CU

如图 5-24 所示程序中，如果 I0.1 从“0”改变为“1”，则计数器预置为 99。如果 I0.0 的信号状态从“0”改变为“1”，则计数器 C1 的值将加 1。如果 C1 不等于零，则 Q4.1 为“1”。

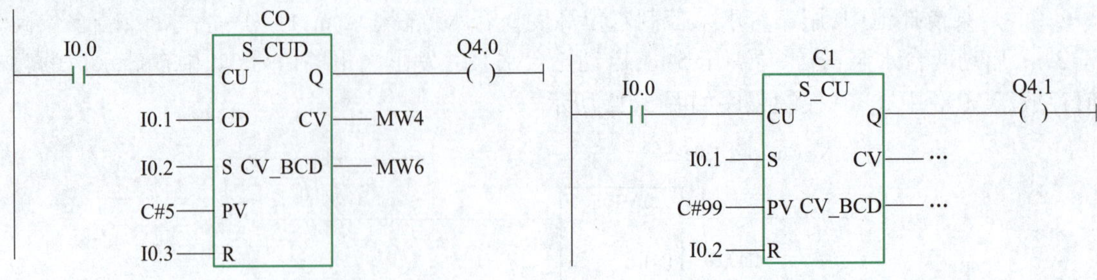

图 5-23　加减计数器指令　　　图 5-24　加计数器指令

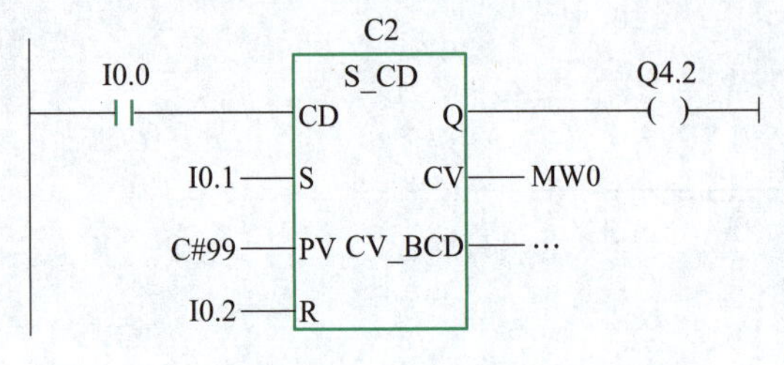

图 5-25　减计数器指令

3. 减计数器 S_CD

如图 5-25 所示程序中，如果 I0.1 从“0”改变为“1”，则计数器预置为 99。如果 I0.0 的信号状态从“0”改变为“1”，则计数器 C2 的值将减 1。如果 C2 不等于零，则 Q4.2 为“1”。

练习：将一按钮与 PLC 的 I0.0 相连接，当第三次按按钮时，Q0.0 为 1；当按第七次按钮时，Q0.0 为 0。如此可以反复操作，其程序参考控制如图 5-26 所示。可通过计数器当前值与目标数据进行比较实现程序控制。

程序段 1：标题：

C0
S_CD
I0.0
CU
Q
…
S
CV
MW10
…
PV CV_BCD
…
M0.1
R

程序段 2：标题：

CMP>=1
Q0.0
MW10
IN1
3
IN2

程序段 3：标题：

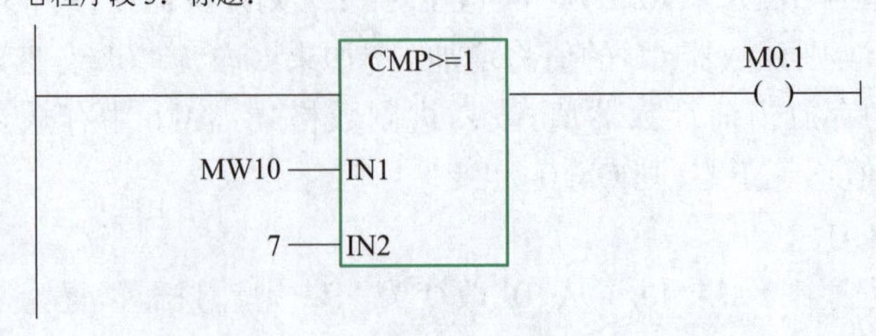

图 5-26　参考程序

任务工单九

课程名称		专业			
任务名称		班级		姓名	
任务要求	1. 按下启动按钮后,红灯立即点亮,5 s 后红灯熄灭,绿灯点亮 2. 再过 5 s 后绿灯熄灭,红灯点亮,回到初始状态 3. 如此反复 5 次后停止。任意时刻按下停止按钮后,红绿灯均熄灭				

一、工具器材

①设备:

②工具:

③仪表:

二、任务实施

1. IO 地址分配表

输入信号		输出信号	
名称	地址	名称	地址

2. 画出 PLC 外部接线图

3. 程序设计

4. 心得与收获

任务三　欢迎光临指示灯的控制

任务提出

在实际设备控制系统中，经常有一些复杂的控制，使用移位指令可以使复杂的控制大大简化。通过移位指令可以完成霓虹灯等设备的控制，本次任务通过移位指令完成广告牌灯箱控制，按下启动按钮后，“欢迎光临”四个灯分别以一定的时序点亮，从而完成要求的动作。如图 5-27 所示。

扫一扫

欢迎光临
指示灯动作

图 5-27　欢迎光临指示牌

学习目标

知识目标

(1)掌握各种移位指令的区别。

(2)掌握移位指令的编程方法。

技能目标

(1)能够合理选择移位指令。

(2)能够正确使用移位指令完成程序的设计。

素质目标

通过使用移位指令完成程序设计，培养学生精益求精的精神与多维度思考的能力。

知识链接

一、移位逻辑指令介绍

移位指令有 2 种类型，分别是基本移位指令和循环移位指令。基本移位指令可对无符号整数、有符号长整数、字或双字数据进行移位操作；循环移位指令可对双字数据进行循环移位和累加器 1 带 CC1 的循环移位操作。左移 n 位相当于乘以 2^n；右移 n 位相当于除以 2^n。

移位指令共有 8 种，其中无符号字的移位包括字的左移、右移，双字的左移、右移指令。有符号整数的移位包括 16 位有符号整数右移指令，32 位双整数右移指令，以及 32 位双字的循环左移、右移指令。

1. 有符号整数右移指令 SHR_I

如图 5-28 所示，EN 端为使能端，IN 为输入整数数据，N 为移位的位数，可以是存储空间也可以是常数,常数输入格式为 w#16#。当 I0.1 接通时,MW0 中的数据向右移动三位,低位溢出,最后移出来的位被装入状态字的 CCI 位;高位补符号位,正数移位后空出来的位填 0,负数右移后空出来的数填 1,移位后的数据放入到 MW2 中,如图 5-29 所示。

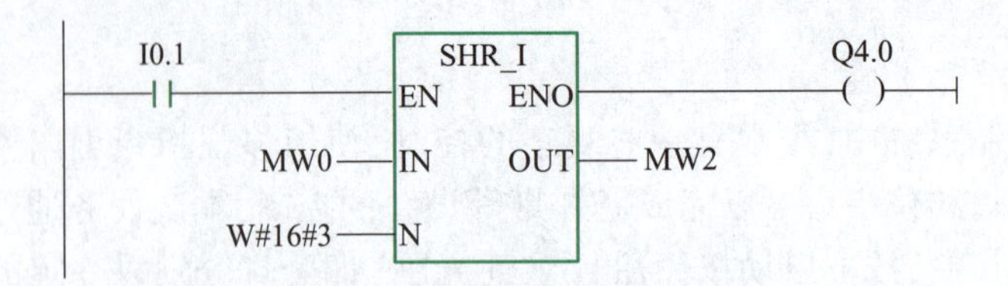

图 5-28　有符号整数右移指令

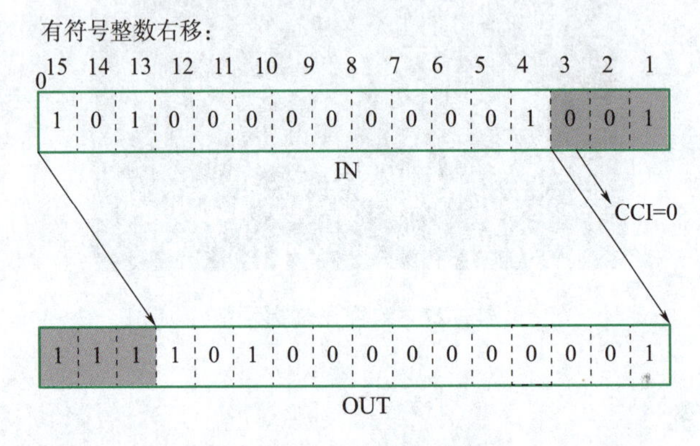

图 5-29　移位数据变化

2. 有符号长整数右移指令 SHR_DI

如图 5-30 所示,当 I0.1 接通时,常数 168 向右移动三位后,高位补符号位 0,移位后的数据放入到 MD10 中。

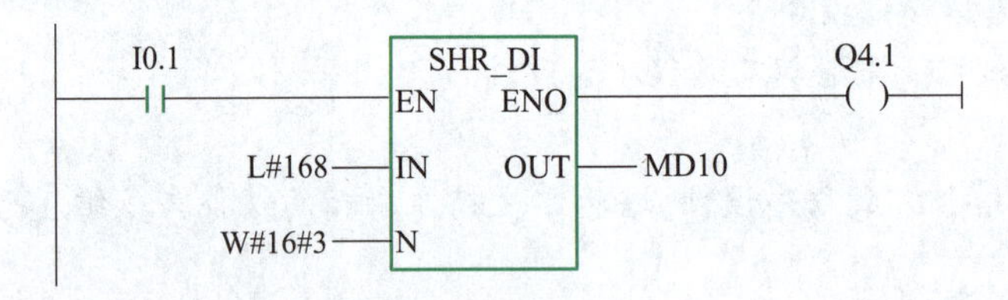

图 5-30　有符号长整数右移指令

3. 字的左移指令 SHL_W

如图 5-31 所示,当 EN 接通即 I0.1 接通时,MW4 中的数据左移 2 位,空出位补 0,移位后数据放入 MW12 中。

4. 字的右移指令 SHR_W

如图 5-32 所示,当 EN 接通即 I0.1 接通时,MW4 中的数据右移 2 位,空出位补 0,移位后数据放入 MW12 中。

5. 双字的左移指令 SHL_DW

如图 5-33 所示,当 EN 接通即 I0.1 接通时,MD4 中的数左移 3 位,空出位补 0,移位后数据放入 MD10 中。

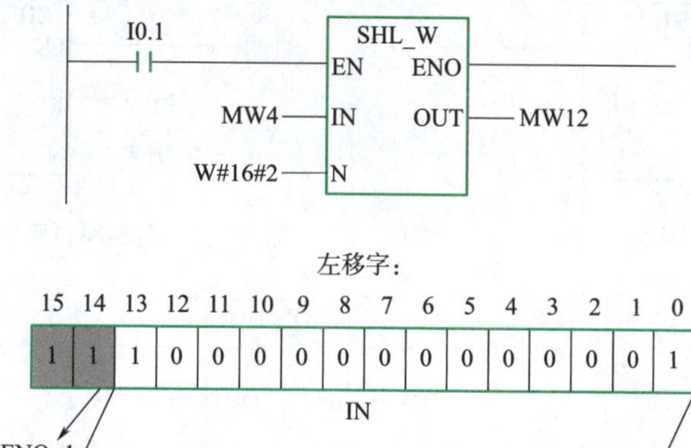

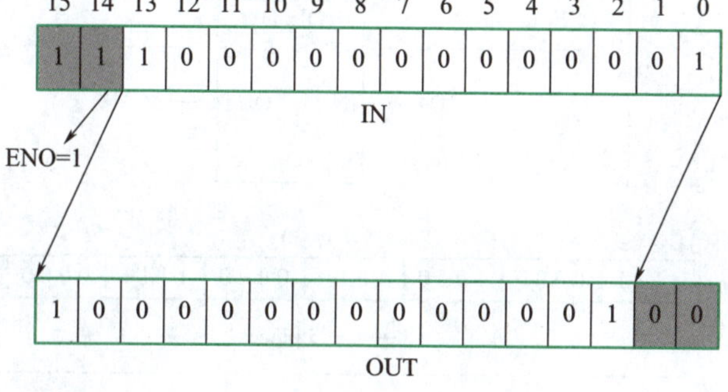

图 5-31　字的左移指令及移位数变化

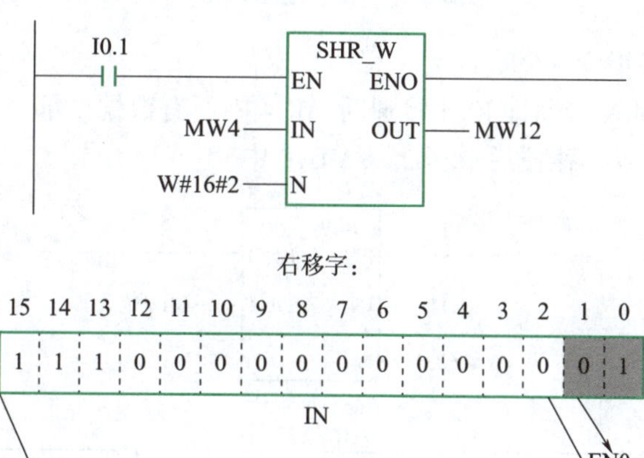

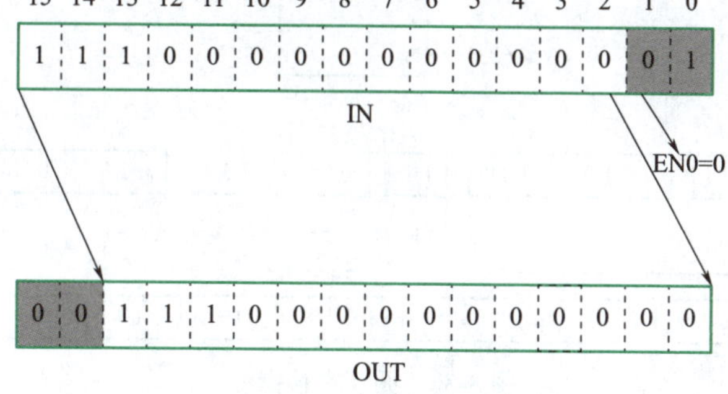

图 5-32　字的右移指令及移位数变化

6. 双字的右移指令 SHR_DW

如图 5-34 所示，当 EN 接通即 I0.1 接通时，MD4 中的数右移 3 位，空出位补 0，移位后数据放入 MD10 中。

7. 双字的循环左移指令 ROL_DW

如图 5-35 所示，当 EN 接通即 I0.1 接通时，MD4 中所有数据全部左移三位，最高三位移出数据送回到低位空出位置。移位后数据放入 MD10 中。

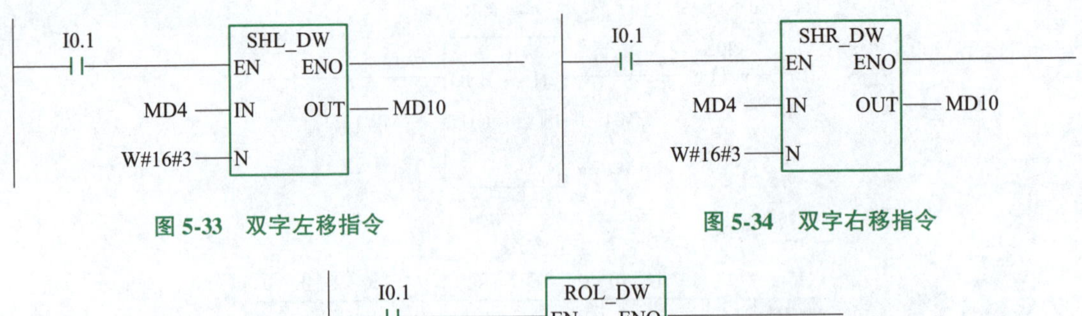

图 5-33　双字左移指令　　　　图 5-34　双字右移指令

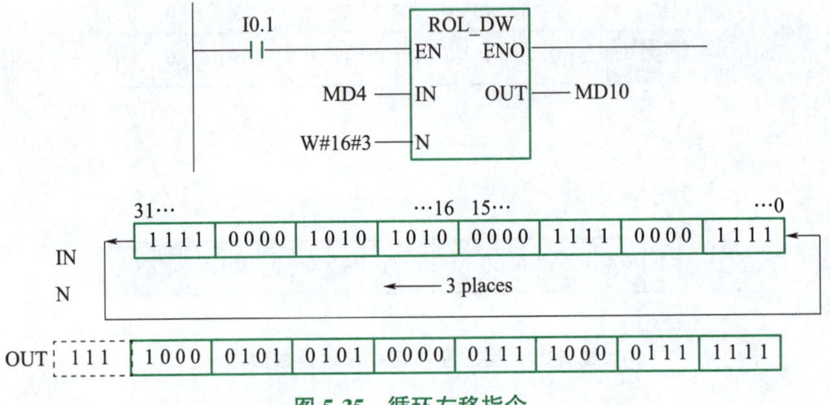

图 5-35　循环左移指令

8. 双字的循环左移指令 ROR_DW

如图 5-36 所示，当 EN 接通即 I0.1 接通时，MD4 中所有数据全部右移三位，最低三位移出数据送回到高位空出位置。移位后数据放入 MD10 中。

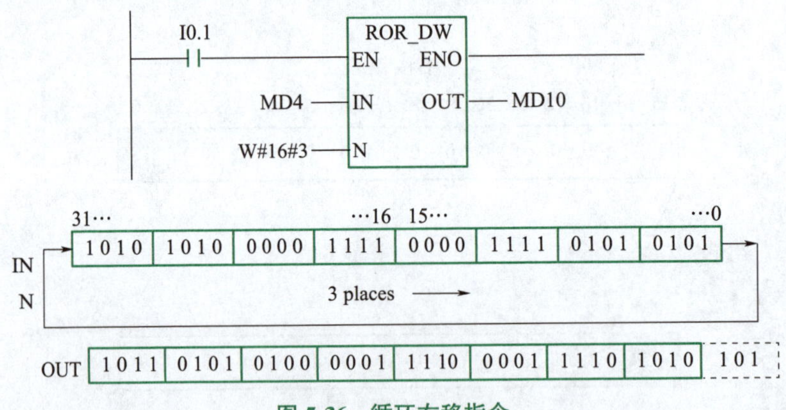

图 5-36　循环右移指令

练习 1：按下开关 I0.0，灯泡 L1、L2、L3、L4……L8 依次亮灭，周而复始，时间间隔为 1 s（即 L1 亮 1 s 后灭，接着 L2 亮，如此循环）。任意时刻按下 I0.1 灯熄灭。

IO 地址分配如图 5-37 所示，通过 I0.0 按钮完成对 MW0 数据赋初值为 1，让 MW0 中的数据 1 s 后左移一次，需用到左移指令，当移位完成八次以后再从头开始即可完成每秒钟左移一次并循环。

循环移位的时间可通过 CPU 时钟脉冲实现，将 CPU 时钟脉冲寄存器修改为 MB100，则 M100.5 为 1 s 脉冲，用 1 s 脉冲控制字的左移指令，移位后的数据放入原来存储位置即可实现每次移位后刷新 MW0 中的数据，最后将 MW0 中对应的数据连接至输出端控制指示灯。参考程序如图 5-38 所示。

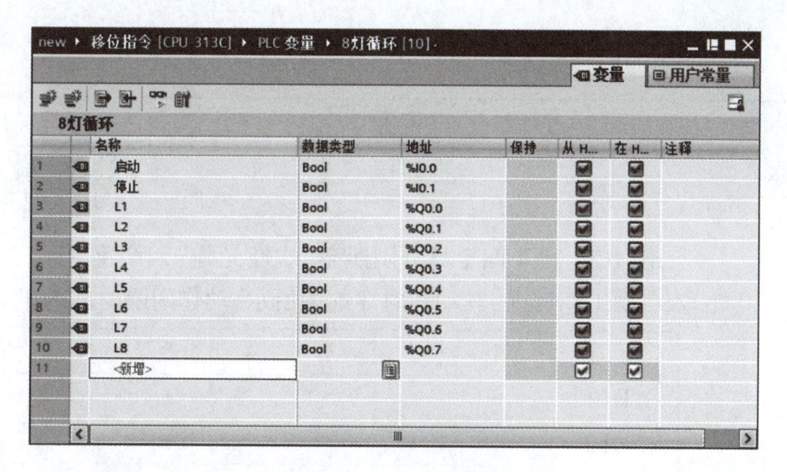

new ▸ 移位指令 [CPU 313C] ▸ PLC 变量 ▸ 8灯循环 [10]

变量 | 用户常量

8灯循环

	名称	数据类型	地址	保持	从 H...	在 H...	注释
1	启动	Bool	%I0.0		☑	☑	
2	停止	Bool	%I0.1		☑	☑	
3	L1	Bool	%Q0.0		☑	☑	
4	L2	Bool	%Q0.1		☑	☑	
5	L3	Bool	%Q0.2		☑	☑	
6	L4	Bool	%Q0.3		☑	☑	
7	L5	Bool	%Q0.4		☑	☑	
8	L6	Bool	%Q0.5		☑	☑	
9	L7	Bool	%Q0.6		☑	☑	
10	L8	Bool	%Q0.7		☑	☑	
11	<新增>				☑	☑	

图 5-37 IO 地址分配表

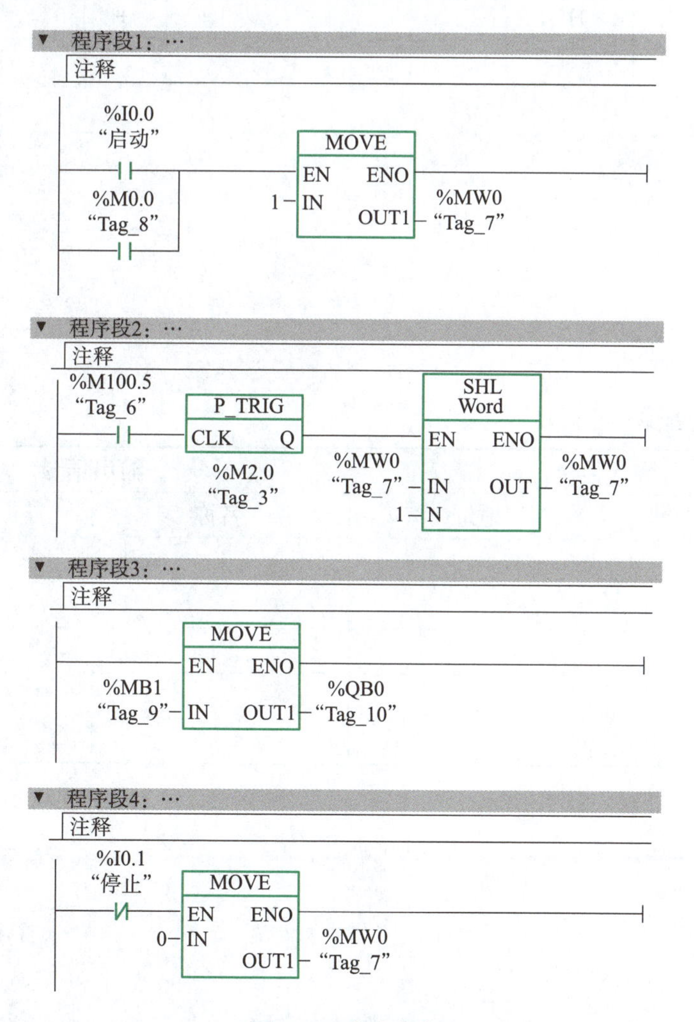

图 5-38 参考程序

任务工单十

<table>
<tr><td>课程名称</td><td></td><td>专业</td><td colspan="3"></td></tr>
<tr><td>任务名称</td><td></td><td>班级</td><td></td><td>姓名</td><td></td></tr>
<tr><td>任务要求</td><td colspan="5">用HL1～HL4四个灯分别照亮“欢迎光临”四个字，按下启动按钮，进入自动工作模式，其动作时序如图所示，动作间隔时间为1 s

步序	1	2	3	4	5	6	7	8
HL1	+				+		+	
HL2		+			+		+	
HL3			+		+		+	
HL4				+	+		+	

</td></tr>
</table>

一、工具器材

①设备：

②工具：

③仪表：

二、任务实施

1. I/O地址分配表

输入信号		输出信号	
名称	地址	名称	地址

2. 画出 PLC 外部接线图

3. 程序设计

4. 心得与收获

任务四 外围元件对地短路故障诊断与维修

任务提出

在实际生产设备的PLC控制系统中，外围元件或线路发生对地短路是比较典型的故障。依然以汽车发动机生产现场的4GC三代缸体传输辊道为设备背景，来介绍PLC控制系统外围元件对地短路故障的诊断与处理方法。

4GC三代缸体传输辊道控制系统中各转台及辊道电动机，其联锁部分的控制程序使用移位指令实现整体的顺序控制，是移位指令在实际应用中的典型实例。

设备运行过程中，突然出现控制输出模块的DC 24 V电源空气开关跳闸的故障现象，本次任务主要完成出现外围元件对地短路的故障诊断与维修。

学习目标

知识目标

(1)掌握元件对地故障的分析方法。

(2)掌握元件对地故障的诊断方法。

技能目标

(1)能够结合故障现象正确分析故障原因。

(2)能够正确判断和处理元件对地短路故障。

素质目标

通过分析判断外围元件的对地故障，提高学生的故障诊断能力。

知识链接

一、转台自动控制分析

1. 设备背景

①部分自动控制程序如图5-39所示。

②自动控制部分地址分配图如图5-40所示。

2. 故障现象描述

扫一扫

外围元件对地短路故障现象

设备运行过程中，突然出现控制输出模块的DC 24 V电源空气开关跳闸的故障现象。

维修人员到现场查看控制柜中PLC控制系统未见异常，电源模块、CPU模块也未见异常，无任何报警指示。

查看现场工件停在直线辊道上，直线辊道挡料器没有伸出，询问操作者，操作者反馈在自动工作模式下，1#转台动作正常，工件在直线辊道上传输到位后，直线辊道挡料器伸出，而当直线辊道挡料装置气阀一动作，设备断电。

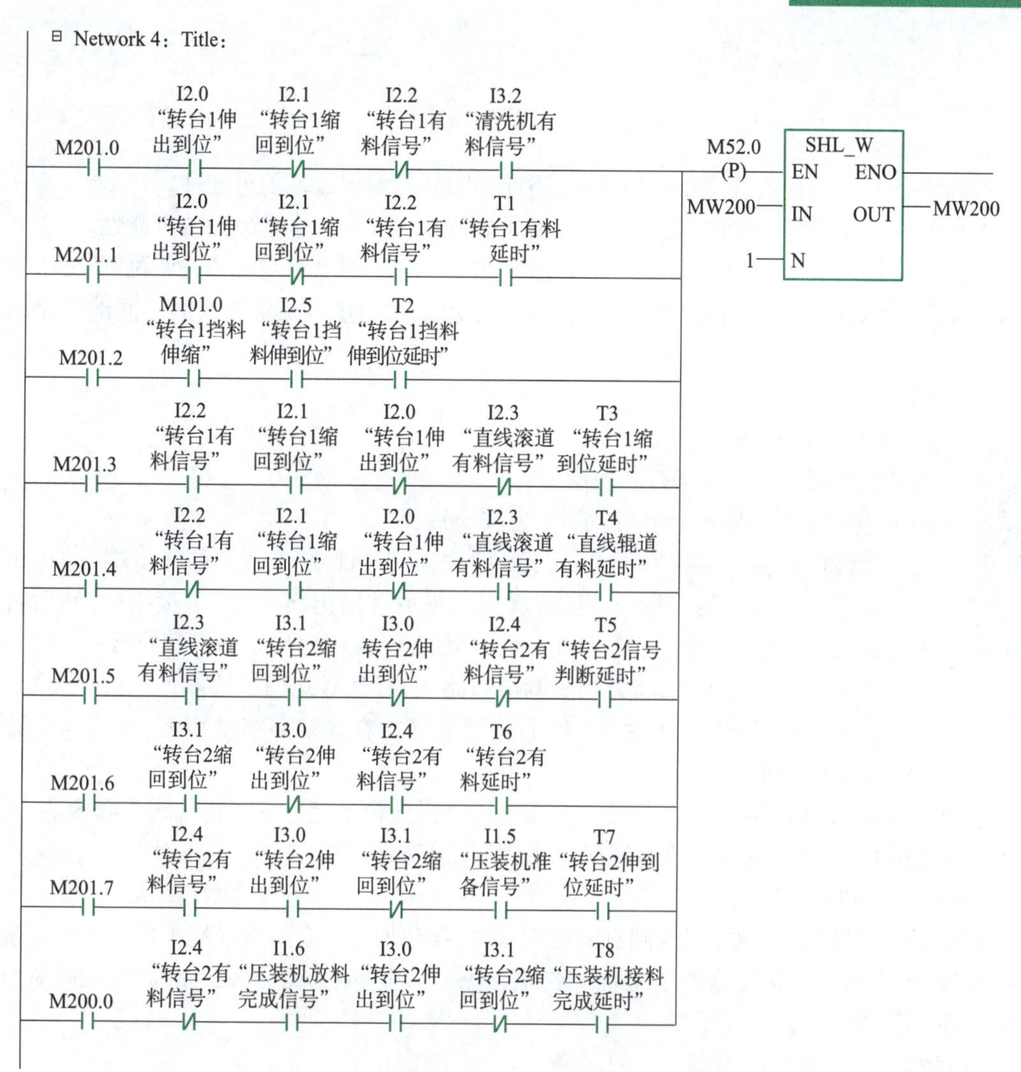

图 5-39　部分自动控制程序

输入元件名称	输入元件地址	输出元件名称	输出元件地址
启动按钮	I 0.0	转台1电机正转输出	Q 0.0
手动	I 0.2	转台1电机反转输出	Q 0.1
自动	I 0.3	直线滚道电机输出	Q 0.2
急停按钮	I 0.4	转台2电机输出	Q 0.3
转台1电机正转启停按钮	I 0.5	转台1伸缩线圈	Q 0.7
转台1电机反转启停按钮	I 0.6	转台1挡料伸缩线圈	Q 1.0
直线滚道电机启停按钮	I 0.7	直线辊道挡料伸缩线圈	Q 1.1
直线辊道挡料伸出按钮	I 1.1	转台2伸缩线圈	Q 1.2
转台1伸缩按钮	I 1.2	转台2挡料伸缩线圈	Q 1.3
转台2伸缩按钮	I 1.3	清洗机滚道启动信号	Q 1.4
转台1伸出到位	I 2.0	压装机滚道启动信号	Q 1.5
转台1缩回到位	I 2.1	自动运行指示灯	Q 2.3
转台1有料信号	I 2.2		
直线滚道有料信号	I 2.3		
转台2有料信号	I 2.4		
转台1挡料伸到位	I 2.5		

图 5-40　自动控制部分地址分配图

二、故障分析与维修

1. 故障分析

因为设备是在工作过程中出现故障的，因此排除软件编程故障的可能性。

其他气阀工作正常，因此排除整个输出模块故障和空气开关本身故障的可能性。

直线辊道挡料装置气阀一通电，控制输出模块 DC 24 V 的电源空气开关就跳闸，分析是过载或者短路故障，故障发生在直线辊道挡料装置的 PLC 输出接口到气阀线圈之间的线路或元件中。

2. 故障维修

扫一扫

外围元件对地短路故障诊断与维修

(1)故障检测

①维修人员到现场打开控制柜；

②断电、挂“禁止合闸”指示牌，上安全锁；

③验电确保控制线路无电，将控制直线辊道挡料装置气阀的输出端口 Q1.1 外部接线拆下，将万用表调制电阻挡，将红表笔放在输出接口 Q1.1 接线端，然后将黑表笔放在该线路接地线上，万用表示数为无穷大，说明输出端口没有异常；

④验电确保无电后，将万用表调至通路挡，将气阀线圈出线端线路拆下，将万用表红表笔放在气阀线圈出线端，然后将黑表笔放在该线路接地线上，万用表示数接近为 0，说明气阀线圈接地；

⑤将万用表调至电阻挡，在现场测量气阀线圈，将红、黑表笔分别放在气阀线圈两端，万用表示数为 126 Ω，说明气阀线圈没有匝间短路故障。

(2)进一步判断故障点

用万用表测量判断短路点，找到有问题的气阀，在现场过线盒的接线端子排上将气阀端的接线拆掉，用万用表通路挡测量接线端线路与接地体之间电阻为无穷大，判断此电磁阀对地短路故障，需更换电磁阀。

(3)故障维修(更换电磁阀)

①设备拉闸断电，挂上“禁止合闸”警告牌，验电确认无误方可操作；

②更换直线辊道挡料装置气阀线圈；

③用万用表再次测量确认线路短路故障已排除；

④将拆掉的线路恢复正常。

(4)通电试车

①取下“禁止合闸”警示牌，送电试车；

②将设备切换至手动工作模式，手动按下直线辊道挡料伸出按钮，直线辊道挡料器伸出气阀线圈 Q1.1 通电，挡料器伸出，故障排除；

③将设备各部分均调整至初始位置；

④将工作模式切换至自动模式，按下启动按钮，设备正常运行；

⑤设备操作者测试设备功能，并组织恢复生产。

⑥维修任务完成后，维修人员收好万用表及工具，清理控制柜并清理维修现场。

整个维修过程结束。

任务工单十一

课程名称		专业			
任务名称		班级		姓名	
任务要求	1. 识别外围元件对地短路故障 2. 判断外围元件对地短路故障 3. 维修外围元件对地短路故障				

一、工具器材

①设备：

②工具：

③仪表：

二、任务实施

1. 描述外围元件对地短路故障

2. 分析外围元件对地短路故障

3. 描述实训台 PLC 故障现象

4. 外围元件对地短路故障维修

5. 心得与收获

习题

一、填空题

1. M ________是 MW50 中的最低位。

2. MB ________是 MD100 最高的 8 位对应的字节。

3. WORD 是 16 位的________符号数,INT 是 16 位的________符号数。

4. Q5.3 是输出字节________的第________位。

5. 接通延时定时器的 SD 线圈________时开始定时,定时时间到时剩余时间值为________,其定时器位变为________,其常开触点________,常闭触点________。

6. L#30 是________位的常数。

7. S5T#和 T#二者之一能用于梯形图的是________。

8. 在加计数器的设置输入端 S 的________,将预设值 PV 指定的值送入计数器字。在加计数脉冲输入信号 CU 的________,如果计数值小于________,计数器加 1。复位输入信号 R 为 1 时,计数值被________。计数值大于 0 时,计数器状态位(即输出 Q)为________;计数值为 0 时,计数器状态位为________。

二、实例应用

1. 设计程序,将 Q4.6 的值立即写入到对应的输出模块。

2. 在按钮 I1.0,Q5.0 控制下,电动机运行 35 s,然后自动断电,同时 Q5.1 控制的制动电磁铁开始通电,15 s 后自动断电。用扩展的脉冲定时器和断开延时定时器设计控制电路。

3. 长延时电路的控制,设计长延时程序,实现 4 000 s 定时。

4. 设计程序,根据按钮按下次数依次点亮指示灯,当按钮 SB1 被按下 3 次时,3 个指示灯依次点亮,当按钮 SB2 被按下时,3 个指示灯同时熄灭。

5. 利用比较指令监视 TIM 的当前值,对于定时 30 s 的定时器,定时 10 s 控制一个信号输出,定时 20 s 再控制一个信号输出,定时 30 s 后再有一个信号输出。

6. 自动停车场 PLC 控制。某停车场最多可以停 40 辆车,用两位数码管显示停车数量,用传感器检测车辆的进出。每进一辆车,经过入口栏外和入口栏内的传感器,停车数量增加 1,只经过一个传感器停车数量不会增加;每出去一辆车,经过出口栏内和出口栏外的传感器,停车数量减 1,只经过一个传感器停车数量不会减少。停车场内停车数量少于 35 时,入口处绿灯亮,允许车辆入场;大于或等于 35 但小于 40 时,绿灯闪烁,以便提醒待入场的车辆司机注意停车场即将满场;当场内车辆等于 50 时,红灯闪烁,禁止车辆入场。

如果有车进停车场,车到入口栏外传感器处,入口栏杆抬起,车通过入口栏内传感器后延时 8 s,8 s 后入口栏杆放下;若有车出停车场,车到出口栏内传感器处,出口栏杆抬起,车通过出口栏外传感器后延时 8 s,8 s 后出口栏杆放下。示意图如图 5-41 所示,请设计该程序。

7. 现有 L1~L9 九盏 LED 灯分别接于 PLC 的输出 Q0.0~Q0.7 和 Q0.8,按下启动开关,LED 灯以 1 s 间隔轮流点亮(即 L1 亮 1 s 后灭,接着 L2 亮),当 L9 点亮后停止 3 s,然后 L9~L1 再以 1 s 间隔轮流点亮,当 L1 点亮后停 3 s,周而复始重复上述过程,直到按下停止开关,LED 停止工作。请设计该程序。

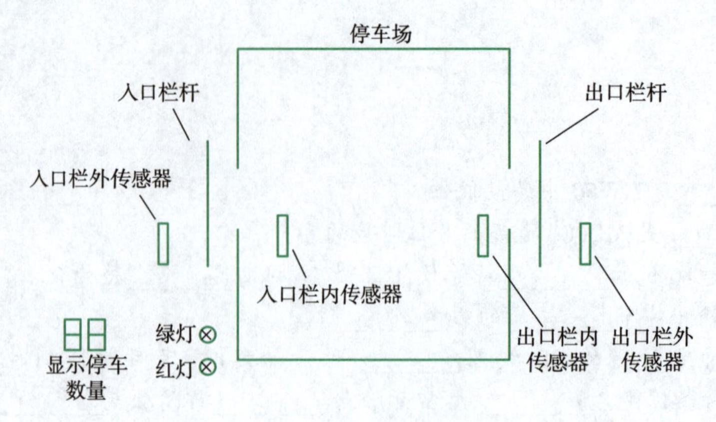

图 5-41　自动停车场示意图

项目六

功能与功能块指令的应用

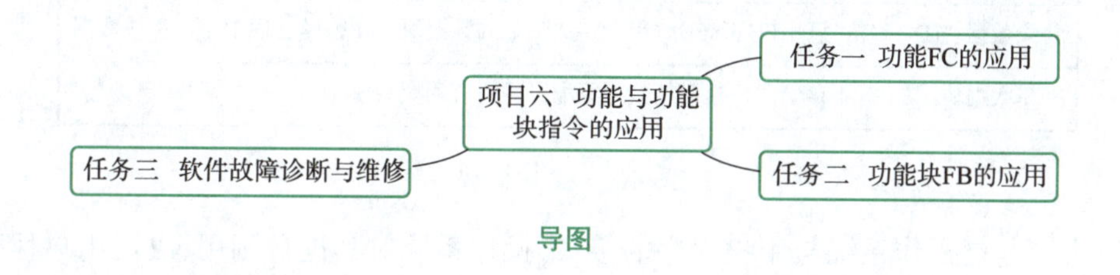

导图

任务一 功能 FC 的应用

任务提出

西门子 PLC 将用户编写的程序和程序所需的数据放置在块中，使单个的程序部件标准化。本任务中将学习编程软件中功能 FC 的使用，并用 FC 块编写星三角降压启动控制程序，控制三台电动机的星三角降压启动。

学习目标

知识目标

(1)掌握西门子 PLC 中块的种类。

(2)掌握 FC 块的编写与调用方法。

技能目标

(1)能够合理选择可分配参数的块。

(2)能够正确使用 FC 块设计程序。

素质目标

通过学习使用 FC 块编写设计程序，培养学生虚心好学的态度及刻苦钻研的精神。

知识链接

一、S7 中的块

PLC 中的程序分为操作系统和用户程序，操作系统用来实现与特定的控制任务无关的功能,处理 PLC 的启动、刷新输入/输出过程映像表、调用用户程序、处理中断和错误、管理存储区和处理通信等;用户程序由用户在软件中生成,然后将它下载到 CPU。

用户编写的程序和程序所需的数据可放置在块中,使单个的程序部件标准化。各种块如 OB、FB、FC、SFB、SFC 等都包含部分程序,统称为逻辑块,如图 6-1 所示。

块	简要描述
组织块(OB)	操作系统与用户程序的接口，决定用户程序的结构
系统功能块(SFB)	集成在CPU模块中，通过SFB调用一些重要的系统功能，有存储区
系统功能(SFC)	集成在CPU模块中，通过SFC调用一些重要的系统功能，无存储区
功能块(FB)	用户编写的包含经常使用的功能的子程序，有存储区
功能(FC)	用户编写的包含经常使用的功能的子程序，无存储区
背景数据块(DI)	调用FB和SFB时用于传递参数的数据块，在编译过程中自动生成数据
共享数据块(DB)	存储用户数据的数据区域，供所有的块共享

图 6-1　S7 中的块

组织块 OB:是操作系统与用户程序的接口,操作系统对其进行调用,决定用户程序的结构,用户的主程序,就存储在 OB1 中。

系统功能块 SFB:集成在 CPU 模块中,通过 SFB 调用一些重要的系统功能,有存储区,作为操作系统的一部分,不占用存储空间。

系统功能 SFC:集成在 CPU 模块中,通过 SFC 调用一些重要的系统功能,无存储区。

功能块 FB:用户编写的包含常用功能的子程序,有存储区。

功能 FC:用户编写的包含常用功能的子程序,无存储区。

背景数据块 DI:调用 FB 和 SFB 时,用于传递参数的数据块,在编译过程中自动生成数据。

共享数据块 DB:存储用户数据的数据区域,供所有的块共享。

1. 功能 FC

功能 FC 是用户编写的没有固定存储区的块,其临时变量存储在局域数据堆栈中,功能执行结束后,数据因被其他数据覆盖而丢失。它可以用共享数据区来存储那些在功能执行结束后需要保存的数据,由于 FC 没有存储功能,不能为功能的局域数据分配初始值。在调用功能和功能块时,用实参代替形参,例如将实参 I3.6 赋值给形参“Start”。形参是实参在逻辑块中的名称,功能不需要背景数据块。功能和功能块用输入(IN)、输出(OUT)和输入/输出(IN_OUT)参数做指针,指向调用它的逻辑块提供的实参。功能被调用后,可以为调用它的块提供一个类型为 RETURN 的返回值。

2. 功能块 FB

功能块 FB 是用户自己编写的逻辑块,且有固定的参数存储区,功能块 FB 每次被调用的时候需要为其提供不同类型的数据,进而它会返回数据给调用它的块。这些数据会以静态变量的形式存储于指定的背景数据块 DI 中,临时变量存储在局部数据堆栈中。在执行完功能块 FB 以后,背景数据块中的数据不会丢失,而临时变量会被其他数据覆盖掉。一个功能块可以有多个背景数据块,使功能块用于不同的被控对象。可以在 FB 的变量声明表中给形参赋初值,它们被自动写入相应的背景数据块中。在调用块时,CPU 将实参分配给形参的值存储在 DI 中。如果调用块时没有提供实参,则将使用上一次调用时存储在背景数据块中 DI 的参数。

3. 数据块 DB

数据块(DB)是用于存入执行用户程序时所需的变量数据的数据区。

共享数据块存储的是全局数据,所有的 FB、FC 或 OB 都可以从共享数据块中读取数据,或将数据写入共享数据块。

背景数据块中的数据是自动生成的,它们是功能块的变量声明表中除临时变量 TEMP 以外的数据,背景数据块用于对功能块传递参数,功能块的实参和静态数据存放在背景数据块中。调用功能时要同时指定背景数据块,而背景数据块只能被指定的功能块访问。

主程序 OB1 在执行过程中,可以调用功能 FC10、FC20 和功能块 FB1。FC10、FC20 和 FB1 都可以访问共享数据块 DB20,DB5 是功能块 FB1 专属的背景数据块,只有功能块 FB1 可以访问它,各个功能块的访问如图 6-2 所示。

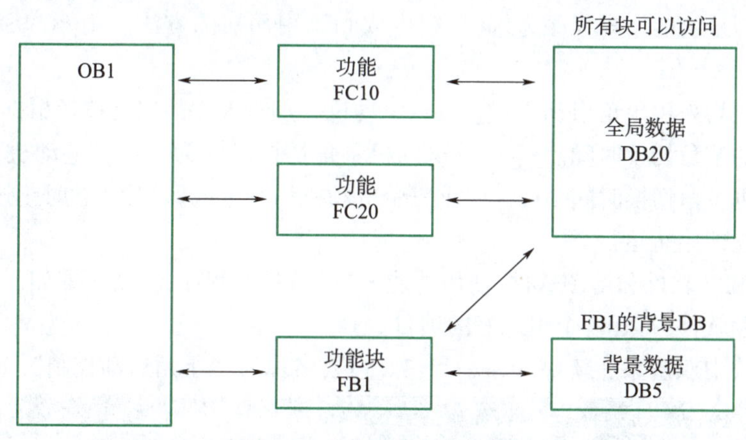

图 6-2　各个功能块的访问

4. 变量表和变量声明表

(1)变量表

是为了使程序易于理解,给变量指定的符号,符号表中定义的变量叫全局变量,可供所有的逻辑块使用。

(2)变量声明表

是用户在块的变量声明表中,声明本块中专用的变量,即局域变量,包括块的形式参数和参数的属性,局域变量只是在它所在的块中有效。

在 STEP7 编程软件中,块中的局域变量名必须以字母开始,只能由英文字母、数字和下划线组成,不能使用汉字,但是在符号表中定义的共享数据的符号名可以使用汉字。

在程序中,操作系统在局域变量前面自动加上“#”号,共享变量名被自动加上双引号。

(3)局域变量的类型

功能块 FB 的局域变量分为 5 种类型:

IN(输入变量):由调用它的块提供的输入参数。

OUT(输出变量):返回给调用它的块的输出参数。

IN-OUT(输入-输出变量):初值由调用它的块提供,被子程序修改后返回给调用它的块。

TEMP(临时变量):暂时保存在局域数据区中的变量。只是在执行块时使用临时变量,执行完后,不再保存临时变量的数值。

STAT(静态变量):在 PLC 运行期间始终被储存,当被调用块运行时,可以读取或者修改其变量值。块运行结束后,静态变量会保留在数据块中,在功能块的背景数据块中使用。关闭功能块后,其静态数据保持不变。

功能(FC)没有静态变量 STAT。

(4)形式参数

为保证 FB 和 FC 对同一类设备控制的通用性,用户在程序编写时就不能使用设备对应的存储区的地址参数,如 Q0.0、Q0.1,而是要使用设备的抽象地址参数,这些参数即为形式参数。在调用 FB 或 FC 时,实际参数可以代替形式参数进行对具体设备的控制。

二、三台电动机降压启动控制

以星角控制系统的用户程序为例,介绍生成和调用功能的方法。用 FC 块编写星角降压启动控制程序。

三台电动机均采用星角启动方式。三台电动机分别有独立的启动按钮根据电动机功率的大小设定不同的星角切换时间。其中 1#电动机星角切换时间为 5 s,2#电动机星角切换时间为 8 s,3#电动机星角切换时间 10 s。要求三台电动机均有过载保护,任意时刻按下急停按钮,相应的电动机立即停止运行。

分别用 STEP7 软件和博图软件,使用功能 FC 编写控制程序,主要步骤如下:

①打开编程软件,打开一个组态好的项目。

②在程序块中双击添加新块,插入一个 FC1 块,名称为:“星角启动控制”,如图 6-3 所示。

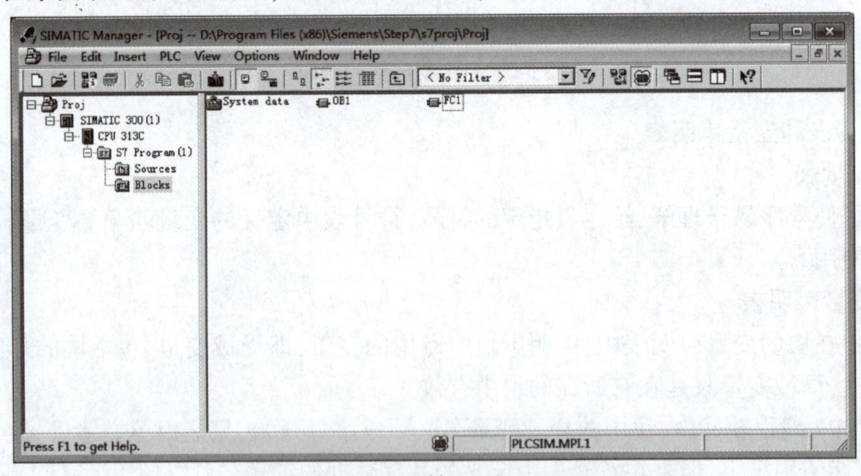

(a)

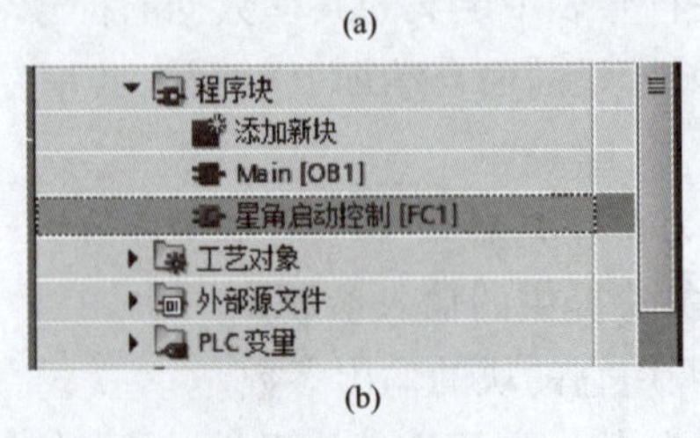

(b)

图 6-3 插入 FC 块

STEP7 软件在 FC 中声明变量表

③打开 FC1，编写变量声明表，FC 块将所有从外部接收的参数，设置在输入变量“IN”中；将输出给外部的参数，设置在“OUT”变量中。在输入变量 IN 中，用形参 start_on 表示启动按钮；用 stop_off 表示停止按钮；用 overload 表示过载保护，数据类型均为布尔量；用 T-number 代表定时器编号，数据类型选择 TIMER；用 T-value 表示时间值，数据类型选择 S5Time。在输出变量即“OUT”中，用形参 KM1 表示主接触器；用 KM2 表示星形连接接触器；用 KM3 表示三角形连接接触器，数据类型均为布尔量。

在变量声明表中，设置了五个输入变量，三个输出变量，如图 6-4 所示。

Contents Of: 'Environment\Interface\OUT'

Name	Data Type	Comment
KM1	Bool	
KM2	Bool	
KM3	Bool	

Contents Of: 'Environment\Interface\IN'

Name	Data Type	Comment
start_on	Bool	
stop_off	Bool	
overload	Bool	
t_number	Timer	
t_value	S5Time	

星角启动控制

	名称	数据类型	偏移量	默认值
1	Input			
2	start_on	Bool		
3	stop_off	Bool		
4	overload	Bool		
5	T-number	Timer		
6	T-value	S5Time		
7	<新增>			
8	Output			
9	KM1	Bool		
10	KM2	Bool		
11	KM3	Bool		

图 6-4　在变量声明表中设置变量

④用形式参数编写星角启动控制程序如图 6-5 所示，并保存下载 FC1。

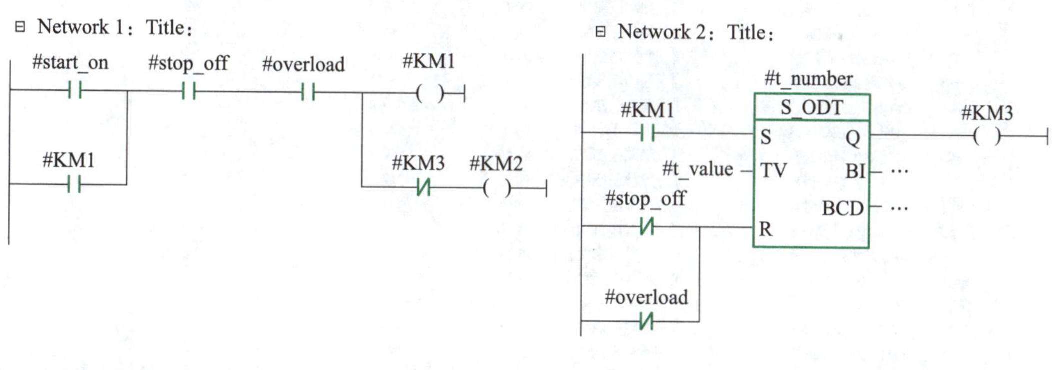

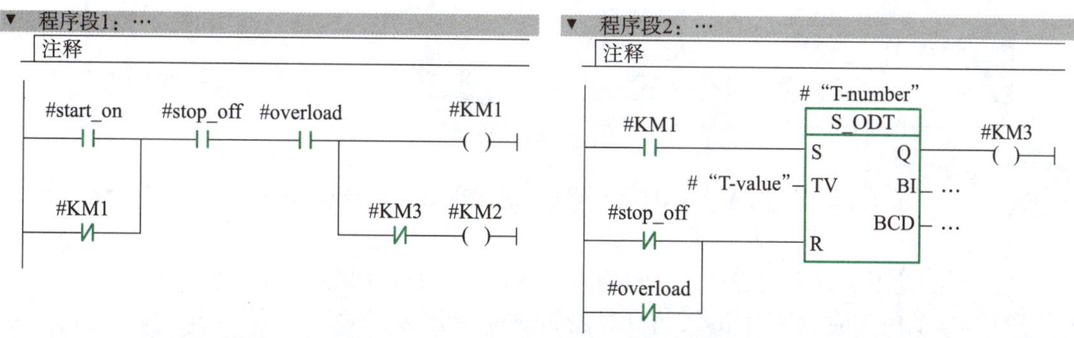

图 6-5　在 FC 中编写程序

⑤在PLC变量表中添加变量,名称为“电动机星三角降压启动控制”,变量如图6-6所示。

Symbol Editor - [S7 Program(1) (Symbols) -- proj\SIMATIC 300(1)\CPU 315-2 DP]

Symbol Table Edit Insert View Options Window Help

All Symbols

	Stat	Symbol /	Address		Data typ	Comment
1		电动机星三角降压启动控制	FC	1	FC ...	
2		1#电动机启动按钮	I	0.0	BOOL	
3		1#电动机急停按钮	I	0.1	BOOL	
4		1#电动机过载保护	I	0.2	BOOL	
5		2#电动机启动按钮	I	1.0	BOOL	
6		2#电动机急停按钮	I	1.1	BOOL	
7		2#电动机过载保护	I	1.2	BOOL	
8		3#电动机启动按钮	I	2.0	BOOL	
9		3#电动机急停按钮	I	2.1	BOOL	
1		3#电动机过载保护	I	2.2	BOOL	
1		1#电动机主接触器	Q	0.0	BOOL	
1		1#电动机星接触器	Q	0.1	BOOL	
1		1#电动机角接触器	Q	0.2	BOOL	
1		2#电动机主接触器	Q	1.0	BOOL	
1		2#电动机星接触器	Q	1.1	BOOL	
1		2#电动机角接触器	Q	1.2	BOOL	
1		3#电动机主接触器	Q	2.0	BOOL	
1		3#电动机星接触器	Q	2.1	BOOL	
1		3#电动机角接触器	Q	2.2	BOOL	
2						

Press F1 to get Help. NUM

new ▸ PLC_1 [CPU 313C] ▸ PLC 变量

变量 用户常量 系统常量

PLC 变量

	名称	变量表	数据类型	地址	保持	从 H...	在 H...
1	1#电动机启动按钮	星三角降压启动	Bool	%I0.0		☑	☑
2	1#电动机急停按钮	星三角降压启动	Bool	%I0.1		☑	☑
3	1#电动机过载保护	星三角降压启动	Bool	%I0.2		☑	☑
4	2#电动机启动按钮	星三角降压启动	Bool	%I1.0		☑	☑
5	2#电动机急停按钮	星三角降压启动	Bool	%I1.1		☑	☑
6	2#电动机过载保护	星三角降压启动	Bool	%I1.2		☑	☑
7	3#电动机启动按钮	星三角降压启动	Bool	%I2.0		☑	☑
8	3#电动机急停按钮	星三角降压启动	Bool	%I2.1		☑	☑
9	3#电动机过载保护	星三角降压启动	Bool	%I2.2		☑	☑
10	1#电动机主接触器	星三角降压启动	Bool	%Q0.0		☑	☑
11	1#电动机星接触器	星三角降压启动	Bool	%Q0.1		☑	☑
12	1#电动机角接触器	星三角降压启动	Bool	%Q0.2		☑	☑
13	2#电动机主接触器	星三角降压启动	Bool	%Q1.0		☑	☑
14	2#电动机星接触器	星三角降压启动	Bool	%Q1.1		☑	☑
15	2#电动机角接触器	星三角降压启动	Bool	%Q1.2		☑	☑
16	3#电动机主接触器	星三角降压启动	Bool	%Q2.0		☑	☑
17	3#电动机星接触器	星三角降压启动	Bool	%Q2.1		☑	☑
18	3#电动机角接触器	星三角降压启动	Bool	%Q2.2		☑	☑
19	<新增>					☑	☑

图6-6 PLC变量

扫一扫

在STEP7 OB1中调用FC块

⑥ 打开用户主程序OB1选择编程语言LAD,在OB1中调用FC1并分配实际地址,如图6-7所示。

⑦下载并调试程序,在仿真软件上看到三台电动机启动后,分配按照3 s、5 s和8 s的时间完成星角切换,仿真界面如图6-8所示。

⊟ Network 1：1#电动机降压启动控制

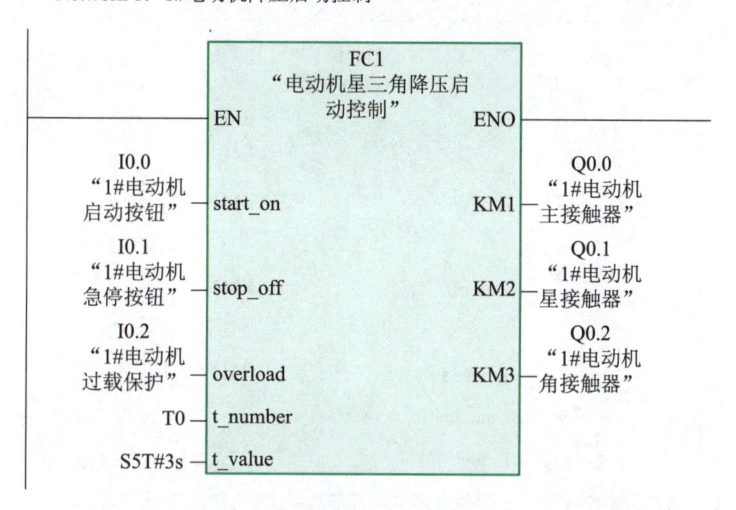

⊟ Network 2：2#电动机降压启动控制

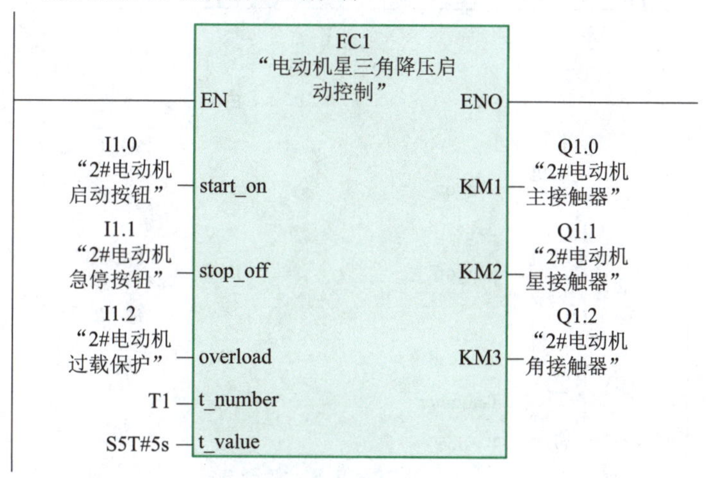

⊟ Network 3：3#电动机降压启动控制

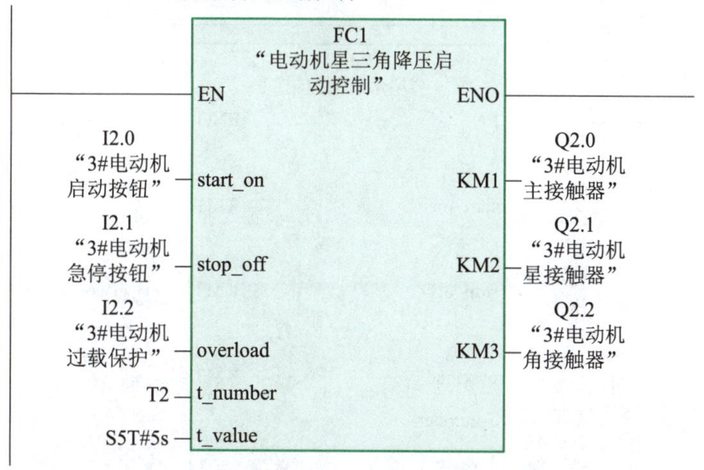

图 6-7　在 OB1 中编写程序

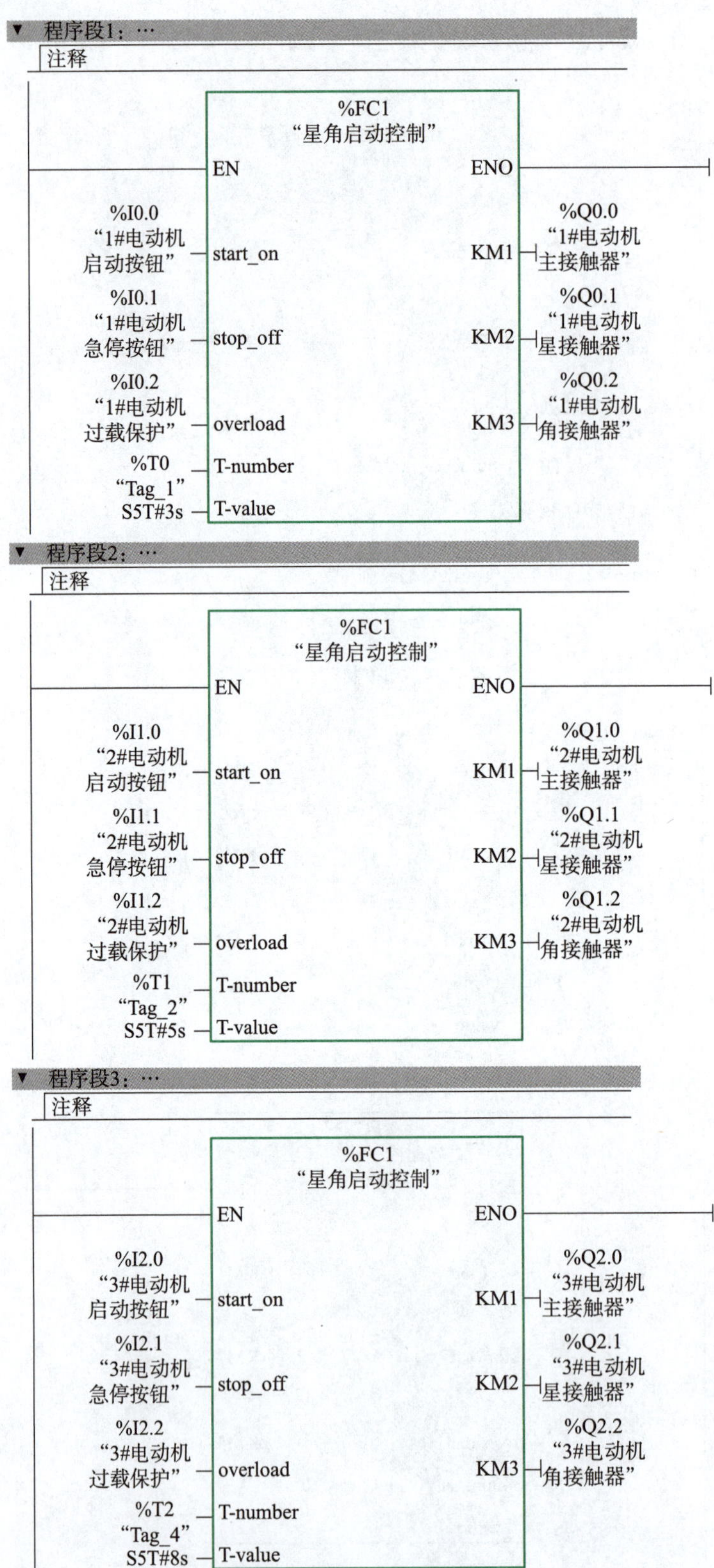

图 6-7　在 OB1 中编写程序(续)

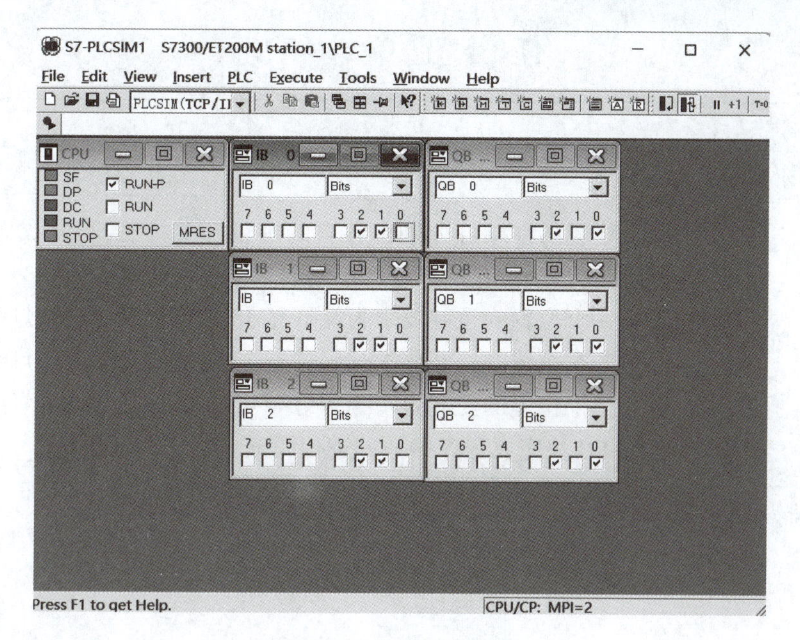
S7-PLCSIM1　S7300/ET200M station_1\PLC_1
File　Edit　View　Insert　PLC　Execute　Tools　Window　Help
PLCSIM(TCP/IP)
CPU
SF
DP
DC
RUN
STOP
RUN-P
RUN
STOP
MRES
IB 0
Bits
IB 1
IB 2
QB 0
QB 1
QB 2
7 6 5 4 3 2 1 0
Press F1 to get Help.
CPU/CP: MPI=2

图 6-8　仿真界面调试

任务工单十二

<table>
<tr><td>课程名称</td><td></td><td>专业</td><td colspan="3"></td></tr>
<tr><td>任务名称</td><td></td><td>班级</td><td></td><td>姓名</td><td></td></tr>
<tr><td>任务要求</td><td colspan="5">三个位置的红绿灯分别由各自的旋钮开关控制,当开关置于启动工作状态时,各个位置的红绿灯控制要求如下:
①第一个位置的控制要求为绿灯亮 25 s,黄灯亮 2 s,红灯亮 25 s。
②第二个位置的控制要求为绿灯亮 35 s,黄灯亮 2 s,红灯亮 35 s。
③第三个位置的控制要求为绿灯亮 45 s,黄灯亮 3 s,红灯亮 45 s。
使用 FC 块完成程序编写并进行调试</td></tr>
</table>

一、工具器材

①设备:

②工具:

③仪表:

二、任务实施

1. IO 地址分配表

输入信号		输出信号	
名称	地址	名称	地址

2. 画出 PLC 外部接线图

3. 程序设计

4. 心得与收获

任务二 功能块 FB 的应用

任务提出

编程时可以将用户编写的程序和程序所需的数据放置在块中,使单个的程序部件标准化。本次任务主要学习用 step7 软件和博图软件通过 FB 块编写星角降压启动控制程序,控制三台电动机的星角降压启动。

学习目标

知识目标

掌握功能块 FB 的编写与调用方法。

技能目标

(1)能够合理选择可分配参数的块。

(2)能够正确使用功能块 FB 设计程序。

素质目标

通过学习使用功能块 FB 设计程序,培养学生克服困难、深入学习的态度。

知识链接

一、使用功能块 FB 编写用户程序的步骤

①在编程软件的程序块中添加新块 FB 块;
②编写形式参数;
③用形式参数编写控制程序并保存下载;
④创建背景数据块并修改实际值,保存并下载;
⑤调用 FB 块并分配实际参数;
⑥调试程序。

二、三台电动机星角降压启动控制

扫一扫

在 STEP7 中创建 FB 块编写程序

使用 FB 块编写星角启动控制程序,控制三台电动机的启动方式均为星角降压启动。按下对应电动机的启动按钮,电动机启动并进入星形连接运行状态,主接触器和星接接触器通电 3 s(5 s、8 s)后星形连接运行,启动时间完成后,自动切换至三角形连接运行状态,主接触器和角接接触器通电。要求控制系统设有必要的安全保护。控制程序编写步骤如下:

①在编程软件中打开前面 FC 块的项目。在程序块中添加新块 FB 块,通过 STEP7 软件和博图软件插入一个 FB1 块,名称为“星角降压启动控制”,如图 6-9 所示。

②打开 FB1,编写变量声明表。双击新建 FB1,在变量声明表中设置四个输入变量、三个输出变量、一个静态变量。

在输入变量 IN 中，用形参 start_on 表示启动按钮；用 stop_off 表示停止按钮；用 overload 表示过载保护，数据类型均为布尔量；用 t-number 代表定时器地址，数据类型选择 TIMER；

在输出变量 OUT 中，用形参 KM1 表示主接触器；用 KM2 表示星接接触器；用 KM3 表示角接接触器，数据类型均为布尔量；

在静态变量中，用 t-value 表示时间值，数据类型选择 S5Time，初始值设为 5 s，如图 6-10 所示。在 FB 块中将数据值写入静态变量中并能进行保存，这是区别于 FC 块的主要内容。

③用形式参数编写星角降压启动控制程序。在 FB 块中用形参编写星角降压启动的控制程序，并保存下载 FB1，程序同前面 FC 块相同。

④创建 FB1 的背景数据块 DB1、DB2、DB3。在程序块中双击添加新块，选择 DB 数据库，类型选择刚创建的 FB 块即星角降压启动控制，如图 6-11 所示。创建三个背景块对应要应用三次 FB 块的调用，创建完成后修改静态变量实际值，之前创建 FB 块时，创建的初始值为 5 s，如不修改，则所有调用均使用 5 s 初始值。因此将 DB1 实际值修改为 3 s、DB3 实际值修改为 8 s。修改背景数据库静态值如图 6-12 所示。

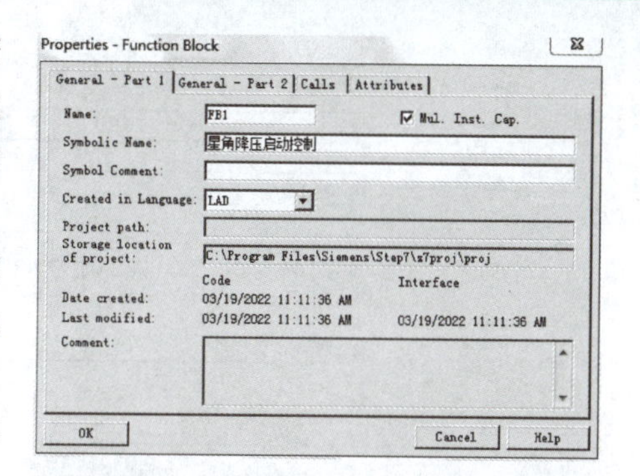

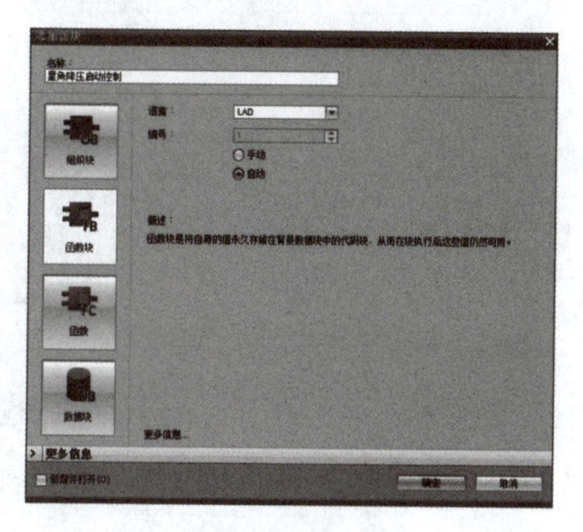

图 6-9　插入 FB 块

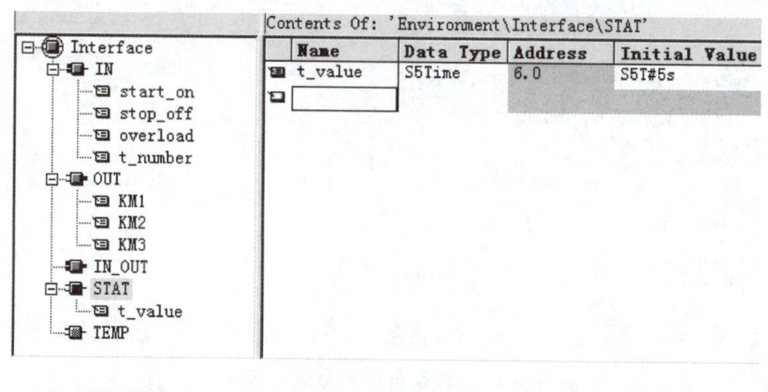

星角降压启动控制

	名称	数据类型	偏移量	默认值	在 HMI ...	设定值
14	▼ Static					
15	▪ T-value	S5Time	...	S5T#5S		
16	▪ <新增>					

图 6-10　设置静态变量

⑤在主程序 OB1 中调用 FB1。打开 OB1 主程序，并在主程序中调用 FB 块，调用时 1#电动机程序对应背景数据块 DB1，2#电动机程序对应背景数据块 DB2，3#电动机程序对应背景数

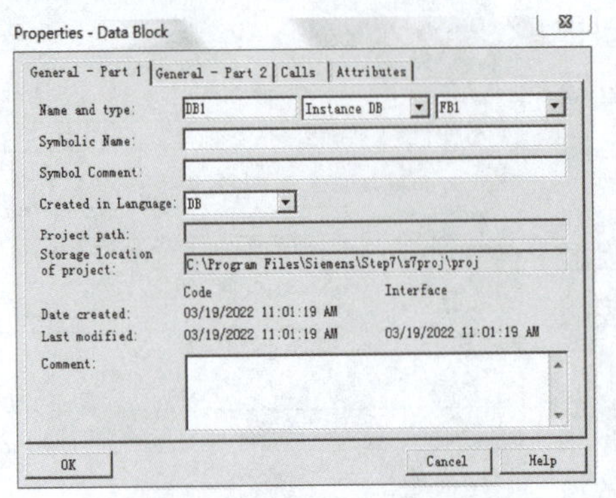

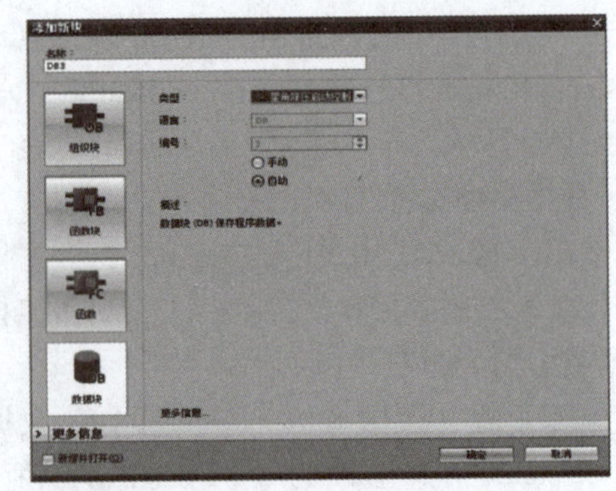

图 6-11　创建背景数据块

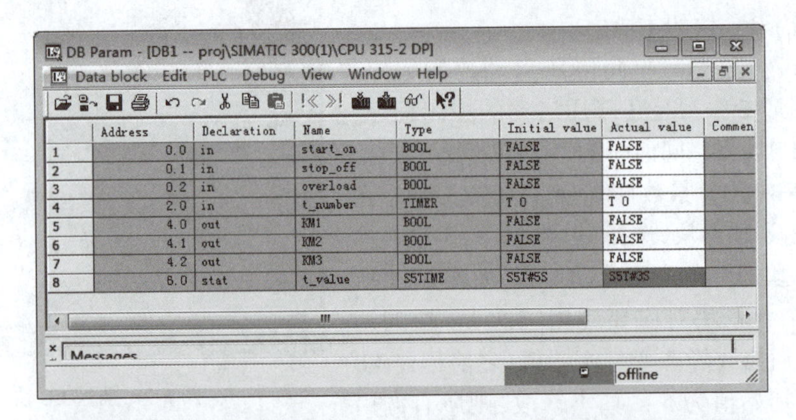

	Address	Declaration	Name	Type	Initial value	Actual value	Commen
1	0.0	in	start_on	BOOL	FALSE	FALSE	
2	0.1	in	stop_off	BOOL	FALSE	FALSE	
3	0.2	in	overload	BOOL	FALSE	FALSE	
4	2.0	in	t_number	TIMER	T 0	T 0	
5	4.0	out	KM1	BOOL	FALSE	FALSE	
6	4.1	out	KM2	BOOL	FALSE	FALSE	
7	4.2	out	KM3	BOOL	FALSE	FALSE	
8	6.0	stat	t_value	S5TIME	S5T#5S	S5T#3S	

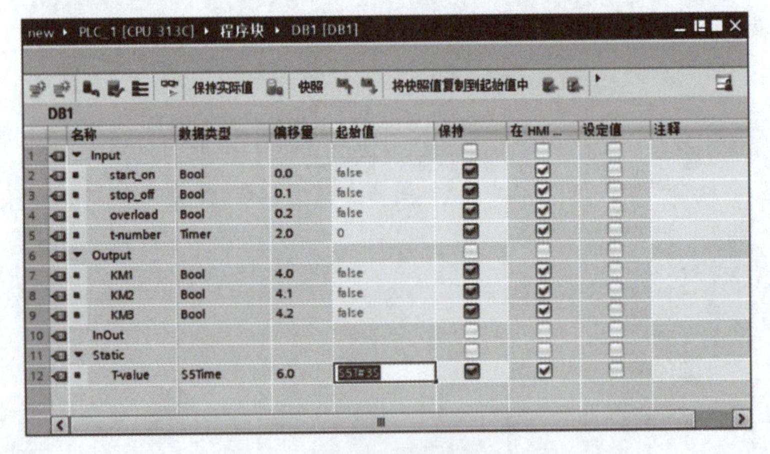

	名称	数据类型	偏移量	起始值	保持	在 HMI ...	设定值	注释
1	▼ Input							
2	start_on	Bool	0.0	false	☑	☑		
3	stop_off	Bool	0.1	false	☑	☑		
4	overload	Bool	0.2	false	☑	☑		
5	t-number	Timer	2.0	0	☑	☑		
6	▼ Output							
7	KM1	Bool	4.0	false	☑	☑		
8	KM2	Bool	4.1	false	☑	☑		
9	KM3	Bool	4.2	false	☑	☑		
10	InOut							
11	▼ Static							
12	T-value	S5Time	6.0	S5T#3S	☑	☑		

图 6-12　修改背景数据库静态值

扫一扫

STEP7 中 FB 程序仿真调试

据块 DB3。并确认静态变量中的数据与实际值相符。将编写好的程序全部编译并下载到仿真软件中。

⑥下载并调试程序。调试程序时在仿真软件上看到三台电动机启动后，分配按照 3 s、5 s 和 8 s 的时间完成星角切换。仿真界面中，按下 1#电动机启动按钮后，1#电动机先完成星形连接即主接触器与星接接触器同时接通，3 s 后自动切换至三角形连接，星接接触器断电，角接接触器接通，完成 1#电动机的星角降压启动过程。同理按下 2#、3#电动机启动按钮后，2#电动机 5 s 后完成启动，3#电动机 8 s 后完成启动。

任务工单十三

<table>
<tr><td>课程名称</td><td></td><td>专业</td><td colspan="3"></td></tr>
<tr><td>任务名称</td><td></td><td>班级</td><td></td><td>姓名</td><td></td></tr>
<tr><td>任务要求</td><td colspan="5">三个位置的红绿灯分别由各自的旋钮开关控制，当开关置于启动工作状态时，各个位置的红绿灯控制要求如下：
①第一个位置的控制要求为绿灯亮 25 s，黄灯亮 2 s，红灯亮 25 s。
②第二个位置的控制要求为绿灯亮 35 s，黄灯亮 2 s，红灯亮 35 s。
③第三个位置的控制要求为绿灯亮 45 s，黄灯亮 3 s，红灯亮 45 s。
使用 FB 块完成程序编写并进行调试</td></tr>
</table>

一、工具器材

①设备：

②工具：

③仪表：

二、任务实施

1. IO 地址分配表

输入信号		输出信号	
名称	地址	名称	地址

2. 画出 PLC 外部接线图

3. 程序设计

4. 心得与收获

任务三　软件故障诊断与维修

任务提出

在实际生产设备的 PLC 控制系统中,软件故障经常出现在控制程序修改及软件调试的过程中,分析其原因并掌握常用的处理方法是十分必要的。本次任务以实际故障为例,来认识和了解此类故障的诊断与维修过程。

学习目标

知识目标

(1)掌握 PLC 中应用块编写程序时的软件故障分析方法。

(2)掌握 PLC 中应用块编写程序时的软件故障诊断方法。

技能目标

(1)能够结合故障现象正确分析故障原因。

(2)能够正确判断和处理软件故障。

素质目标

通过软件故障诊断与维修方法的学习,培养学生不畏困难、积极进取的精神,并进一步提高职业素养。

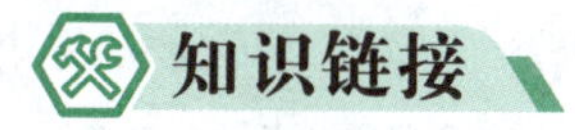

知识链接

一、故障描述

1. 设备背景

前面任务中已经完成了用 FB 块来实现三台电动机星角降压启动控制程序的设计,现在以该项目调试过程为背景,来介绍在 PLC 控制系统中调用功能块时出现的软件故障的诊断与处理方法。

2. 故障现象

①故障现象 1:使用 STEP 7 软件进行编程时,将程序下载到 PLC 后,在设备调试程序过程中,突然出现 CPU 停机故障,CPU 模块上的 SF 红色报警指示灯点亮。

首先查看控制柜中 PLC 控制系统未见异常,电源模块等也未见异常。

将编写好星角启动控制程序的 FB1 在 OB1 中三次调用并下载调试,以实现三台电动机星运行启动后分别延时 3 s、5 s、8 s 的时间,切换至角运行状态。

在线查看 CPU 的诊断缓冲区,出现两个报警信息如图 6-13 所示:“DB not loaded”和“STOP caused by programming error(OB not loaded or…”,此报警信息提示背景数据块 DB 没有下载。

②故障现象 2:软件仿真调试时出现三台电动机不能按各自规定的 3 s 、5 s、8 s 的星角切换时间进行切换的现象,在启动后延时 5 s,三台电动机同时切换至角运行状态,并非每台电动机自己的切换时间。

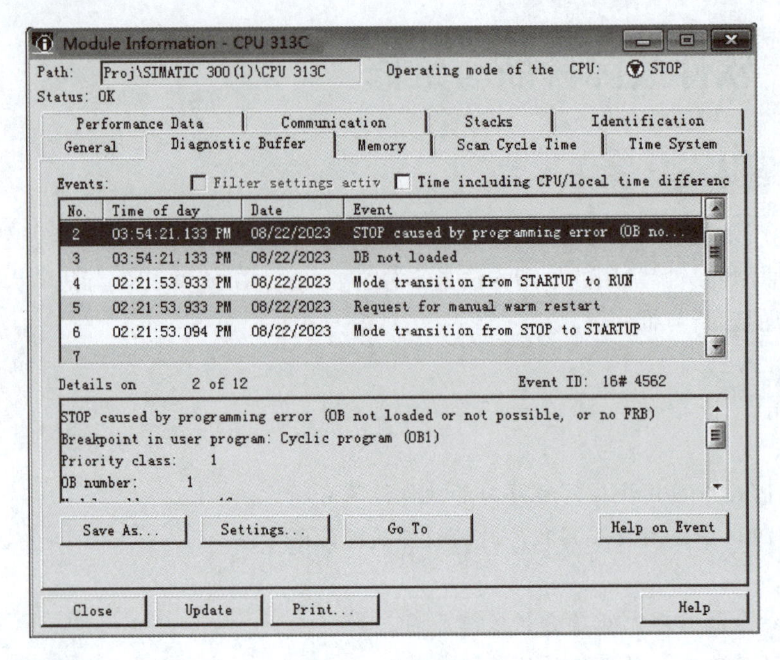

图 6-13　报警信息

二、故障分析与维修

1. 故障现象 1 的故障分析与维修

(1)故障分析

根据故障现象,分析故障原因为:在应用 STEP7 软件进行编程时,OB1 调用功能块 FB 时,会指定对应功能块的背景数据块,必须保证功能块与其对应的背景数据块均被下载到 PLC 中。在此示例中功能块 FB1 在调用时,会生成三个背景数据块 DB1、DB2 和 DB3,分别用于三次调用 FB1 来控制三台电动机。程序调试时,只将主程序 OB1 和功能块 FB1 下载到 CPU,三个背景数据块 DB1、DB2 和 DB3 均没有下载,因此出现上述故障现象。

(2)故障维修

根据故障分析结果,将三个背景数据块 DB1、DB2 和 DB3 分别下载到 CPU,然后将 CPU 工作模式切换到运行状态,故障消失,SF 报警指示灯熄灭,CPU 恢复正常。

2. 故障现象 2 的故障分析与维修

(1)故障分析

根据故障现象,分析故障原因为:在编写程序时,最初指定的背景数据块的时间初始值设的是 5 s,如果不修改实际值直接运行程序,会自动使用初始值执行程序,因此判断背景数据块里的时间没有修改为对应的实际值。

(2)故障维修

在编程软件中找到背景数据块,分别打开三个背景数据块 DB1、DB2 和 DB3,将静态变量中星角切换时间的实际值分别修改为 3 s、5 s、8 s,保存并再次下载三个背景数据块。再次调试,三台电动机动作正常。系统调试过程出现的软件故障排除。

任务工单十四

<table>
<tr><td>课程名称</td><td></td><td>专业</td><td colspan="3"></td></tr>
<tr><td>任务名称</td><td></td><td>班级</td><td></td><td>姓名</td><td></td></tr>
<tr><td>任务要求</td><td colspan="5">1. 识别 PLC 中应用块编写程序时的软件故障
2. 分析判断 PLC 中应用块编写程序时的软件故障
3. 根据出现故障进行程序修改和调试</td></tr>
</table>

一、工具器材

①设备：

②工具：

③仪表：

二、任务实施

1. 在线查看 CPU 的诊断缓冲区故障

2. 根据故障现象判断故障位置

3. 排除故障并在线调试

4. 心得与收获

习题

一、填空题

1. 逻辑块包括________、________、________、________和________。

2. 若FB2调用FC2,应先创建二者中的________。

3. S7-300在启动时调用OB ________。

4. CPU可以同时打开________个共享数据块和________个背景数据块。打开DB2后,DB2. DBB0可以用地址________来访问。

5. CPU在检测到错误或故障时,如果没有下载对应的错误处理OB,CPU将进入________模式。

6. 同步错误是与________有关的错误,OB ________和OB ________用于处理同步错误。

二、简答题

1. 简述功能块FB的功能和优点。

2. 功能和功能块有什么区别?

3. 组织块与其他逻辑块有什么区别?

4. 怎样生成多重背景数据块?怎样调用多重背景?

5. 多重背景有哪些优点?

6. 块调用的前提是什么?

7. FC调用要遵守哪些规则?

8. STEP 7中的背景有什么特点?

9. 什么原因会产生块的时间标记冲突?应怎样处理?

三、实例应用

1. 设计求圆周长的功能FC1,FC1的输入参数为直径Diameter(整数),圆周率为3. 1416,用整数运算指令计算圆的周长,存放在双整数输出参数Circle中。TMP1是FC1中的双整数临时局部变量。在OB1中调用FC1,直径的输入值用MW5提供,存放圆周长的地址为MD9。

2. 要求每500 ms在OB35中将MW60加1,在I0. 2的上升沿停止调用OB35,在I0. 1上升沿允许调用OB35生成项目。请组态软件,编写程序,用PLCSIM调式程序。

下篇任务考核表 1

序号	评分项目	评分要点	配分	评分标准	考评结果	
					工单一	工单二
1	选择工具器材	正确选择工具	5	工具选用错误一处扣 1 分		
2	完成实物图标记完成项目新建	正确完成元件标注 完成项目命名，站点等	10	完成标注或新建过程中，错一处扣 1 分		
3	正确硬件接线并组态硬件	正确接线并组态所有硬件	25	组态硬件订货号或模块，错一处扣 5 分		
4	正确编写程序	正确输入程序	10	输入或编辑错误，一处扣 2 分		
5	硬件地址匹配	正确对应组态地址与编程地址	10	地址有误，一处扣 5 分		
6	下载调试程序	正确完成程序的下载和调试	20	一次调试不成功扣 10 分		
7	调试输出状态	正确使用仿真软件调试输出状态	10	输出动作判断错误，一处扣 2.5 分		
8	安全操作	正确按电气安全操作规程操作	10	违反安全操作规程一次扣 5 分；调试时出现重大安全事故取消项目成绩		
合计分数						

下篇任务考核表 2

序号	评分项目	评分要点	配分	评分标准	考评结果				
					工单三	工单五	工单七	工单十一	工单十四
1	工具仪表的使用	按仪表和工具正确使用考核	10	①使用错误一次，扣 1 分。 ②损坏工具或仪表，此项不得分					
2	实训操作	正确按操作过程完成实训操作	40	不按操作流程操作，每一次，扣 5 分					
3	实训问题回答	正确回答任务工单中提出的问题	30	按出题比例，合算每题分值					
4	5S 管理	实训结束后，正确的按 5S 管理整理操作台及工具等用品	10	每发现一处不合格，扣 2 分					
5	安全操作	正确按电气安全操作规程操作	10	违反安全操作规程一次扣 5 分；调试时出现重大安全事故取消项目成绩					
合计分数									

下篇任务考核表 3

序号	评分项目	评分要点	配分	评分标准	考评结果						
					工单四	工单六	工单八	工单九	工单十	工单十二	工单十三
1	设计方案	正确地分解项目任务，设计流程图	5	项目任务分解错误一处扣 1 分							
2	地址分配	写出地址分配表，画 PLC 外部接线图	10	地址分配错误或接线图画错，错一处扣 1 分							
3	程序设计	正确应用相关指令设计程序，程序结构合理简洁	25	指令或程序错误，错一处扣 5 分							
4	编写程序	正确输入程序	10	输入或编辑错误，一处扣 2 分							
5	硬件连接	正确完成硬件接线	10	实验装置接线错误，一处扣 5 分							
6	下载调试	正确完成程序的下载和调试	20	一次调试不成功扣 10 分							
7	故障判断	正确判断和处理安装与设计过程中出现的错误和故障	10	不能判断和处理故障，一处扣 2 分							
合计分数											

参考文献

［1］张运波，郑文．工厂电气控制技术［M］．5 版．北京：高等教育出版社，2021.
［2］张瑞敏，何野，杨敏．电气控制技术与维修［M］．北京：中国铁道出版社有限公司，2021.
［3］廖常初．S7-300/400PLC 应用教程［M］．3 版．北京：机械工业出版社，2019.
［4］邱俊．工厂电气控制技术［M］．3 版．北京：中国水利水电出版社，2019.
［5］刘小春．电气控制与 PLC 技术应用［M］．2 版．北京：电子工业出版社，2015.
［6］李敬梅．电力拖动控制线路与技能训练［M］．6 版．北京：中国劳动社会保障出版社，2020.
［7］陈红．工厂电气控制技术［M］．北京：机械工业出版社，2016.
［8］向晓汉，刘摇摇．PLC 编程从入门到精通［M］．北京：化学工业出版社，2019.
［9］马冬宝．电工技术应用与实践［M］．北京：电子工业出版社，2015.
［10］岂兴明，周丽芳，罗志勇，等．西门子 S7-300/400PLC 从入门到精通［M］．北京：人民邮电出版社，2019.